石油化工设备技术问答丛书

炼化静设备基础知识与技术问答

王百森　钱广华　郭庆云　彭乾冰　主编
秦大宝　宋振福　宋玉香　编

中国石化出版社

内 容 提 要

本书是在炼化企业设备管理技能竞赛培训要求基础上整理而成的。根据国家法律法规，炼化企业设备管理的规定、要求和基础知识内容，参考国内外各种文献和技术标准，收集、编制在装置设备管理过程中需要经常查找和参考的各种知识点，通过整理、筛选，将金属材料、设备焊接、腐蚀与防护、常用静设备、特种设备及附件和管理要求等内容，以单选、多选和问答等形式展现在读者面前，使设备管理知识从贴近生产装置实际、日常运行管理入手，成为炼化企业设备管理人员、工艺技术人员、操作工及保全工的手册，也可作为企业职工培训的教材。

本书内容广泛，通俗易懂，实用性强，可供炼化企业工艺技术、设备管理人员阅读，也可供大专院校师生参考。

图书在版编目(CIP)数据

炼化静设备基础知识与技术问答/王百森，钱广华主编．
—北京：中国石化出版社，2014.6(2024.7重印)
(石油化工设备技术问答丛书)
ISBN 978-7-5114-2859-2

Ⅰ.①炼…　Ⅱ.①王…　②钱…　Ⅲ.①炼油厂-化工设备-问题解答　Ⅳ.TE96-44

中国版本图书馆CIP数据核字(2014)第122318号

中国石化出版社出版发行

地址：北京市东城区安定门外大街58号
邮编：100011　电话：(010)57512500
发行部电话：(010)57512575
http://www.sinopec-press.com
E-mail：press@sinopec.com
北京科信印刷有限公司印刷
全国各地新华书店经销

*

787×1092毫米 16开本 12.25印张 286千字
2014年8月第1版　2024年7月第2次印刷
定价：38.00元

序

设备是企业进行生产的物质技术基础。现代化的石油化工企业，生产连续性强、自动化水平高，且具有高温、高压、易燃、易爆、易腐蚀、易中毒的特点。设备一旦发生问题，会带来一系列严重的后果，往往会导致装置停产、环境污染、火灾爆炸、人身伤亡等重大事故的发生。因而石油化工厂的设备更体现了设备是企业进行生产、发展的重要物质基础。“基础不牢、地动山摇”。设备状况的好坏，直接影响着石油化工企业生产装置的安全、稳定、长周期运行，从而也影响着企业的经济效益。

确保石油化工厂设备经常处于良好的状况,就必须强化设备管理,广泛应用先进技术,不断提高检修质量,搞好设备的操作和维护,及时消除设备隐患,排除故障,提高设备的可靠度,从而确保生产装置的安全、稳定、长周期运行。

为了适应广大石油化工设备管理、操作及维护检修人员了解设备，熟悉设备，懂得设备的结构、性能、作用及可能发生的故障和预防措施，以提高消除隐患，排除故障，搞好操作和日常维护能力的需要，中国石化出版社针对石油化工厂常见的各类设备，诸如，各类泵、压缩机、风机及驱动机、各类工业炉、塔、反应器、压力容器，各类储罐、换热设备，以及各类工业管线、阀门管件等等，组织长期工作在石油化工企业基层，有一定设备理论知识和实践经验的专家和专业技术人员，以设备技术问答的形式，编写了一系列“石油化工设备技术问答丛书”，供大家学习和阅读，希望对广大读者有所帮助。本书即为这套丛书之一。

中国石化设备管理协会副会长

胡安定

前　言

炼化企业能否产生良好的经济、社会效益，取决于装置“安稳长满优”运行的水平，所以，设备管理是基础。怎样才能够把设备管好、减少故障损失、创造出最大的经济效益，关键是掌握设备的管理知识、维护技术。专业人才掌握一定的设备结构、维护检修和管理知识，才能避免各种设备事故的发生，进而创造好的效益。

设备管理是一门综合学科，炼化企业几乎涉及所有的设备类型。首先，要求各级管理人员特别是设备管理人员要懂得设备的结构、特性和运行要求。不同类型的设备结构不同，运行条件不同，管理要求也不同，所以就应该掌握了解其特点、安装、运行、维护和检修的基本要求。该书提供了储罐、换热器、塔器、加热炉等压力容器，及特种设备管理和检验等的基础知识及法律法规内容，安全阀及附件、防腐、检测、焊接、金属材料等维护和管理要求。其次，设备运行过程中各种运行条件的改变也是管理人员应该监控的重点。比如高温换热器，对升温或降温提出了要求，按照升、降温曲线或节点和时间进行，可以减少因快速温变引起的应力而造成设备的泄漏、变形，避免造成损坏，减少或避免设备事故；设备腐蚀管理，从工艺防腐、设备防腐到腐蚀监测全方面提出了一些实用的方法，从而达到减缓腐蚀，延长设备使用周期的目的。金属材料的选用、焊接、处理等知识点可为静设备的维护修理提供参考。静设备管理是从选型、结构设计、材料、维护等方面入手，强化运行管理，控制物性变化、温度变化、压力变化、流量变化等条件，从而确保设备的运行安全，提高设备的可靠性，本书同样提出了可供参考的解决办法。

本书是基于炼化企业夯实“三基”，提升设备管理水平的需要，笔者系统地整理了设备管理经验，参考国内外设备管理法律法规、规范标准和文献资料汇集而成。从设备管理的角度出发，书中突出了设备基础知识、检维修知识和管理知识三方面，力争每一道题都具有代表性，明确告诉技术人员所要表达的知识点。

为了兼顾不同层次的设备管理人员、工艺技术人员、操作工和保全人员的需求，本书内容广泛，通俗易懂，实用性较强，把相关的知识点以完整的章节展示出来，不仅为工作过程中提供参考，而且可以作为企业培训职工的基础教材。

由于编者水平有限，加之时间仓促，书中难免有错误和不当之处，望读者给予指正。

目　　录

(四)常用静设备部分

一、单 选 题

(一)金属材料部分

1. 屈强比 σ_s/σ_b 表示屈服强度与抗拉强度之比，数值(C)。

A. 大于1　　B. 等于1　　C. 小于1　　D. 以上都不是

2. 关于应力松弛正确的说法是：(D)

A. 高温下长期工作后，发生蠕变，总应变量不变，但其中部分已变为塑性应变，弹性应变量不断下降，与之对应的应力也不断下降，这种现象就称为应力松弛

B. 因为应力松弛，高温工作下的螺栓要采用抗蠕变性能高的铬－钼钢，并要在一定温度下，进行热紧

C. 焊缝处的残余应力可利用应力松弛释放

D. 以上都是

3. 按钢的质量分类——根据钢中有害杂质硫、磷含量多少可分为：普通质量钢 S≤0.050%，P≤0.045%；优质钢 S≤0.035%，P≤0.035%；高级优质钢 S≤0.03%，P≤0.03%；特级质量钢(B)。

A. S≤0.015%，P≤0.015%　　B. S≤0.020%，P≤0.025%

C. S≤0.015%，P≤0.020%　　D. S≤0.025%，P≤0.025%

4. 碳素结构钢的质量等级以 A、B、C、D 表示，D 为(A)。

A. 最优　　B. 较好　　C. 较差　　D. 最差

5. 碳素结构钢 Q235AF 为(C)的 A 级沸腾钢。

A. 抗拉强度为235MPa　　B. 弯曲点为235MPa

C. 屈服点为235MPa　　D. 断裂强度为235MPa

6. 加热炉元件的失效是破坏，而不是变形，所以用(A)进行计算更合理、经济。

A. 持久强度　　B. 蠕变极限　　C. 许用应力　　D. 抗拉强度

7. 一般碳钢在(C)℃以上有明显的球化现象。

A. 350　　B. 400　　C. 450　　D. 500

8. 碳钢约在(C)℃以上出现石墨化，这就是碳钢炉管的最高使用温度限制。

A. 350　　B. 400　　C. 450　　D. 500

9. 钼钢(0.5Mo)约在(C)℃以上出现石墨化。

A. 350　　B. 400　　C. 485　　D. 500

10. 一般碳钢在(C)℃以上有明显的石墨化现象。焊缝热影响区是最易有石墨化倾向的区域，脆裂往往从此开始。

A. 350　　B. 400　　C. 475　　D. 500

11. 石墨化只在(A)中存在，凡是强碳化物形成元素 V、Ti 都能阻止石墨化，现多用 12Cr1MoV 来解决石墨化的问题。

A. 碳钢和不含 Cr 的钼钢　　B. 碳钢和低合金钢

C. 不锈钢　　D. 耐热钢

12. 渗碳体分解析出游离石墨，材质石墨化使材质性能劣化的原因是：(A)。

A. 形成大的石墨球，相当于出现裂纹使钢韧性下降以致引起脆性断裂

B. 硬度增加，产生应力开裂

C. 塑性增加，产生变形

D. 强度增加，产生应力开裂

13. 区别沸腾钢与镇静钢，可化验含(B)量，沸腾钢几乎不含，而镇静钢含量均在0.12%～0.30%左右。

A. O　　B. Si　　C. S　　D. P

14. 低合金结构钢 Q345D 表示(D)为 345N/mm^2 的 D 级低合金结构钢。

A. 抗拉强度　　B. 断裂强度　　C. 弯曲强度　　D. 屈服极限

15. 低合金结构钢 Q345R 表示屈服点为 345N/mm^2(C)用钢。

A. 低合金钢　　B. 炉管用钢　　C. 压力容器　　D. 锅炉用钢

16. 合金元素的平均含量小于(C)时，钢牌号中只表明元素，不标含量。

A. 1.0%　　B. 1.2%　　C. 1.5%　　D. 2.0%

17. 11Cr17 表示 C、Cr 平均含量分别为(B)的高碳铬不锈钢。

A. 0.11%、17%　　B. 1.1%、17%　　C. 11%、17%　　D. 1.1%、1.7%

18. 01Cr19Ni11 表示碳含量上限为(A)，Cr、Ni 平均含量分别为 19%、11% 的超低碳不锈钢。

A. 0.01%　　B. 0.1%　　C. 1%　　D. 0.001%

19. 不同成分的钢淬火成全部马氏体而回火至同一硬度水平时，强度及塑性(A)。

A. 大致相同　　B. 完全相同　　C. 完全不同　　D. 以上都不对

20. 对任何钢种来说，只有(A)后再经适当温度的回火，才能获得最好的综合机械性能。

A. 淬火成马氏体　　B. 退火成铁素体　　C. 正火成珠光体　　D. 回火成马氏体

21. 耐热调质钢，一般是(B)，20CrMo、30CrMo、35CrMo、12Cr1MoV 等，用于高温法兰的螺栓。

A. 低碳钢　　B. 中碳铬－钼－钒钢　　C. 中碳钢　　D. 不锈钢

22. Ni 含量(D)以上的合金钢不会产生 σ 相。

A. 20%　　B. 25%　　C. 30%　　D. 33%

23. σ 相超过(A)时，在冷却过程中当温度降到 450℃以下时，则变脆，易产生裂纹。

A. 5%　　B. 8%　　C. 10%　　D. 12%

24. σ 脆性通过将材料(C)，可以消除，这时 σ 相被溶解，材料的韧性得到恢复。

A. 长期加热后急冷　　B. 加热到 650～850℃

C. 加热到 930～980℃后急冷　　D. 加热到 700～850℃

25. 碳钢炉管 10#、20#以退火状态供货，使用温度一般不超过 450℃，采用胀接回弯头时，应选用(A)钢管。

A. 10#　　B. 20#　　C. 25#　　D. 40#

26. 钼和铬－钼耐热钢炉管热处理一般采用(B)就能改变机械性能和金相组织。

A. 淬火加回火　B. 正火加回火　C. 退火　D. 正火

27. 选用16MnR(HIC)抗硫化氢应力腐蚀开裂和氢致开裂钢板，P和S限制严格，含量控制为(D)左右。

A. 0.03%P和0.03%S　B. 0.02%P和0.03%S

C. 0.015%P和0.005%S　D. 0.011%P和0.004%S

28. $\sum_s(R_{eL})$、$\sigma_b(R_m)$两大指数与(A)。

A. 与材料和温度有关　B. 与材料有关与温度无关

C. 与材料和温度均无关　D. 与材料无关与温度有关

29. 钢的正火是将钢加热到(A)然后空冷。

A. 高于Ac_3或Acm线以上某一温度

B. 低于Ac_3或Ac_1线以下某一温度

C. 高于Ac_1线以上某一温度

D. 低于Acm线以下某一温度

30. 含碳量(C)的铁碳合金为共析钢。

A. 小于0.02%　B. 等于0.45%　C. 等于0.77%　D. 等于2.11%

31. 金属材料常规机械性能指标包括(D)。

A. 强度和塑性指标　B. 硬度指标　C. 韧性指标　D. 以上全部

32. 在机械性能中δ_5和δ_{10}表示(C)。

A. 试样的长度为其直径的5倍和10倍时的延伸率

B. 试样产生残余变形为5%和10%的延伸率

C. 试样的标距长度为其直径的5倍和10倍时的延伸率

D. 试样的直径为其标距长度的5倍和10倍时的延伸率

33. 材料的使用性能有(D)。

A. 力学性能　B. 物理性能　C. 化学性能　D. 以上都是

34. 用加热和冷却来改变固态金属及合金组织和性能的工艺是(A)。

A. 金属热处理　B. 金属冷处理　C. 以上都是　D. 以上都不是

35. 低碳钢Q235A在常温下正常的金相组织是(C)。

A. 铁素体　B. 珠光体　C. 铁素体加珠光体　D. 以上都不对

36. 正火的加热温度为(B)。

A. Ac_1以上30～50℃　B. Ac_3以上30～50℃

C. $Accm$以上40～70℃　D. 500～650℃

37. 超低碳不锈钢的含碳量不大于(B)。

A. 0.08%　B. 0.03%　C. 0.10%　D. 0.15%

38. 金属材料断后延伸率和断面收缩率越高，其塑性越(A)。

A. 好　B. 中　C. 差　D. 以上都不是

39. 优质碳素结构钢的牌号以两位阿拉伯数字或两位阿拉伯数字及符号(汉语拼音或英文字母)两部分组成，20MnR表示(A)的压力容器用钢。

A. 平均含碳量为0.20%，含锰0.70%～1.00%

B. 平均含碳量为0.20%，含锰0.80%～1.10%

C. 平均含碳量为0.02%，含锰0.70%～1.00%

D. 平均含碳量为0.02%，含锰0.80%～1.10%

40. 金属材料中加入某些合金元素，可以提高材料的耐腐蚀性，下列金属中(C)是稳定化元素，可以解决不锈钢晶间腐蚀问题。

A. 铬　　B. 铜　　C. 钛　　D. 钼

41. 工程上规定以残余塑性变形为0.2%时的应力值作为材料的屈服极限，称为(B)，用$\sigma_{0.2}$来表示。

A. 有限屈服载荷　　B. 条件屈服极限

C. 抗拉强度极限　　D. 抗压强度极限

42. 材料在受力时抵抗弹性变形的能力叫(　C　)。

A. 弹性　　B. 塑性　　C. 刚度　　D. 硬度

43. 在交变应力作用下，虽然构件内工作应力的最大值远小于材料的强度极限，但经过一段时间后，构件却发生了断裂，这种在变动载荷下的破坏称为材料的(A)。

A. 疲劳破坏　　B. 脆断破坏　　C. 强度破坏　　D. 腐蚀破坏

44. 下列哪种材料对石墨化最敏感？(A)

A. 碳钢和C－0.5Mo　　B. 碳钢和低铬钢(至多5%)

C. 碳钢和所有铬钢　　D. 镍基合金

45. 金属材料中加入某些合金元素，可以提高材料的抗缝隙腐蚀性和抗点腐蚀性，需要加入哪种金属元素？(A)

A. 钼　　B. 铜　　C. 钛　　D. 铬

46. 通常碳钢板和普通低合金钢板交货状态为(B)。

A. 热轧、正火或退火　　B. 热轧、正火或正火＋回火

C. 热轧、正火或正火＋淬火　　D. 热轧、正火或淬火

47. 下列哪种材料对回火脆最敏感？(C)

A. 碳钢和C－0.5Mo　　B. 奥氏体不锈钢

C. 低碳钢如2.25Cr－1Mo　　D. 所有铬钢

48. 室温下钢材的金相组织及性能一般比较稳定，但在高温下组织结构将发生不断变化使其性能变坏，以下不属于高温下特性变化的是(D)。

A. 珠光体球化　　B. 石墨化　　C. σ脆性　　D. 氢致开裂

49. 控制2.25Cr－1Mo－0.25V的硬度是多是≤(D)。

A. 200HB　　B. 220HB　　C. 225HB　　D. 235HB

(二)焊接部分

1. 焊接方法选择的基本原则不包括(D)。

A. 保证焊接产品质量　　B. 生产率高

C. 生产费用低　　D. 利润高

2. 焊条电弧焊的辅助器材不包括(B)。

A. 焊钳　　B. 焊机　　C. 面罩　　D. 焊接电缆

3. 焊条E4303中的“43”表示(D)。

A. 直流正接　　B. 适用于全位置焊接

C. 焊条药皮为钛钙型　　D. 熔敷金属抗拉强度的最小值为 420MPa

4. 常用的焊接坡口加工方法不包括(C)。

A. 剪切　　B. 刨削、车削

C. 砂轮打磨　　D. 专用坡口加工切割机切割

5. 焊条直径为 $\phi3.2$，焊接电流的选择范围为(C)A。

A. 40 ~ 65　　B. 50 ~ 80　　C. 100 ~ 130　　D. 60 ~ 210

6. 常用形状系数 Ȼ 来表征焊缝形状，Ȼ愈小，说明(A)，电弧热量集中，热影响区小。但 Ȼ过小，易出现裂纹和气孔，一般应使 Ȼ > 1.3。

A. 焊缝深而窄　　B. 焊缝深而宽　　C. 焊缝浅而宽　　D. 焊缝浅而窄

7. 焊条电弧焊的焊接电压与(C)有关。

A. 焊条直径　　B. 焊接速度　　C. 电弧长度　　D. 焊接电流

8. 采用钨极氩弧焊焊接铝镁合金时，应选用(B)。

A. 直流电源　　B. 交流电源　　C. 直流正接　　D. 直流反接

9. 钨极氩弧焊焊接速度的制约因素不包括(D)。

A. 工件厚度　　B. 焊接电流　　C. 预热温度　　D. 焊接电压

10. 熔化极气体保护电弧焊采用(A)。

A. 直流电源　　B. 交流电源　　C. 直流和交流　　D. 以上都对

11. 等离子弧焊接与常规的(A)相似，不同的是等离子弧焊的电极是缩回到喷嘴内的，电弧被喷嘴压缩成圆柱形，聚集到很小的面积上。

A. 钨极气体保护电弧焊　　B. 焊条电弧焊

C. 电渣焊　　D. 激光焊

12. 在 GB/T 3323《钢熔化焊对接接头射线照相》焊缝质量分级中，缺陷最少、质量最高的是(A)。

A. Ⅰ级　　B. Ⅱ级　　C. Ⅲ级　　D. Ⅳ级

13. 下列用于非磁性材料表面裂纹检测最有效的方法是(B)。

A. 超声波　　B. 渗透　　C. 射线　　D. 磁粉

14. 下列不属于低碳钢的是(C)。

A. 10　　B. 20　　C. 45　　D. Q235

15. 下列钢材中(C)钢的焊接性最差。

A. 16Mn　　B. 15MnV　　C. 18MnMoNb　　D. Q235

16. 以下焊条中不能用于低碳钢焊接的是(D)。

A. J422　　B. J427　　C. J507　　D. A102

17. 凡是(A)的低中合金结构钢都称为高强钢。

A. 屈服强度在 294MPa 以上、抗拉强度在 441MPa 以上

B. 屈服强度在 294MPa 以上、抗拉强度在 520MPa 以上

C. 屈服强度在 490MPa 以上、抗拉强度在 540MPa 以上

D. 屈服强度在 294MPa 以上、抗拉强度在 540MPa 以上

18. 屈服强度在 294 ~ 490MPa 的普低 - 热轧钢及正火钢属非热处理强化钢，在(C)条件下供货使用。如 16Mn，在锅炉和压力容器用钢牌号为 16MnR。

A. 淬火　　B. 回火　　C. 热轧或正火　　D. 退火

19. 正火钢18MnMoNb在较高的正火温度或较大速度连续冷却下，出现很脆的上贝氏体组织和马氏体组织，淬硬倾向较大，必须再进行一次回火，在正火+回火处理条件下使用。正火+回火状态下的组织为(A)。

A. 索氏体+少量珠光体+少量铁素体　B. 马氏体

C. 奥氏体　D. 珠光体

20. 热轧钢在正火状态使用下的组织为(B)。

A. 奥氏体　B. 细晶粒铁素体和珠光体

C. 马氏体　D. 珠光体

21. 含碳量低的热轧钢09Mn2.09Mn2Si、16Mn供应时，往往含碳量偏高，为避免过热区产生过热组织、魏氏组织或含碳量较高的硬脆马氏体，应采用(B)。

A. 小线能量　B. 中间偏大的线能量　C. 中间线能量　D. 以上都不对

22. 18MnMoNb厚板气割前需(D)处理，否则气割边缘会出现严重裂纹。

A. 淬火　B. 正火　C. 回火　D. 退火

23. 正火钢18MnMoNb板厚特别大时，为保证足够的力学性能，可在调质状态下使用，调质状态的组织为(D)。

A. 索氏体+少量珠光体+少量铁素体　B. 马氏体

C. 奥氏体　D. 索氏体+极少量铁素体

24. 焊接时存在HAZ软化的是(D)。

A. 热轧钢　B. 正火钢　C. 退火调质钢　D. 调质态调质钢

25. 中碳调质钢，如35CrMoA，焊前预热及层间温度、中间热处理和焊后热处理温度，都应控制在比母材淬火后的回火温度(B)，一般为200~250℃。

A. 高50℃　B. 低50℃　C. 高20℃　D. 低20℃

26. 珠光体耐热钢一般经正火+回火或调质处理，其含碳量不高，相当于低碳调质钢，Cr5Mo、Cr9Mo由于含合金元素多，故形成组织为(B)。

A. 铁素体+珠光体　B. 马氏体+贝氏体

C. 珠光体　D. 马氏体+铁素体

27. 镍基耐蚀合金的焊接TIG焊的焊丝成分大多与母材相当，为防烧损和热裂纹，在焊丝中多加一些(D)。

A. 非金属元素　B. 硫元素　C. 磷元素　D. 合金元素

28. 热处理应在焊件工作全部结束并在验收合格后于压力试验之前进行，热处理后的焊缝应做硬度检查，其中铬-钼钢不大于母材硬度的125%，且HB不大于(C)。

A. 185　B. 200　C. 225　D. 235

29. 采用钨极氩弧焊焊接铝镁合金时，应选用(B)。

A. 直流电源　B. 交流电源　C. 直流正接　D. 直流反接

30. 焊接时(C)是焊接应力和变形产生的根本原因。

A. 晶粒凝固　B. 固溶强化

C. 局部不均匀加热和冷却　D. 沉淀强化

31. 9Cr1Mo钢由于合金含量较高，具有相当大的空淬特性，为马氏体钢，冷裂倾向大，因此焊接性能(C)。

A. 好　B. 一般　C. 较差　D. 不确定

32. 球墨铸铁的焊接性比灰口铸铁焊接性(B)。

A. 好　B. 差　C. 一样　D. 不确定

33. 灰口铸铁焊接常使用(C)焊接方法。

A. TIG 焊　B. MIG 焊　C. 二氧化碳冷焊　D. 焊条熔化焊

34. 白口铸铁轧辊补焊修复焊接工艺要点为(B)。

A. 大电流、小熔深、短段断续分散焊、焊后立即小锤敲

B. 小电流、小熔深、短段断续分散焊、焊后立即小锤敲

C. 小电流、大熔深、短段断续分散焊、焊后立即小锤敲

D. 小电流、小熔深、短段断续集中焊、焊后立即小锤敲

35. 焊接工艺评定应以可靠的钢材焊接性能为依据，并在产品(A)完成。

A. 焊接前　B. 焊接后　C. 焊接中　D. 交付前

36. 焊条库房相对湿度应小于(B)。

A. 50%　B. 60%　C. 70%　D. 90%

37. 焊工考试项目 GTAW－FeⅢ－6G－3/60－FefS－02/11/13 中的“02”表示(B)。

A. 直流正接　B. 氩弧焊填充金属为实芯焊丝

C. 氩弧焊填充金属为药芯焊丝　D. 背面有保护气体

38. 碳钢焊条型号用大写字母 E 和 4 位数字表示，如 E4303，前两位数字表示熔敷金属抗拉强度的最(　)值，单位为 kgf/mm^2，第(　)位数字表示焊条的焊接位置，第 3 和第 4 位数字的组合表示药皮类型及焊接电流种类。(D)

A. 大，3　B. 大，4　C. 小，4　D. 小，3

39. (B)裂纹是焊缝金属在凝固过程中产生的，因此又称凝固裂纹或结晶裂纹。

A. 冷　B. 热　C. 延迟　D. 再热

40. 焊条烘干和工件清理的目的都是为了减少焊缝中的(B)，从而防止气孔和延迟裂纹的产生。

A. 氧　B. 氢　C. 碳　D. 氮

41. 焊接时热影响区的淬硬及冷裂倾向与钢材的化学成分有直接关系，因此可用碳当量法初步估算其冷裂敏感性。碳当量公式有许多种，计算时，元素含量都取其成分的上限，碳当量越大，(D)。

A. 淬硬倾向越小及冷裂倾向越小　B. 淬硬倾向越小及冷裂倾向越大

C. 淬硬倾向越大及冷裂倾向越小　D. 淬硬倾向越大及冷裂倾向越大

42. 低碳钢或其他不易淬火钢的热影响区可分为(A)。

A. 熔合区、过热区、正火区和不完全结晶区

B. 淬火区、不完全淬火区、回火区和不完全结晶区

C. 熔合区、焊接缺陷区、焊趾区和焊根区

D. 以上都不是

43. 焊条按照熔渣性质可分为(A)。

A. 酸性焊条和碱性焊条　B. 结构钢焊条和不锈钢焊条

C. 铁素体焊条和珠光体焊条　D. 以上都不对

44. 球罐用有延迟裂纹倾向的钢材制造时，应在焊接结束后至少经(B)后，方可进行焊缝的无损检测。

A. 20h B. 36h C. 48h D. 60h

45. 以下主要焊接性试验方法哪些是不正确的。(D)

A. 碳当量估算法 B. 冷裂纹敏感性试验方法

C. 热裂纹敏感性试验方法 D. 回火脆性试验方法

46. 碱性焊条的优点为(D)。

A. 价格较低 B. 引弧容易

C. 可用于直、交流电焊机 D. 焊缝的力学性能和抗裂性较强

47. 产生焊接应力和焊接变形产生的根本原因是(C)。

A. 焊接电流过大 B. 焊接电压高

C. 局部不均匀加热和冷却 D. 承受焊接外力

48. 埋弧焊的优点描述错误的是(C)。

A. 焊接生产率高 B. 焊缝质量高 C. 适用于全位置焊接 D. 劳动条件好

49. 用潮湿焊条焊接时，容易产生气孔和裂纹，低氢焊条施焊前必须(C)。

A. 烘干 100～150℃，保温 2h，放入恒温箱中

B. 放入恒温箱中即可

C. 烘干 350～450℃，保温 2h，放入恒温箱中

D. 一般可不烘干，也不需要放入恒温箱中

50. 下列属于熔化焊的是(C)。

A. 锻焊 B. 电阻对焊 C. 电阻点缝焊 D. 高频焊

51. 哪种焊接衬垫在焊缝完成后成为接头的一部分。(D)

A. 铜垫板 B. 焊剂垫 C. 衬带 D. 垫板

52. 以下对焊条电弧焊的描述错误的是(C)。

A. 使用的设备比较简单，价格相对便宜并且轻便

B. 操作灵活，适应性强

C. 对焊工操作技术要求不高

D. 不适于特殊金属以及薄板的焊接

(三)腐蚀与防护部分

1. 设备选材原则是低温腐蚀部位的选材以碳钢为主，主要靠(B)来解决。

A. 材质升级 B. 工艺防腐 C. 降负荷 D. 以上都对

2. 对于高硫低酸原油，在高温下主要是(D)的腐蚀，选材要根据现场经验和 API 581，参考 McConomy 曲线进行。

A. 环烷酸 B. 酸和硫 C. 低温硫 D. 高温硫

3. 对于高硫、高酸值原油，在高温下主要是(A)的腐蚀，选用设备材料根据硫含量和酸值，参考 API 581 和现场实际经验进行。

A. 环烷酸 B. 酸和硫 C. 低温硫 D. 高温硫

4. 通常(C)耐高温环烷酸腐蚀性能良好。

A. 321 不锈钢 B. 含 Mo2%(质)的 316 不锈钢

C. 含 Mo >2.5%(质)的 316 不锈钢 D. 347 不锈钢

5. 对于临氢设备管线选材，以下说法正确的是(B)。

A. 如果系统中含有 H_2S，则选材要依据 Nelson 曲线进行。如果不含 H_2S，则依据 Couper 曲线选材）

B. 如果系统中含有 H_2S，则选材要依据 Couper 曲线进行。如果不含 H_2S，则依据 Nelson 曲线选材

C. 如果系统中含有 H_2S，则选材要依据 McConomy 曲线进行。如果不含 H_2S，则依据 Nelson 曲线选材

D. 以上都不对

6. 高温硫化物的腐蚀环境是指(C)℃以上的重油部位硫、硫化氢和硫醇形成的腐蚀环境。

A. 120　　B. 200　　C. 240　　D. 288

7. 在哪个温度区间，高温硫腐蚀最严重？(D)

A. 240～340℃　　B. 340～400℃　　C. 400～420℃　　D. 426～430℃

8. 连多硫酸应力腐蚀开裂最易发生在石化系统中由(C)制造的设备上，一般是高温、高压含氢环境下使用，在制造过程的敏化和温度大于427～650℃长期操作。

A. 碳钢　　B. 铁素体不锈钢

C. 敏化(奥氏体)不锈钢　　D. 铬－钼合金钢

9. 高温烟气硫酸露点腐蚀可以通过控制排烟温度在烟气(B)来解决。

A. 露点以下　　B. 露点以上　　C. 凝点以下　　D. 凝点以上

10. 一般认为原油的酸值达到(B)mgKOH/g 时，就可引起蒸馏装置某些高温部位发生环烷酸腐蚀。

A. 0.2　　B. 0.5　　C. 1.5　　D. 2.0

11. 环烷酸腐蚀的温度范围大致在(A)℃。

A. 230～400　　B. 350～400　　C. 270～280　　D. 280～350

12. 湿硫化氢腐蚀环境，即 $H_2S + H_2O$ 型的腐蚀环境，是指水或水物流在露点以下与 H_2S 共存时，在压力容器与管道中发生开裂的腐蚀环境。引起压力容器开裂的上限浓度经验值为(B)mg/L。

A. 25　　B. 50　　C. 100　　D. 150

13. 湿硫化氢腐蚀在(B)℃时腐蚀速度最高，在110～120℃时腐蚀率最低。

A. 50　　B. 80　　C. 100　　D. 120

14. 对硫化氢浓度大于50mg/L的腐蚀环境中，壳体宜选用抗拉强度不大于414MPa的碳钢或碳锰钢材料；对硫化氢浓度大于50mg/L，氰化物大于20mg/L的腐蚀环境，壳体宜选用(A)，内件选用0Cr13。

A. 碳钢或碳锰钢＋0Cr13 复合钢板　　B. 碳钢

C. 16MnR　　D. 304

15. 对腐蚀极为严重，(C)或剩余寿命小于1年的部位应进行监控，对监控部位应增加测厚频率(测厚频率及位置由测厚管理部门、车间和检测单位共同确定)。

A. 腐蚀速率大于0.1mm/a　　B. 腐蚀速率大于0.3mm/a

C. 腐蚀速率大于0.5mm/a　　D. 腐蚀速率大于0.75mm/a

16. 下列哪种腐蚀监测探针只适用于电解质溶液？(C)

A. 电阻探针 B. 电感探针 C. 电化学探针 D. 挂片探针

17. 设备的腐蚀情况仅靠正常生产中的腐蚀监检测是不够的，设备内部的腐蚀情况还必须靠装置停工期间的(B)工作来完成。

A. 承压特种设备的法定检验 B. 腐蚀检查

C. 安全检查 D. 巡检

18. 集团公司炼油事业部在《工艺防腐管理规定》中，规定原油电脱盐技术控制指标为(B)。

A. 脱后含盐≤3mg/L、脱后含水≤0.1%、污水含油≤150mg/L

B. 脱后含盐≤3mg/L、脱后含水≤0.2%、污水含油≤150mg/L

C. 脱后含盐≤3mg/L、脱后含水≤0.2%、污水含油≤100mg/L

D. 脱后含盐≤5mg/L、脱后含水≤0.2%、污水含油≤150mg/L

19. 炼油厂有3种注中和剂方案：全有机胺中和剂、氨水+中和缓蚀剂、氨水+缓蚀剂。全有机胺中和剂中和性能好，能避免氨盐结垢，但价格昂贵。目前在炼油厂被大量采用的是(B)。

A. 全有机胺中和剂 B. 氨水+中和缓蚀剂

C. 氨水+缓蚀剂 D. 以上都不是

20. 全有机胺中和剂的中和效果好，pH值易于控制，pH值控制范围为(A)。

A. 5.5~7.5 B. 6.5~7.5 C. 7.0~9.0 D. 7.5~9.0

21. 常、减压装置采用McConomy曲线计算理论腐蚀速率，所选材料计算的理论腐蚀速率应小于(B)mm/a。

A. 0.20 B. 0.25 C. 0.50 D. 0.75

22. 原油硫含量的升高(A)，但会增加"三顶"$HCl+H_2S+H_2O$腐蚀介质中H_2S的浓度，加重冷凝冷却系统的腐蚀。

A. 对电脱盐影响不大 B. 对电脱盐影响大

C. 对电脱盐无影响 D. 以上都不对

23. 哪种材料适合作为原油储罐罐底内壁牺牲阳极阴极保护？(C)

A. 锌合金 B. 镁合金 C. 铝合金 D. 锰合金

24. 下列设施中需要涂装防静电涂料的是(C)。

A. 输油管道 B. 输气管道 C. 储油罐 D. 储水罐

25. 循环水的流速不能太低，一般认为流速低于(B)m/s容易结垢，加速腐蚀。

A. 0.5 B. 1 C. 1.5 D. 2

26. 按《加工高含硫原油部分装置在用设备及管道选材指导意见》(试行)，压力容器、压力管道若经检测，剩余壁厚小于最小允许壁厚，应立即更换；若经检测，年腐蚀速率(C)，则在更换时应选用耐腐蚀性能更好的材料。

A. 压力容器大于0.25mm/a，压力管道大于0.2mm/a

B. 压力容器大于0.3mm/a，压力管道大于0.2mm/a

C. 压力容器大于0.3mm/a，压力管道大于0.25mm/a

D. 压力容器大于0.3mm/a，压力管道大于0.75mm/a

27. 属耐蚀性3级标准的是(A)。

A. 耐蚀<0.15mm/a；可用0.15~1.5mm/a；不可用>1.5mm/a

B. 耐蚀 <0.05mm/a；可用 0.05～1.5mm/a；不可用 >1.5mm/a

C. 耐蚀 <0.15mm/a；可用 0.15～0.5mm/a；不耐蚀 >0.5mm/a

D. 耐蚀 <0.1mm/a；可用 0.1～1.5mm/a；不耐蚀 >1.5mm/a

28. 做防腐层前对金属表面酸洗除锈，酸洗后不正确的处理方法是（A）。

A. 用碱液中和　　B. 用水冲洗

C. 冲洗后钝化和磷化处理　　D. 冲洗后迅速烘干或吹干

29. 增加漆膜厚度，加强漆膜体质、坚硬、耐磨，没有遮盖力和着色力的无色粉状物质是（C）。

A. 着色颜料　　B. 防锈颜料　　C. 体质颜料　　D. 耐磨颜料

30. 涂层绝缘检查用电火花检漏仪检查，按环氧沥青涂衬层设计要求，一般涂衬层要求耐压不低于（C）。

A. 2000V　　B. 2500V　　C. 3000V　　D. 5000V

31. 有机富锌底漆、无机富锌底漆的电化学保护作用是（B）。

A. 牺牲阴极　　B. 牺牲阳极　　C. 辅助阳极　　D. 以上都不是

32. （C）具有环氧树脂的黏合力、柔韧性和酚醛抗酸性抗溶剂性，因此是环氧漆系列中耐腐蚀性最好的一种。

A. 环氧煤沥青防腐蚀涂料　　B. 环氧酯防腐浊涂料

C. 环氧酚醛涂料　　D. 胺固化环氧防腐蚀涂料

33. 由固体树脂、颜料、填料、固化剂、流平剂等组成，不是以溶剂和水为分散介质，而是借助空气为分散媒介的涂料是（A）。

A. 环氧粉末涂料　　B. 酚醛树脂防腐蚀涂料

C. 乙烯树脂防腐蚀涂料　　D. 聚氨酯防腐蚀涂料

34. 聚氯乙烯塑料也具有玻璃、高弹及粘流 3 种力学状态。软聚氯乙烯塑料和硬聚氯乙烯塑料的不同点是加入了大量的（A）。

A. 增塑剂　　B. 稳定剂　　C. 润滑剂　　D. 填料

35. 玻璃钢衬里层电火花器检查时，一般衬里层为 3～7 层时选择 2～3kV；大于 7 层玻璃布厚衬里层选择 3～4kV。无火花即为合格，局部发生火花为不合格，解决方法为（A）。

A. 刷涂一层面漆进行修补　　B. 局部割掉补口

C. 全部割掉重衬　　D. 以上都不对

36. 玻璃钢衬层热处理的目的，是（B）。

A. 消除应力

B. 使树脂充分固化，提高衬里层的耐腐蚀性能

C. 使树脂均匀分布

D. 以上都不是

37. 板衬里用于化工设备的防腐蚀，是利用砖板、胶泥耐腐蚀的特点。砖板衬里使用失败的原因多出于砖板、胶泥的（A）。

A. 物理性能　　B. 化学腐蚀　　C. 机械性能　　D. 以上都不是

38. 聚氯乙烯塑料，除了硬聚氯乙烯塑料所用的稳定剂、润滑剂等添加剂以外，在其中还添加了一定数量的（B），因此其性能与硬聚氯乙烯塑料相比有很大差异。

A. 填料粉　　B. 增塑剂　　C. 骨料　　D. 以上都不是

39. 18－8 钢在使用温度处于(C)℃之间并停留一段时间，就会发生晶间腐蚀，这种热处理称为“敏化处理”，该温度范围称为敏化温度区间。

A. 350～750　　B. 400～800　　C. 450～850　　D. 500～900

40. 腐蚀疲劳是一种常见的腐蚀形式，其发生的条件是(C)。

A. 特定材料和敏感介质　　B. 静应力和腐蚀介质

C. 交变应力和腐蚀介质　　D. 特定材料和静应力

41. 牺牲阳极法是一种常用阴极保护方法，可以降低设备的腐蚀，其依据是(D)。

A. 钝化机理　　B. 成膜理论　　C. 线性极化理论　　D. 电偶腐蚀原理

42. 有关氯离子腐蚀，下列说法错误的是(C)

A. 氯离子容易穿透金属表面氧化层进入金属内部，破坏金属的钝态

B. 氯离子容易被吸附在金属表面，取代保护金属的氧化层中的氧，使金属受到破坏

C. 大多数金属，在含氯离子的溶液中是通过氢去极化而腐蚀的，所以在氯离子浓度高的时候，容易产生腐蚀

D. 氯离子的电负性质高，离子半径相对较小，使得其对金属的腐蚀很容易发生

43. 对有晶间腐蚀要求的奥氏体不锈钢管，热处理后应从同批管子中取两件试样做晶间腐蚀倾向试验。如有不合格，则应全部重新热处理，热处理次数不得超过(B)次。

A. 1　　B. 2　　C. 3　　D. 4

44. 换热器管板材质为碳钢，管束材质为不锈钢，通常管板部位腐蚀严重，管束腐蚀轻微，这是由于发生了(A)。

A. 电偶腐蚀　　B. 应力腐蚀　　C. 点蚀　　D. 均匀腐蚀

45. 阴极保护中牺牲阳极的材料有(B)。

A. 不锈钢　　B. 锌合金　　C. 铜合金　　D. 石墨

46. 连多硫酸应力腐蚀开裂在装置(B)期间发生，因此要严格执行操作规程。

A. 开工　　B. 停工　　C. 稳定运行　　D. 超温超压运行

47. 换热器出现氯化铵结晶，不仅会引起管束堵塞，还会引起(A)。

A. 垢下腐蚀　　B. 应力腐蚀　　C. 冲蚀　　D. 磨蚀

48. 下列体系中，不属于应力腐蚀的体系是(B)。

A. 低碳钢在热浓氢氧化钠溶液中　　B. 低碳钢在海水中

C. 黄铜在氨水溶液中　　D. 不锈钢在热的氯离子溶液中

49. 为了控制奥氏体不锈钢的晶间腐蚀，以下方法无效的是(C)。

A. 重新固溶处理　　B. 稳定化处理　　C. 增加含碳量　　D. 加入钛或铌

50. 根据《化工设备、管道防腐工程施工及验收规范》(HGJ 229—91)金属表面处理分为A、B、C、D 四个等级，标准“完全除去金属表面的油污、氧化皮、锈蚀产物和旧的防腐层。残留的锈斑、氧化皮等引起微变色的面积在任何 100mm×100mm 面积上，不得超过 5%。并除净粉尘。”属于哪个等级？(B)

A. A 级　　B. B 级　　C. C 级　　D. D 级

51. 金属材料中加入某些合金元素，可以提高材料的抗缝隙腐蚀和点腐蚀，需要加入哪种金属元素？(A)

A. 钼　　B. 铜　　C. 钛　　D. 铬

52. 双相不锈钢的耐蚀性通常用抗点蚀当量数 PREN 来评估，PREN 越高，双相不锈钢

耐蚀性越好，PREN 的计算与哪种元素无关？（C）

A. 铬　B. 钼　C. 镍　D. 氮

53. mm/a 和 mil/a(密尔/年)均是表示腐蚀速率的单位，请问 5.08mil/a =(B)mm/a。

A. 2.00　B. 0.129　C. 1.29　D. 0.200

54. 涂料的组分中，起主要防腐作用的是(A)。

A. 成膜基料　B. 颜填　C. 辅料　D. 溶剂

55. 国内 20 世纪 90 年代开发了耐硫酸露点腐蚀的新钢种 ND 钢，在钢中加入了一些微量元素，不在加入范围的元素是(A)。

A. Nb　B. Cr　C. Cu　D. Sb

56. 金属产生缝隙腐蚀的缝隙宽度通常为(B)。

A. 0.1 ~ 1.00mm　B. 0.025 ~ 0.100mm　C. 1.0 ~ 2.0mm　D. 2.0 ~ 3.0mm

57. 高温高压氢环境下，高温氢腐蚀的防止措施主要选用耐高温氢腐蚀的材料，工程设计上是按照哪种曲线选择的？（C）

A. Couper　B. McConomy　C. Nelson　D. Conomy

58. 根据《加工高硫原油装置主要设备及管道设计选材规定》，当所选材料的均匀腐蚀速率大于(D)mm/a 时，宜考虑提高材料等级。

A. 0.10　B. 0.15　C. 0.20　D. 0.25

59. 疲劳是一种常见的腐蚀形式，其发生的条件是(B)。

A. 特定材料和敏感介质　B. 交变应力和腐蚀介质

C. 静应力和腐蚀介质　D. 特定材料和静应力

60. 根据《炼油装置防腐蚀策略》，定点测厚频率应根据设备管线腐蚀程度、剩余寿命、腐蚀危害程度等进行确定，当腐蚀速率小于 0.3mm/a 或剩余寿命大于 1.5 年时，应多长时间测定一次？（D）

A. 2 个月　B. 3 个月　C. 4 个月　D. 6 个月

61. 钢材表面的锈蚀等级分为(C)级。

A. 2　B. 3　C. 4　D. 5

62. 高温烟气硫酸露点腐蚀可以通过控制排烟温度在烟气(B)来解决。

A. 露点以下　B. 露点以上　C. 凝点以下　D. 凝点以上

63. 喷砂作业时，储罐金属表面温度必须高于空气露点温度(B)℃以上，否则停止作业。

A. 2　B. 3　C. 4　D. 5

64. 水溶液环境下，腐蚀的发生需满足的条件是(A)。

A. 阴极、阳极、金属路径、电解质　B. 阴极、阳极、电解质、水

C. 阴极、阳极、水、金属路径　D. 阴极、阳极、金属路径

65. 催化装置分馏系统的易腐蚀部位主要分布在(B)的高温硫腐蚀，分馏塔顶的冷凝、冷却系统顶循环回流系统腐蚀，以及在油浆系统中，还有催化剂的磨蚀。

A. 分馏塔中部　B. 分馏塔底部　C. 油浆管线　D. 分馏塔顶部

66. 高强钢在含 H_2S 水溶液中易发生(B)。

A. 点蚀　B. 硫化物应力腐蚀　C. 腐蚀疲劳　D. 碱腐蚀

67. 防腐蚀工作能否得到有效落实，(C)是关键。

A. 工艺防腐　　B. 材料防腐　　C. 腐蚀管理　　D. 防腐施工

68. 对于压力容器分散点的腐蚀，如果腐蚀深度不超过壁厚(不含腐蚀裕量)的(D)，在直径为200mm的范围内，沿任一直径的点腐蚀长度之和不超过45mm，一般可不做处理。

A. 1/2　　B. 1/3　　C. 1/4　　D. 1/5

69. 在严重湿H_2S应力腐蚀环境中使用的碳钢及低合金钢的含硫量小于等于(C)。

A. 0.005%　　B. 0.008%　　C. 0.003%　　D. 0.006%

(四)常用静设备部分

换　热　器

1. 板式换热器(B)为传热元件，垫片为密封元件。

A. 壳体　　B. 板片　　C. 管子　　D. 以上都不是

2. 板式换热器的垫片不仅起到密封作用，还起到(D)作用。

A. 防振　　B. 支撑　　C. 定距　　D. 流体导向

3. 重沸器返塔线的安装位置至少应比塔内最高液位高出(C)mm。而单程循环热虹吸式卧式重沸器进料线的安装位置比塔液面和返塔线都要高，其高度差最小应为920mm。

A. 140　　B. 150　　C. 160　　D. 180

4. 为了节约能耗和减少热污染，开发高效能换热设备，主要采取(C)。

A. 辐射传热　　B. 对流传热　　C. 强化传热　　D. 扩散传热

5. (D)制造工艺中碰到的主要问题是局部脱焊，即在钎接过程中局部没有钎牢而形成薄弱环节。

A. 管壳式式换热器　　B. 热管式换热器　　C. 板式换热器　　D. 板翅式换热器

6. 与普通压力容器不同，在管壳式换热器壳体内表面焊缝上，要求(A)类焊缝在筒体内表面余高，必须打磨得与筒体内表面平齐，以便于管束装入和抽出。

A. A、B、D　　B. A、B、C　　C. B、C、D　　D. C、D、E

7. 管壳式换热器使用最多的是椭圆形封头，标准椭圆形封头的长短轴比值为(C)。

A. 1　　B. 1.5　　C. 2　　D. 2.5

8. (A)用于将管程介质分开。

A. 分程箱　　B. 密封盘　　C. 压环　　D. 卡环

9. 管壳式换热器使用最多的是椭圆形封头，标准椭圆封头壁厚(不包括壁厚附加量)应不小于封头内径的(A)。

A. 0.25%　　B. 0.3%　　C. 0.5%　　D. 0.20%

10. 换热器活动端活动支座的地脚螺栓应装两个锁母，锁母与底板间应留有(B)间隙。

A. 2~4mm　　B. 1~3mm　　C. <3mm　　D. <2mm

11. 影响胀接质量的因素之一是管头表面和管孔内壁的加工情况，对胀接质量影响很大。强度胀接连接时，管孔表面粗糙度 Ra 值不大于(D)μm。

A. 6.5　　B. 8.5　　C. 10.5　　D. 12.5

12. 管壳式换热器管子与管板材料的硬度差选取在(C)的范围。

A. 20~30HB　　B. 20~40HB　　C. 30~50HB　　D. 40~50HB

13. 管壳式换热器管子与管板焊接时，为保证较好的焊接质量，(B)。

A. 要求管板孔端不开坡口

B. 要求具有一定的管子突出管板长度和坡口深度

C. 要求管子头部不突出管板

D. 要求管板和管子头部平齐

14. 在下列管壳式换热器元件中，应考虑腐蚀裕量的是(A)。

A. 管板　　B. 管束　　C. 折流板　　D. 支撑板

15. 管壳式换热器管束与壳体组装时，螺栓的紧固至少应分(C)进行，每遍的起点应相互错开120°。

A. 1遍　　B. 2遍　　C. 3遍　　D. 4遍

16. 换热器出现氯化铵结晶，不仅会引起管束堵塞，还会引起(A)。

A. 垢下腐蚀　　B. 应力腐蚀　　C. 冲蚀　　D. 磨蚀

17. 固定管板式换热器型号BEM700－2.5/1.6－200－9/25－4Ⅰ中2.5的含义是(A)。

A. 管程设计压力　　B. 壳程设计压力　　C. 管程工作压力　　D. 壳程工作压力

18. 空冷器介质一般液体流速应在(B)m/s，气体流速可在5～10kg/(m^2·s)。

A. 0.25～0.5　　B. 0.5～1　　C. 1.0～1.5　　D. 1.5～2.0

19. 湿式空冷器或干湿组合空冷器并排布置时，空冷器构架支柱之间的净距不应小于(B)。

A. 2m　　B. 3m　　C. 3.5m　　D. 5m

20. 空冷器管束与管束之间、管束与构架之间的间隙大于(B)mm时，应填石棉绳或安装密封板以减少泄漏。

A. 8　　B. 10　　C. 12　　D. 15

21. 防止翅片管内侧管端介质冲刷腐蚀，可在翅片管端采用(B)。

A. 碳钢短衬管　　B. 不锈钢短衬管　　C. 塑料短衬管　　D. 橡胶短衬管

22. 空冷器管束基管尽量避免拼接，拼接的最短管长不得小于(C)m。每台管束基管的拼接处应在同一位置。

A. 1　　B. 1.5　　C. 2　　D. 3

23. 翅片接头至管端的距离及翅片接头间的距离不应小于(B)m。

A. 1　　B. 1.5　　C. 2　　D. 3

24. 换热器升温一般使用(D)作为预热的热载体，初期排气阀应打开，有少量泄出后关闭。

A. 热空气　　B. 氮气　　C. 氧气　　D. 蒸汽

25. 用水作冷却介质时，水的出口温度最好在38℃以下，因为超过38℃，微生物繁殖快，腐蚀结垢快，故出口温度最大不能超过(C)℃。

A. 38　　B. 40　　C. 45　　D. 50

26. 对换热器管板和管子强度焊连接管束，防止焊口失效的最好方法：合理选材；焊口根部确保焊透；有足够高的加强高(B)；强度焊后贴胀。

A. ≥1.5mm　　B. ≥2.5mm　　C. ≥3.5mm　　D. ≥4.5mm

27. 同一管程内，堵管数一般不超过其总数的(B)。

A. 5%　　B. 10%　　C. 15%　　D. 20%

28. 管壳式换热器管束更换管子时，同一根换热管，最多只准有(D)焊口。

A. 4 道　　B. 3 道　　C. 2 道　　D. 1 道

29. 管壳式换热器检修后的液压耐压试验值一般采用$p_T = 1.25p[\sigma]/[\sigma]^t$或$p_T = p + 0.1$中的(C)。($p$—管程或壳程最高操作压力 MPa，$[\sigma]$—试验温度下材料的许用应力 MPa，$[\sigma]^t$—操作温度下的许用应力 MPa)

A. 较小值　　B. 管程或壳程最高操作压力的 1.5 倍

C. 较大值　　D. 管程或壳程设计压力的 1.25 倍

30. 型号为 500 - 1.6 - 54 - 6/25 - 4 Ⅰ 的浮头式换热器，其中Ⅰ的意义是(C)。

A. 壳程数　　B. 管程数　　C. 管束材质　　D. 封头材质

31. 干式空冷器推荐翅片高度(D)mm、片距 2.3mm。

A. 10.5　　B. 12.5　　C. 14.5　　D. 16.5

32. 湿式空冷器推荐翅片高度(B)mm、片距 2.3mm(或 2.5mm)。

A. 10.5　　B. 12.5　　C. 14.5　　D. 16.5

33. 螺纹环式换热器设备操作中出现内漏，应锁紧承压环上的(B)螺栓。

A. 外圈　　B. 内圈　　C. 内部压紧　　D. 顶丝

34. 警告牌警告设备在操作中两程压差不许超过(C)。

A. 管程压力　　B. 壳程压力　　C. 设计压差　　D. 设计压力

35. (A)承受管、壳程所有轴向力。

A. 螺纹承压环　　B. 壳程筒体　　C. 管程筒体　　D. 分程箱

36. 螺纹锁紧环换热器可承受操作压力(A)工况。

A. ≥10MPa　　B. <10MPa　　C. <20MPa　　D. ≥20MPa

37. 螺纹锁紧环换热器内外漏均可(A)现场处理。

A. 带压　　B. 停车　　C. 泄压　　D. 升压

38. 螺纹锁紧环换热器的螺纹在高温状态下工作，易产生(A)。

A. 微量变形　　B. 严重变形　　C. 腐蚀　　D. 开裂

39. 螺纹锁紧环换热器中(B)承受密封盘传给它的轴向力，它把力传递给了承压环螺纹齿上。

A. 承压环　　B. 压盖　　C. 压紧螺栓　　D. 分程箱

40. (A)的作用是螺纹锁紧环换热器设备检修时防止管箱油孔落灰尘，且作封盖用。

A. 螺塞　　B. 压杆　　C. 压紧螺栓　　D. 螺栓保护套

管式加热炉

41. 依据《石油化工厂设备检修手册——加热炉》，配风器将供给空气分为一次风和二次风，其中二次风的作用为(D)。

A. 用于着火　　B. 稳定燃烧　　C. 减少炭黑　　D. 供给大量空气

42. 下列哪类加热炉不属于石油化工管式加热炉范围(D)。

A. 蒸馏炉　　B. 焦化炉　　C. 裂解炉　　D. 蒸汽锅炉

43. 每台管式加热炉单位时间内管内介质吸收的热量称为有效热负荷，简称热负荷；热负荷的大小表示(A)。

A. 炉子生产能力的大小　　B. 装置生产能力的大小

C. 辐射表面热强度的大小　　D. 炉膛体积热强度的大小

44. 管式加热炉一般由(A)等部分组成。

A. 辐射室、对流室、余热回收系统、燃烧器以及通风系统

B. 辐射室、对流室、余热回收系统、燃烧器以及省煤器

C. 辐射室、余热回收系统、燃烧器以及通风系统

D. 辐射室、对流室、过热器、燃烧器以及通风系统

45. 管式加热炉结构通常包括(B)等。

A. 锅筒、炉墙、炉管和其他配件

B. 钢结构、炉墙、炉管、燃烧器和孔类配件等

C. 钢结构、炉墙、炉管和余锅

D. 钢结构、炉墙、炉管和省煤器

46. 下列哪类加热炉不属于炼油装置加热炉(C)。

A. 常压炉　　B. 减压炉　　C. 裂解炉　　D. 焦化炉

47. 下列说法正确的是(C)。

A. 管式加热炉的热负荷大小，随装置换热的不同不变

B. 管式加热炉的热负荷大小，随装置换热的不同而变大

C. 管式加热炉的热负荷大小，随装置换热的不同而改变

D. 管式加热炉的热负荷大小，随装置换热的不同而变小

48. 对流室的主要作用是(A)。

A. 对流室内的高温烟气以对流的方式将热量传给炉管内的介质。在对流室内也有很小一部分烟气及炉墙的辐射传热

B. 对流室内的高温烟气以辐射的方式将热量传给炉管内的介质。在对流室内也有很小一部分烟气及炉墙的对流传热

C. 对流室内的高温烟气以传导的方式将热量传给炉管内的介质。在对流室内也有很小一部分烟气及炉墙的辐射传热

D. 对流室内的高温烟气以对流和传导的方式将热量传给炉管内的介质。在对流室内也有很小一部分烟气及炉墙的辐射传热

49. SHF 0001—90《石油化工工艺管式炉效率测定法》中规定：以(B)作为标定、考核、分析、评价管式炉性能的一个指标。

A. 热效率　　B. 综合热效率　　C. 热负荷　　D. 以上都不对

50. 火墙温度又称炉膛温度，是指烟气离开辐射室进入对流室时的温度，一般控制在(C)以下(转化炉、乙烯裂解炉除外)。

A. 780℃　　B. 800℃　　C. 850℃　　D. 900℃

51. 流体的流动类型分两种：层流和紊流(湍流)；流体的流动类型可用雷诺数 Re 判断，当 $Re\leqslant 2300$ 时，流体的流动类型属于层流；当 $Re\geqslant 10000$ 时，流体的流动类型属于湍流；$2300<Re<10000$，属于过渡流。以下关于湍流正确的说法是(B)。

A. 湍流状态下不仅有热对流，而且有热传导，并起主导作用，故对流传热较强

B. 湍流状态下不仅有热传导，而且有热对流，并起主导作用，故对流传热较强

C. 湍流状态下仅有热传导，故对流传热较弱

D. 湍流状态下仅有热对流，故对流传热较强

52. 管式加热炉管内传热主要为流体与管壁间的(C)传热。

A. 传导 B. 辐射 C. 对流 D. 以上都不对

53. 加热炉的大小是用(B)指标来决定的。

A. 炉外壁直径和高度 B. 热负荷的大小 C. 辐射炉管直径 D. 燃烧器数量

54. 常压炉单面辐射炉(立管)管表面热强度的经验数据是(D)。

A. 36.000 ~ 44.000kW/m² B. 17.000 ~ 23.000kW/m²

C. 47.000 ~ 80.000kW/m² D. 30.000 ~ 37.000kW/m²

55. 炉膛温度(D)。

A. 是指烟气离开最后换热面的温度 B. 是指烟气进余热回收系统的温度

C. 是指辐射室中部的烟气温度 D. 是指烟气离开辐射室的温度

56. 影响辐射管表面热强度的因素有(D)。

A. 沿炉管圆周受热不均匀；沿炉管长度受热不均匀；局部死角

B. 炉管直径大小；沿炉管长度受热不均匀；火焰温度的影响；局部死角

C. 沿炉管圆周受热不均匀；炉管厚度；加热介质温度的影响；局部死角

D. 沿炉管圆周受热不均匀；沿炉管长度受热不均匀；加热介质温度的影响

57. 炉膛温度一般控制在约多少温度以下，正确的说法是(D)。

A. 650℃ B. 750℃ C. 980℃ D. 820 ~ 870℃

58. "三门一板"，下列说法正确的是(B)。

A. 看火门、风门、油门和烟囱挡板 B. 汽门、风门、油门和烟囱挡板

C. 人孔门、风门、油门和烟囱挡板 D. 防爆门、风门、油门和烟囱挡板

59. 在工艺计算中一般采用燃料的(B)。

A. 高热值 B. 低热值

C. 高、低热值的算术平均值 D. 高、低热值的加权平均值

60. 卧管立式炉的辐射室和对流室的热负荷分配一般为(A)。

A. 辐射占 70% ~75%，对流占 25% ~30%

B. 辐射占 70% ~80%，对流占 20% ~25%

C. 辐射占 60% ~70%，对流占 30% ~40%

D. 辐射占 80% ~85%，对流占 15% ~20%

61. SHF 0001—90《石油化工工艺管式炉效率测定法》规定热平衡的基准温度为(B)℃。

A. 0 B. 15.6 C. 20 D. 27

62. 提高加热炉热效率的途径，下列说法不正确的是(C)。

A. 增加余热回收系统 B. 采用节能新型燃烧器

C. 增大辐射段底部厚度 D. 减少热损失

63.《加热炉管理规定》中，烟气中 CO 含量为(B)时，便是合格的。

A. $\leq 150\times10^{-6}$ B. $\leq 100\times10^{-6}$ C. $\leq 50\times10^{-6}$ D. $\leq 200\times10^{-6}$

64.《加热炉管理规定》中，最终排烟温度一般(C)。

A. ≤200℃ B. ≤170℃ C. ≤150℃ D. ≤120℃

65. 在强制通风时，设计热风道内的气体流速一般选用(A)。

A. 12 ~ 15m/s B. 6 ~ 8m/s C. 10 ~ 12m/s D. 14 ~ 17m/s

66. 在强制通风时，冷风道内的气体流速一般选用(C)。

A. 12 ~ 15m/s　B. 6 ~ 8m/s　C. 10 ~ 12m/s　D. 14 ~ 17m/s

67. 在强制通风时，烟囱内的烟气流速一般选用(C)。

A. 12 ~ 15m/s　B. 6 ~ 8m/s　C. 10 ~ 20m/s　D. 18 ~ 30m/s

68. 有空气预热器的强制通风式加热炉，空气预热器预热后的空气温度一般在(B)。

A. 300℃以上　B. 180℃以上　C. 70℃以上　D. 400℃以上

69. 急弯弯管是用(C)而成的。

A. 有缝钢管焊制　B. 钢锭锻制　C. 无缝钢管推制　D. 钢水铸造

70. 炉管胀接后，如果胀口不严则允许补胀，一个管口补胀次数不应超过(B)次。

A. 1　B. 2　C. 4　D. 5

71. 燃油喷嘴俗称油枪。燃油喷嘴的主要任务是把燃料油雾化成微米级的油粒，并形成便于与空气混合的雾化炬。炼油及石油化工加热炉燃烧器使用的燃油喷嘴几乎都是(B)，由雾化蒸汽管、燃料油管、雾化器、混合室和喷头等部件组成。

A. 外混式蒸汽雾化型　B. 内混式蒸汽雾化型

C. 混合式蒸汽雾化型　D. 以上都不对

72. 下列燃烧器在使用过程中，(A)过剩空气系数大。

A. 外混式燃烧器　B. 内混式燃烧器　C. 半混式燃烧器　D. 无焰燃烧器

73. 气体燃烧器的设计压力一般为(A)。

A. 0.1 ~ 0.2MPa　B. 0.3 ~ 0.4MPa　C. 0.25 ~ 0.3MPa　D. 0.4 ~ 0.5MPa

74. 扩大表面是指(B)。

A. 增大辐射炉管表面

B. 在对流炉管的外表面增设钉头或翅片以扩大吸热面

C. 增大炉壁衬里表面

D. 增大对流段炉管直径

75. 化学不完全燃烧的热损失体现在排烟内含有以下成分，下列说法正确的是(A)。

A. CO、H_2 和 CH_4　B. N_2、H_2 和 CH_4

C. CO_2、H_2 和 CH_4　D. O_2、H_2 和 CH_4

76. 通常允许加热炉的操作上限为设计热负荷的(B)。

A. 110%　B. 120%　C. 130%　D. 140%

77. 燃气加热炉，氧含量应控制在(A)。

A. 2% ~ 4%　B. 2% ~ 5%　C. 1% ~ 3%　D. 3% ~ 5%

78. 简单炉型辐射室顶部负压值，应控制在(B)之间。

A. -10 ~ -40Pa　B. -20 ~ -30Pa　C. -30 ~ -50Pa　D. -50 ~ -60Pa

79. 回火的含义为(B)。

A. 气体燃料和预混空气的混合物流出火孔的速度大于火焰传播速度

B. 气体燃料和预混空气的混合物流出火孔的速度小于火焰传播速度

C. 气体燃料和预混空气的混合物流出火孔的速度等于火焰传播速度

D. 气体燃料和预混空气的混合物流出火孔的速度小于烟气速度

80. 燃烧器回火时的处理措施为(A)。

A. 提高瓦斯压力。对含氢量高的气体燃料只推荐采用外混式气体燃烧器

B. 降低瓦斯压力。对含氢量高的气体燃料推荐采用外混式气体燃烧器

C. 降低瓦斯压力。对含氢量高的气体燃料推荐采用半预混式气体燃烧器

D. 提高瓦斯压力。对含氢量高的气体燃料推荐采用半预混式气体燃烧器

81. 燃烧器火焰脉动时的原因为(A)。

A. 烟囱抽力过小；瓦斯压力波动；空气量不足，应马上开大烟囱挡板

B. 烟囱抽力过大；瓦斯压力波动；空气量不足，应马上开大烟囱挡板

C. 烟囱抽力过小；瓦斯带油；空气量不足，应马上开大烟囱挡板

D. 烟囱抽力过小；瓦斯压力波动；空气量过量，应马上关小风门蝶阀

82. 为取得燃烧过程中过剩空气量的真实数据，应从(D)抽取烟气作含氧量分析，用来控制燃烧。

A. 对流室上方　　B. 余热回收系统的出口

C. 辐射室的底部看火孔处　　D. 对流室下方

83. 管式加热炉炉管的报废标准中规定炉管外径(C)时，作报废处理。

A. 大于原来外径的1% ~2%　　B. 大于原来外径的2% ~3%

C. 大于原来外径的4% ~5%　　D. 大于原来外径的6% ~7%

84. 炉管发生损坏往往是多种原因综合作用的结果，下面描述全面的是(A)。

A. 传热恶化，局部过热，火焰舔管，管内结焦，管内介质含有某些不良的杂质(如过量的盐分或有机钠等)，管内、外腐蚀等

B. 传热恶化，火焰舔管，管内结焦，管内介质含有某些不良的杂质(如过量的盐分或有机钠等)，管内、外腐蚀等

C. 传热恶化，局部过热，火焰舔管，管内介质含有某些不良的杂质(如过量的盐分或有机钠等)，管内、外腐蚀等

D. 传热恶化，局部过热，火焰过长，管内结焦，管内介质含有某些不良的杂质(如过量的盐分或有机钠等)，管内、外腐蚀等

85. 石油化工管式加热炉监测项目一般包括(A)。

A. 排烟温度、烟气中一氧化碳含量、炉体外表面温度、空气系数和热效率

B. 排烟温度、烟气中氧化氮含量、炉体外表面温度、氧含量和热效率

C. 炉体外表面温度、烟气中一氧化碳含量、烟气中二氧化硫含量、空气系数和热效率

D. 排烟温度、炉体外表面温度、氧含量和热效率

86. 加热炉遮蔽段的炉管应采用(D)。

A. 翅片管　　B. 钉头管　　C. 内螺纹管　　D. 光管

87. 管式加热炉在用回弯头、堵头密封圆锥面有腐蚀深坑，直径大于2mm，深度大于(A)mm的应更换。

A. 0.4　　B. 0.5　　C. 0.6　　D. 0.8

88. 烘炉过程中，铬-钼钢炉管出口的蒸汽温度应为不小于(C)℃。

A. 350　　B. 400　　C. 450　　D. 500

89. 长明灯燃料的压力一般设定为(B)。

A. 0.1 ~0.2MPa　　B. 0.035 ~0.1MPa　　C. 0.020 ~0.03MPa　　D. 0.15 ~0.20MPa

90. 天然气的主要成分是(A)

A. 甲烷　　B. 乙烷　　C. 丙烷　　D. 丙烯

91. 氧化锆探头的工作温度一般在(C)℃以上。

A. 300 B. 400 C. 600 D. 800

92. 气枪的安装垂直偏差应不大于(A)。

A. 1mm B. 2mm C. 3mm D. 4mm

93. 关于遮蔽管，下列说法正确的是(D)。

A. 辐射炉管处出口管

B. 对流炉管的出口管

C. 辐射炉管处入口管

D. 阻挡对流室的管子中接收直接辐射的那部分管子

94. 加热炉的主要工艺指标是(A)。

A. 热负荷、炉膛温度、炉膛体积热强度、炉管表面热强度、加热炉的热效率、油品在管内的流速及压力降

B. 热负荷、炉膛温度、氧含量、排烟温度、加热炉的热效率、油品在管内的流速及压力降

C. 热负荷、炉膛温度、排烟温度、炉管表面热强度、加热炉的热效率

D. 热负荷、炉膛温度、加热炉的热效率、油品在管内的流速及压力降

95. 所有监测项目(炉体表面除外)(A)。

A. 每1h测取1次，共测取3组数据 B. 每2h测取1次，共测取3组数据

C. 每1h测取1次，共测取2组数据 D. 每2h测取1次，共测取2组数据

96. 排烟温度取3次测量数据的(C)

A. 加权平均值 B. 最大值 C. 算术平均值 D. 最小值

97. 在烘炉曲线上按要求进行恒温的温度有(A)

A. 加热炉在烘炉时，炉膛温度达到150℃时必须进行恒温，以除去炉墙中的自然水；320℃恒温以除去炉墙中的结晶水；450℃和500℃恒温使炉墙中的耐火泥充分烧结

B. 加热炉在烘炉时，炉膛温度达到200℃时必须进行恒温，以除去炉墙中的自然水；300℃恒温以除去炉墙中的结晶水；450℃和500℃恒温使炉墙中的耐火泥充分烧结

C. 加热炉在烘炉时，炉膛温度达到250℃时必须进行恒温，以除去炉墙中的自然水；320℃恒温以除去炉墙中的结晶水；450℃和500℃恒温使炉墙中的耐火泥充分烧结

D. 加热炉在烘炉时，炉膛温度达到150℃时必须进行恒温，以除去炉墙中的自然水；280℃恒温以除去炉墙中的结晶水；450℃和500℃恒温使炉墙中的耐火泥充分烧结

98. 通常情况下，燃料气的温度为(B)。

A. 20~40℃ B. 25~82℃ C. 20~60℃ D. 25~100℃

99. 辐射室的体积热强度，燃气时应小于(D)。

A. 124kW/m^3 B. 130kW/m^3 C. 155kW/m^3 D. 165kW/m^3

100. 加热炉点火前要按照规程进行爆炸气分析，分析结果可燃气体含量低于或等于(B)为合格。

A. 0.1%(体) B. 0.2%(体) C. 0.3%(体) D. 0.4%(体)

101. 节能型燃烧器的两个重要衡量指标是(C)。

A. 热强度与燃烧的稳定性

B. 噪声大小与有害物质的排放量

C. 完全燃烧的程度与达到完全燃烧所需的最小过剩空气量

D. 过剩空气系数与操作弹性

102. 加热炉开工点火步骤中要求(A)。

A. 烟囱挡板全开　B. 烟囱挡板不开　C. 烟囱挡板开1/2　D. 烟囱挡板开1/3

103. 加热炉开工升温要求(B)。

A. 升温速度视炉子结构和燃烧器种类而定，但一般控制在30℃/h左右(指炉管内介质的出口温度)

B. 升温速度视炉子结构和燃烧器种类而定，但一般控制在50℃/h左右(指炉管内介质的出口温度)

C. 升温速度视炉子结构和燃烧器种类而定，但一般控制在70℃/h左右(指炉管内介质的出口温度)

D. 升温速度视炉子结构和燃烧器种类而定，但一般控制在90℃/h左右(指炉管内介质的出口温度)

104. 加热炉点火前，要在冷态下启动引风机和送风机，风量达到额定值的(B)以上，时间不少于10~15min，目的一是清扫炉膛，二是再试风机。

A. 10%~15%　B. 15%~30%　C. 35%~45%　D. 50%~60%

105. 依据《石油化工厂设备检修手册——加热炉》，以下传热方式中以电磁波方式传递能量的是(A)。

A. 热辐射　B. 热传导　C. 热对流　D. 热交换

106. 炉子通过自控系统实现低氧燃烧后，炉膛和火焰的情况与过剩空气量大时有些不同。操作人员习惯了过剩空气量大时的焰形和工况，往往认为低氧燃烧情况下火焰不够刚直有力，炉膛不够清晰明亮，担心燃烧是否良好。只要这时炉管外壁温度没有超出范围，(A)都在目标值之内，就不要随意改变操作。

A. O_2、CO含量和炉膛负压　B. O_2和炉膛负压

C. CO含量和炉膛负压　D. O_2、SO_2含量和炉膛负压

107. 加热炉开工前的炉内爆炸气体分析，必须在吹扫结束的(A)进行炉膛内爆炸性气体分析。

A. 10min内　B. 20min内　C. 25min内　D. 30min内

108. 加热炉开工前的炉内爆炸气体分析合格，(A)必须完成点火操作，同时点火前应采用便携式可燃气体分析仪进行复查，超过规定时间必须重新进行爆炸性气体分析。

A. 15min内　B. 20min内　C. 25min内　D. 30min内

109. 炉内爆炸气体分析的采样器，自采样孔插入深度应不低于(D)。

A. 100mm　B. 200mm　C. 300mm　D. 500mm

110. 空气烧焦阶段，严格控制炉膛温度(A)。

A. <550℃　B. <650℃　C. <700℃　D. <750℃

111. 对流管上部一般应留有高度不小于(D)的检查和检修空间。

A. 300mm　B. 400mm　C. 600mm　D. 800mm

112. 对小型炉，对流管上部一般应留有高度不小于(D)的检查和检修空间。

A. 300mm　B. 400mm　C. 500mm　D. 600mm

113. 加热炉平台铺板应采用大于(C)厚的花纹钢板和经防滑处理的钢板。

A. 2mm　B. 3mm　C. 4mm　D. 6mm

114. 当烟气流速超过(B)时，陶纤毯不得用作热面层。

A. 12.2m/s　B. 13m/s　C. 14m/s　D. 15m/s

115. 管式加热炉炉管液压试验应使用洁净水，奥氏体不锈钢炉管试验用水的氯离子含量应小于(C)ppm。

A. 15　B. 20　C. 25　D. 30

116. 碳素钢和奥氏体钢炉管一般不需要进行焊前预热及焊后热处理，但是当环境温度在20℃以下时应预热至(B)℃，加热范围为焊口中心两侧各100mm。

A. 30　B. 40　C. 45　D. 50

117. 管式加热炉炉管胀接时，炉管管端150mm范围内应进行打磨，打磨后的表面应露出金属光泽，且不应有起皮、凹陷、裂纹及纵向刻痕等缺陷，但打磨减薄量应小于(A)mm。

A. 0.2　B. 0.3　C. 0.4　D. 0.5

塔、容器

118. 减压塔塔板数较少是为了(B)。

A. 节约成本　B. 降低压降　C. 提高真空度　D. 增大产品收率

119. 减压塔塔径粗大的原因是(A)。

A. 气相负荷量大　B. 填料塔结构要求

C. 渣油黏度大　D. 提高抽出率

120. 钢制塔式容器是指高径比 H/D 大于(D)且高度大于10m的裙座支承钢制立式圆筒型压力容器，简称塔器。

A. 2　B. 3　C. 4　D. 5

121. GB 150《压力容器》中的工作压力、设计压力、试验压力均指容器(C)的压力。

A. 底部　B. 中部　C. 顶部　D. 下部

122. 在容器上开孔只能是圆形孔，长、短轴之比不大于(B)的椭圆形或长圆孔。

A. 1.5　B. 2　C. 2.5　D. 3

123. 外压容器的器壁承受压应力，壁厚一般按(C)确定。

A. 强度计算　B. 刚度计算　C. 稳定性条件　D. 应变计算

124. 若受压元件计算厚度为12.75mm，腐蚀裕量 C_2 为2mm，钢板厚度负偏差 C_1 为0.25mm，其设计厚度为(A)。

A. 14.75mm　B. 17mm　C. 16mm　D. 14.5mm

125. 若受压元件计算厚度为12.5mm，腐蚀裕量 C_2 为2mm，钢板厚度负偏差 C_1 为0.3mm，名义厚度为16mm，其有效厚度为(C)。

A. 12.8mm　B. 14.5mm　C. 13.7mm　D. 14.8mm

126. 在下列厚度中能满足强度(刚度、稳定性)及使用寿命要求的最小厚度是(A)。

A. 设计厚度　B. 最小厚度　C. 计算厚度　D. 名义厚度

127. 外压容器设置加强圈的目的是为了(D)。

A. 开孔补强　B. 延长容器的寿命　C. 缩短容器长度　D. 提高临界压力

128. 采用焊接方法对卧式压力容器进行修理或改造时，一般不采用(C)方法。

A. 挖补　B. 更换　C. 贴补　D. 补焊

129. 塔器在操作过程中若液体流量过大，降液管面积不够，液体发生堵塞现象，几层塔板的液体将连成一片的现象称为(A)。

A. 液泛　B. 淹没　C. 雾沫夹带　D. 脉动

130. 塔体内径 $1600\text{mm} < D \leqslant 4000\text{mm}$，支撑圈上表面水平度允许偏差(C)mm。

A. ≤3　B. ≤4　C. ≤5　D. ≤6

131. 装置停工吹扫后，要清理塔内杂质时，打开人孔的顺序应该是(B)。

A. 从下往上　B. 从上往下　C. 同时打开　D. 随意

132. 圆锥形裙座的半锥顶角设计规定不得超过(B)。

A. 10°　B. 15°　C. 20°　D. 25°

133. 塔外壁保温支持圈的宽度一般比绝热层的厚度小(C)。

A. 5mm　B. 8mm　C. 10mm　D. 15mm

134. 对不规则排列的填料装填时，高塔多采用湿法装填，这是指(A)。

A. 装填前塔内先灌满水　B. 装填前塔内先灌一半水

C. 边装填边灌水　D. 装填完成后再灌水

135. 塔体材料为碳素钢、16MnR 时，水压试验用水的温度和环境温度均不得低于(B)。

A. 0℃　B. 5℃　C. 10℃　D. 15℃

136. 塔器外表局部温度超过设计温度(C)，则必须进行外保温的维护和检修。

A. 15℃　B. 20℃　C. 30℃　D. 40℃

137. Intalox 填料是属于(A)。

A. 金属孔板波纹填料　B. 栅格填料

C. 网状波纹填料　D. 绕卷型填料

138. 塔设备按单元操作分为精馏塔、吸收塔、萃取塔、干燥塔、和(B)等等。

A. 加压塔　B. 反应塔　C. 填料塔　D. 常压塔

139. 组合导向浮阀塔板的阀孔临界气速与相应条件下的导向浮阀塔板比起来(A)。

A. 相同　B. 要高　C. 要低　D. 以上都有可能

140. 栅板型填料支撑适用于(C)。

A. 拉西环　B. 鲍尔环　C. 规整填料　D. 散装填料

141. 筛板塔属于(B)。

A. 错流塔　B. 逆流塔　C. 顺流塔　D. 以上都不是

142. 减压塔内件为(C)。

A. 填料塔盘　B. 浮阀塔盘

C. 填料塔盘和浮阀塔盘　D. 以上都不是

143. 以下不属于塔板上气液两相之间接触状态的是(D)。

A. 鼓泡状　B. 泡沫状　C. 喷射状　D. 雾状

144. 板式塔的持液量与填料塔的持液量相比(A)。

A. 较大　B. 较小　C. 相同　D. 以上都不是

145. 减压塔塔顶缩径是为了(A)。

A. 降低塔顶管线压降　B. 节约成本

C. 提高真空度　D. 增大产品收率

储　罐

146. 球罐焊条电弧焊工艺焊缝的焊接顺序为(B)。

A. 先焊环缝，后焊纵缝　B. 先焊纵缝，后焊环缝

C. 先焊边缝，后焊环缝　D. 以上都不对

147. 球罐，我国规定20～40mm厚的16MnR钢在不低于0℃时可不预热，在气温较低时酌情预热，大壁厚需热处理。预热的目的是防止冷裂纹，焊后热处理的作用是(D)。

A. 防止热裂纹　B. 防止热脆

C. 消除变形　D. 消除焊接残余应力

148. 内浮顶罐被广泛用来储存(D)。

A. 渣油　B. 原油　C. 润滑油　D. 汽油

149. 在油罐附件中，既有防止油罐超压破裂作用，又有降低油品蒸发损耗，改善生产管理作用的是(A)。

A. 呼吸阀　B. 呼吸阀挡板　C. 人孔　D. 阻火器

150. 大型储罐清罐检修时，应对下部壁板的纵焊缝进行超声探伤抽查。抽查焊缝的长度不小于该部分焊缝总长的(C)。

A. 20%　B. 15%　C. 10%　D. 5%

151. 储罐罐底板发现的裂纹，为防止裂纹扩展，可在其两端钻上止裂孔，将缺陷部位挖去，重新进行补焊，但至少要分(B)补焊。

A. 1次　B. 2次　C. 3次　D. 4次

152. 球罐用有延迟裂纹倾向的钢材制造时，应在焊接结束后至少经(B)，方可进行焊缝的无损检测。

A. 20h　B. 36h　C. 48h　D. 60h

153. 立式圆筒形钢制储罐检修，对新焊接焊缝的表面质量检验时，允许对接焊缝咬边深度(D)。

A. <2mm　B. <1.5mm　C. <1mm　D. <0.5mm

154. 储罐罐底和最下一圈管壁进行大部分或全部更换修理后，除焊缝进行无损探伤和严密性实验外，还需进行(C)。

A. 超声检测　B. 射线检测　C. 水压试验　D. 气压试验

155. 根据《常压立式圆筒形钢制焊接储罐维护检修规程》中规定，罐基础容许倾斜值是指(A)。

A. 基础倾斜方向两端点的沉降差与其距离的比值

B. 基础顶面与底面之间的垂直边缘到测量垂线之间的距离差与其间距的比值

C. 罐壁上下两端到测量垂线之间的距离差与其罐壁高的比值

D. 罐顶倾斜方向两端点的高度差与罐体直径的比值

156. 浮顶及内浮顶油罐罐壁内侧焊缝的余高，不得大于(B)mm。

A. 0.5　B. 1　C. 2　D. 3

157. 低压球罐上装设的压力表精度应(A)。

A. 不低于2.5级　B. 不低于1.6级　C. 不高于2.5级　D. 不高于1.6级

158. 呼吸阀的安装位置应设在储罐顶部气相空间的(C)，以便顺利地提供通向呼吸阀最直接和最大的通道。

A 侧部　B. 中部　C. 最高点　D. 最低点

159. 油品进罐时的最大进油量所造成的罐内油气呼出量，当油品闪点(闭口)高于或等于45℃时，应按最大进油量的(A)倍考虑。

A. 1. 07　B. 1. 17　C. 2. 14　D. 2. 34

160. 立式圆柱形储罐中的浮顶罐按照结构又可分为(C)。

A. 拱顶储罐、锥顶储罐　B. 圆柱形储罐、球型储罐

C. 内浮顶储罐、外浮顶储罐　D. 原油储罐、轻质油储罐

161. 储罐的倾斜多由于基础不均匀沉降造成，当允许倾斜值大于(D)危及储罐安全生产和正常操作时应及时进行修复。

A. 0. 05　B. 0. 005　C. 0. 08　D. 0. 008

常用炼油设备

162. 自动切换联合钻孔切焦器的两个基本工序是什么？(A)

A. 钻孔和除焦　B. 钻孔和升降　C. 钻孔和切换　D. 除焦和切换

163. 风动水龙头是实现除焦系统转动的关键设备，连接高压胶管、(A)。

A. 钻杆和游车大钩　B. 钻杆和除焦器

C. 除焦器和游车大钩　D. 钻杆和鹅颈管

164. 焦炭塔上部用材的发展趋势，从早期的Q245R，发展至目前的(A)。

A. 1. 25Cr－0. 5Mo＋410S 复合板　B. Cr5Mo

C. P9　D. 321

165. 催化裂化装置反应器人字挡板安装角度允许偏差应小于(C)。

A. 1°　B. 1. 5°　C. 2. 5°　D. 3. 5°

166. 催化装置反再系统主要设备包括(C)。

A. 反应器、分馏塔、再生器、三级旋风分离器

B. 反应器、吸收塔、解吸塔、三级旋风分离器

C. 反应器、沉降器、再生器、三级旋风分离器

D. 反应器、分馏塔、稳定塔、三级旋风分离器

167. 减压塔由于介质温度高、介质重、易结焦、易沉积等特点，故液位检测用(A)。

A. 浮球式液位计　B. 玻璃管液位计

C. 超声波液位计　D. 磁翻板液位计

168. 由于是负压操作，一般塔顶设放空阀，没有设置安全阀的是(D)。

A. 初馏塔(闪蒸塔)　B. 常压塔

C. 汽提塔　D. 减压塔

169. 常、减压装置为可能产生FeS的运行环境，消除FeS自燃风险的措施为(B)。

A. 5% NaOH 循环冲洗　B. 3% NaOH 循环冲洗

C. 3% NH_3+H_2O 循环冲洗　D. 3% $NaCO_3$ 循环冲洗

170. 催化装置反再系统的设备主体材质是(C)。

A. 不锈钢　B. 碳钢 + 堆焊层衬里
C. 碳钢 + 隔热耐磨衬里　D. 不锈钢 + 隔热耐磨衬里

171. 加氢反应器一般内壁堆焊什么材料(A)。
A. E309L(00Cr25Ni13) + E347(00Cr20Ni10Nb)
B. E309L + E308L
C. E309L + E308L
D. 哈氏合金

172. 在役加氢反应器以下损伤形式不可能发生的有(D)。
A. 氢腐蚀和氢脆　B. 高温蠕变脆化
C. 奥氏体不锈钢堆焊层的氢致剥离　D. 露点腐蚀

173. 加氢反应器堆焊层修补不允许用碳弧气刨，以免堆焊层(D)。
A. 腐蚀　B. 氧化　C. 剥离　D. 增碳

174. 加氢反应器 2.25Cr－1Mo 钢之间的焊接，应采用(B)，焊后需要热处理。
A. 奥氏体焊条　B. 珠光体焊条　C. 铁素体焊条　D. 马氏体焊条

175. 焦炭塔选材一般为(A)。
A. 上部 15CrMoR + 0Cr13. 下部 15CrMoR　B. 2.25Cr－1Mo
C. 2.25Cr－1Mo + 0Cr13　D. 1Cr5Mo

176. 焦化装置分馏塔选材一般为(C)。
A. 0Cr13　B. 321
C. 碳钢 + 0Cr13/321　D. 2.25Cr－1Mo + 0Cr13

177. 松动蒸汽管堵塞、冲蚀、变形的检查，目的是(A)。
A. 保持完好，防止器壁结焦　B. 保持完好，便于停工吹扫
C. 保持完好，便于停工蒸煮　D. 保持完好，便于停工清洗

178. 为减缓和防止冷凝液直接冲蚀焦炭塔顶头盖，塔顶安全阀和油气线接管(B)。
A. 选用碳钢　B. 应伸进焦炭塔一段
C. 外接三通　D. 与焦炭塔壁平齐

179. 某台加氢裂化反应器设计温度 450℃，设计压力 16.54MPa，反应器器壁最可能的主体材料是(B)。
A. 16MnR　B. 2.25Cr－1Mo－0.25V
C. 1Cr18Ni9Ti　D. 07MnNiCrMoVDR

180. 炼油催化装置再生器器壁外表面温度相对较低(90～140℃)，为保持器壁外表面温度，一般在内表面选用(A)。
A. 隔热耐磨衬里　B. 不锈钢堆焊层
C. 加大壁厚　D. 以上都可行

181. 延迟焦化装置采用什么方式进行除焦(D)。
A. 机械除焦　B. 高压除焦　C. 火焰除焦　D. 高压水力除焦

工业管道

182. 油罐的周围应回填干净的沙子或细土，其厚度不应小于(A)。

A. 0. 3m　　B. 0. 5m　　C. 0. 8m　　D. 1m

183. 公称直径小于 150mm 的管道，焊缝间距不宜小于(A)。公称直径大于或等于 150mm 的管道，焊缝间距不宜小于(C)。

A. 50mm　　B. 100mm　　C. 150mm　　D. 200mm

184. 水平管道支吊架最大间距应满足强度和刚度条件。刚度条件是限制管道自重产生的弯曲挠度，一般管道设计绕度不应超过(B)。

A. 10mm　　B. 15mm　　C. 20mm　　D. 25mm

185. GB 50316—2000《工业金属管道设计规范》(2008 版)对流体分类为(A)。

A. A1 类流体、A2 类流体、B 类流体、D 类流体、C 类流体

B. A 类流体、B 类流体、C 类流体、D 类流体

C. A 类流体、B 类流体、D 类流体

D. A1 类流体、A2 类流体、D 类流体、C 类流体

186. 管道设计寿命一般按 15 年考虑，对于只有轻微腐蚀的管道，其年腐蚀率可取为(B)mm。

A. 0. 05　　B. 0. 1　　C. 0. 25　　D. 0. 5

187. 管子表号 *Sch* 表示(B)。

A. 壁厚　　B. 壁厚系列　　C. 管子尺寸　　D. 压力等级

188. 管子表号 *Sch* 是(C)。

A. 工作压力与工作温度下材料的许用应力的比值乘以 1000，并经圆整后的数值

B. 工作压力与设计温度下材料的许用应力的比值乘以 1000，并经圆整后的数值

C. 设计压力与设计温度下材料的许用应力的比值乘以 1000，并经圆整后的数值

D. 设计压力与工作温度下材料的许用应力的比值乘以 1000，并经圆整后的数值

189. 法兰螺栓安装方向应一致，螺栓紧固后应与法兰紧贴。需加垫圈时，每个螺栓不应超过 1 个，紧固后的螺栓与螺母宜齐平或露出(A)个螺距。

A. 1 ~2　　B. 2 ~3　　C. 3 ~4　　D. 4 ~5

190. 已知 $Sch=30$，设计温度下 $\sigma_t=130$MPa，工作温度下 $\sigma_t=137$MPa，则设计压力 p ($p=Sch\times\sigma_t/1000$)为(B)MPa

A. 2. 9　　B. 3. 9　　C. 4. 11　　D. 4. 2

191. 管子的壁厚是采用 Barlow 公式计算并考虑了腐蚀裕量的螺纹深度和壁厚负偏差 -12. 5% 之后确定的。则按上题计算结果，外径 60mm 的管子壁厚为(C)mm。

$t=\{(P\times D_o)/[2\times\sigma_t(1-0.125)]\}+2.54$

A. 2. 54　　B. 3. 0　　C. 3. 57　　D. 4. 27

192. SH/T 3059 规定对操作温度等于或高于 200℃，介质中含有氢气的碳钢及合金钢管道，应根据管道操作温度加 20 ~40℃ 的裕量和介质中氢气的分压，参照(A)选择合适的抗氢钢材。

A. Nelson 曲线　　B. Couper 曲线　　C. C 曲线　　D. McConomy 曲线

193. SH/T 3059 规定对操作温度等于或高于 250℃，介质中含有 H_2S 和 H_2 的管道材料选用，应根据管道操作温度和介质中 H_2S 含量，参照(B)确定。

A. Nelson 曲线　　B. Couper 曲线　　C. C 曲线　　D. McConomy 曲线

194. SH/T 3059《石油化工管道设计器材选用规范》对钢管选用的规定：受压元件用材料

应有足够的强度、塑性和韧性，在最低使用温度下应具备足够的抗脆断能力。当采用延伸率低于(B)%的脆性材料时，应采用必要的安全防护措施。

A. 8　　B. 14　　C. 18　　D. 20

195. SH/T 3059 规定：用于焊接的碳钢或低合金钢的含碳量不应大于(C)%。

A. 0.2　　B. 0.25　　C. 0.3　　D. 0.35

196. SH/T 3059 规定，下列哪种管道材料可免做低温冲击试验。(C)

A. 抗拉强度下限值大于540MPa的钢材

B. 螺栓材料

C. 低温低应力工况下，设计温度加50℃后，高于-20℃

D. 设计温度等于或高于-196℃

197. 按SH/T 3059，除仪表连接管、蒸汽伴管和特殊要求外，管子最小公称直径应为(B)。

A. *DN*12　　B. *DN*15，且管子内径不应小于6mm

C. *DN*20　　D. *DN*25

198. 按照SH/T 3096—2012《高硫原油加工装置设备和管道设计选材导则》、SH/T 3129—2012《高酸原油加工装置设备和管道设计选材导则》规定，高硫低酸原油为：总含硫量大于或等于(B)%(质)，且酸值小于0.5mgKOH/g的原油。

A. 0.5　　B. 1.0　　C. 1.5　　D. 2.0

199. 石油化工企业管道设计中 *DN*≤40 的工艺、公用工程介质管道需要螺纹连接时，应用(A)制螺纹管件。

A. 锻钢　　B. 铸钢　　C. 铸铁　　D. 轧钢

200. GB/T 12771—2008《流体输送用不锈钢焊接钢管》有关12Cr18Ni9(1Cr18Ni9)奥氏体型热处理制度正确的说法是(A)。

A. 固溶处理1010~1150℃，快冷　　B. 正火处理880~940℃，空冷

C. 退火处理780~850℃，缓冷　　D. 淬火处理950~990℃，急冷

201. 带颈对焊法兰(WN)-环连接面(RJ)、整体法兰(IF)—环连接面(RJ)适用于(C)。

A. 常温高压　　B. 高温或高压 *PN*>42MPa

C. 高温或高压 *PN*≥110MPa(Class600)　　D. 以上都对

202. 管法兰材料一般应采用(B)，不推荐用钢板制造。

A. 结构件　　B. 锻件或铸件　　C. 热轧　　D. 冷轧

203. 以下哪种法兰属于专用法兰？(C)

A. 带颈对焊法兰　　B. 整体法兰

C. 管端翻边板式松套法兰　　D. 带颈平焊法兰

204. GB 50316 及 SH/T 3059 规定凹凸面法兰应采用(C)。

A. 非金属垫片　　B. 金属垫片

C. 带内环型缠绕式垫片　　D. 带外环型缠绕式垫片

205. SH/T 3059 规定金属环垫材料硬度值比法兰材料硬度值低(C)HB。

A. 10~20　　B. 20~30　　C. 30~40　　D. 40~50

206. GB 50316 规定法兰连接用紧固件螺纹的螺距不宜大于(C)mm。M30以上的紧固件可采用细牙螺纹。

A. 1　B. 2　C. 3　D. 4

207. GB 50316 规定在剧烈循环条件下，法兰连接用的螺栓或双头螺柱，应采用(B)的材料。

A. 碳钢　B. 合金钢　C. 不锈钢　D. 双相钢

208. 金属管道组成件上采用直接拧入螺柱的螺纹孔时，应有足够的螺孔深度，对于钢制件其深度至少应(B)公称螺纹直径，对于铸铁件不应小于 1.5 倍的公称螺纹直径。

A. 大于　B. 等于　C. 小于　D. 小于 1.2 倍

209. SH/T 3059 规定屈服强度不超过 235MPa 的低强度紧固件，仅使用于公称压力小于或等于 *PN*20 非金属垫片的法兰连接，并不得用于剧烈循环工况；碳钢低强度紧固件使用温度范围为(B)℃。

A. −70 ~ 200　B. −20 ~ 200　C. 0 ~ 250　D. >200

210. SH/T 3059 规定经变形硬化的奥氏体不锈钢紧固件用于非软质垫片法兰连接时，应校核紧固件的承载能力，且使用温度不得超过(C)℃。

A. 300　B. 400　C. 500　D. 600

211. 公称压力小于或等于 *PN*40 钢法兰与铸铁法兰连接的密封面宜采用(A)，如采用突面密封面和突面非金属平垫片，应控制上紧扭矩，防止过紧。

A. 密封面为全平面(FF)，垫片为全平面非金属垫片

B. 密封面为凹凸面(MFM)，垫片为全平面非金属垫片

C. 密封面为榫槽面(TG)，垫片为突面非金属平垫片

D. 密封面为环连接面(RJ)，垫片为突面非金属平垫片

212. 与公称压力大于或等于 *PN*40 的阀门配用时，阀门上的整体法兰如为凹面时，管法兰的密封面应为(B)。

A. 凹面　B. 凸面　C. 平面　D. 榫槽面面

213. 聚四氟乙烯包覆垫片不应用于真空或其嵌入层材料易被介质腐蚀的场合。一般采用 PMF 型，PMS 型对减少管内液体滞留有利，PFT 型用于公称尺寸大于或等于 *DN*350 场合。石棉或柔性石墨垫片用于不锈钢和镍基合金法兰时，垫片材料中的氯离子含量不得超过(B)ppm。

A. 25　B. 50　C. 80　D. 100

214. 柔性石墨材料用于氧化性介质时，最高使用温度应不超过(C)℃。

A. 250　B. 350　C. 450　D. 500

215. 公称压力小于或等于 *PN*16 的法兰，采用缠绕式垫片、金属包覆垫片等半金属或金属环垫时，应选用(C)等刚性较大的法兰结构形式。

A. 板式平焊法兰　B. 螺纹法兰　C. 带颈对焊法兰　D. 平焊环松套法兰

216. 按 HG/T 20614，规定六角头螺栓仅适用于公称压力小于或等于(A)的场合。

A. *PN*16　B. *PN*20　C. *PN*30　D. *PN*40

217. 按 HG/T 20614，规定公称压力大于或等于 *PN*40 或高温工况下，应采用(B)。

A. 六角头螺栓　B. 全螺纹螺柱　C. 双头螺柱　D. 其他螺栓

218. 法兰接头的密封面之间只允许安装(A)个垫片。

A. 1　B. 2　C. 3　D. 4

219. 一般不作为调节的阀门是(B)。

A. 截止阀　B. 闸阀　C. 球阀　D. 蝶阀

220. 螺母应完全旋入螺栓或螺柱的螺纹内。任何情况下，与螺母未啮合的螺栓或螺柱的螺纹应不大于(A)个螺距。

A. 1　B. 2　C. 3　D. 4

221. 按 HG/T 20627 ~ HG/T 20633 规定具有冷流倾向的聚四氟乙烯平垫片，其密封形式及最高使用温度宜采用(B)。

A. 凹面/凸面，50℃　B. 全平面，100℃

C. 榫面/槽面，80℃　D. 环连接面，100℃

222. SH/T 3059 法兰、垫片和紧固件的选配规定，调质状态使用的螺母材料的回火温度应(A)配套使用的螺栓材料的回火温度。

A. 高于　B. 低于　C. 等于　D. 以上都不对

223. 铸铁法兰及与其连接的钢法兰的密封面应选用全平面(FF)形式，预紧比压小于或等于 1.0MPa 的软质垫片，紧固件应采用(A)

A. 常温屈服强度不大于 235MPa 的低强度螺栓

B. 屈服强度不大于 345MPa 的低强度螺栓

C. 屈服强度大于 235MPa 的高强度螺栓

D. 以上都不对

224. GB 50160—2008《石油化工企业设计防火规范》规定：管道及其桁架跨越厂内铁路线的净空高度不应小于(C)m；跨越厂内道路的净空高度不应小于 5.0m。在跨越铁路或道路的可燃气体、液化烃和可燃液体管道上不应设置阀门及易发生泄漏的管道附件。

A. 4.5　B. 5.0　C. 5.5　D. 6.0

225. GB 50316—2000(2008 版)规定流体温度低于 -5℃时，或大气腐蚀严重的场合，宜使用(C)，即插板与垫环。

A. "8"字盲板　B. 挡板　C. 分离式盲板　D. 以上都不对

226. SH 3012—2010《石油化工金属管道布置设计规范》对管道设计的规定：垂直管道上阀门手轮中心距操作面的距离宜为(B)m，最大距离不应超过 2m。

A. 1.1　B. 1.2　C. 1.3　D. 1.5

227. 当支吊架或管道需与合金钢、不锈钢管道直接焊接时，连接构件的材质与管道材质(C)。

A. 无要求　B. 管道材质高　C. 一致或相当　D. 连接构件材质高

228. 当离心式压缩机进出管口均向下时，靠近管口的进出口管道上宜设置(B)。

A. 卡箍型支架　B. 弹簧支吊架　C. 承重支吊架　D. 刚性支架

229. 操作温度等于或大于(B)℃或需用蒸汽吹扫的进出装置管道，应在装置边界附近设置固定点。固定点的位置应与装置外的管道布置协调。

A. 50　B. 100　C. 150　D. 200

230. 安全泄压装置出口管道宜设(D)。

A. 卡箍型支架　B. 恒力弹簧支吊架　C. 承重支吊架　D. 刚性支架

231. (A)是一种用来降低常压储罐内挥发性液体的蒸发损耗，保护储罐免受超压或真空破坏的安全装置。

A. 呼吸阀　B. 疏水阀　C. 减压阀　D. 安全阀

232. 当储罐内介质的闪点≤(C)时，应选用呼吸阀。

A. 40℃ B. 50℃ C. 60℃ D. 70℃

233. 当呼吸阀用在氮封罐上，则氮气供气管的接管位置一定要远离呼吸阀接口，并由罐顶部插入储罐内约(D)mm，这样氮气进罐后，不直接排出，从而达到氮封的目的。

A. 50 B. 100 C. 150 D. 200

234. 伴管的介质温度宜高于被伴介质温度(B)℃以上，当采用导热胶泥时，宜高于被伴热介质温度10℃以上。

A. 20 B. 30 C. 40 D. 50

235. 伴热热水温度宜低于100℃，当被伴介质温度较高时，热水温度可高于100℃，但不得高于(C)℃，伴热热水回水温度不宜低于70℃。

A. 110 B. 120 C. 130 D. 140

236. 允许管道有轴向位移，且需限制横向位移时，管道应设置(A)，位置不应影响管道的自然补偿。

A. 导向架 B. 管托 C. 管吊 D. 防震支架

237. 管子加工时，管子切口断面倾斜偏Δ可为管外径的1%，且不得超过(C)mm。

A. 1 B. 2 C. 3 D. 4

238. GB 50235 规定，GC1 级管道和C类流体管道中，输送毒性程度为极度危害介质或设计压力大于或等于10MPa的弯管，每米管端中心偏差值不得超过1.5mm。当直管段长度大于3m时，其偏差不得超过(D)mm。

A. 1.5 B. 3 C. 4 D. 5

239. 壁厚相同的管道组成件组对，应使内壁平齐，其错边量应为(A)。

A. 壁厚的10%，且不应大于2mm B. 2.5mm

C. 壁厚的10%，且不应大于1.5mm D. 以上都不对

240. 铬－钼合金钢(0.5%＜Cr≤2%)管道组成件应焊前预热要求(D)。

A. 名义厚度＜25mm，规定的母材抗拉强度≤490MPa，预热温度为10℃

B. 名义厚度≥25mm，全部，预热温度为80℃

C. 名义厚度全部，规定的母材抗拉强度＞490MPa，预热温度为80℃

D. 预热温度一律为150℃

241. 铬－钼合金钢(2.25%≤Cr≤10%)管道组成件应焊前预热要求一律为(D)℃。

A. 10 B. 80 C. 150 D. 175

242. 马氏体不锈钢管道组成件应焊前预热要求一律为(C)℃，层间最高温度为350℃。

A. 10 B. 80 C. 150 D. 175

243. 奥氏体不锈钢管道组成件应焊前预热温度为10℃，层间温度宜小于(C)℃。

A. 10 B. 80 C. 150 D. 175

244. 保温材料含水率不得大于(D)，保冷材料含水率不得大于(A)。

A. 1% B. 3% C. 5% D. 7.5%

245. 热态或冷态紧固宜在紧固作业温度保持(B)h后进行。

A. 1 B. 2 C. 3 D. 4

246. GB/T 20801.5—2006 规定同一焊接接头返修次数，碳素钢管道不宜超过(C)次，其他金属管道不得超过2次。

A. 1 B. 2 C. 3 D. 4

247. 下列密封面中，(C)密封性能最好。

A. 平密封面 B. 凹凸密封面 C. 榫槽密封面 D. 凸密封面

248. 安全喷淋洗眼器应根据腐蚀性介质或有毒介质的性质、操作特点和防护要求等设置，其服务半径的范围不应大于(B)。

A. 10m B. 15m C. 20m D. 25m

249. 管廊下方作为泵区检修通道时，管道据地面的净空高度不应小于(C)。

A. 2. 2m B. 2. 5m C. 3. 2m D. 4. 5m

250. 容器底部的管道沿地面敷设时，管道低点放净口距地面的净距不应小于(B)。

A. 100m B. 150m C. 200m D. 250m

251. 氧气管道每隔(C)处及进出厂房处应设置静电接地。

A. 30 ~ 50m B. 50 ~ 80m C. 80 ~ 100m D. 100 ~ 120m

252. 当汽水管道跨越人行横道上空时，管子外表面或保温表面与地面通道(或楼面)之间的净空距离不应小于(A)；当通道下方需要运送设备时，其净空距离必须满足设备运送的要求。

A. 2000mm B. 2200mm C. 2500mm D. 3000mm

253. 管子弯制后，弯管处的最小壁厚不得小于管子公称壁厚的(C)，且不得小于设计文件规定的最小壁厚。

A. 80% B. 85% C. 90% D. 95%

254. 管道焊接接头不得有焊渣、飞溅物等。焊缝成型良好，焊缝宽度以每边盖过坡口边缘(C)mm 为宜。

A. 1 B. 1. 5 C. 2 D. 3

255. 法兰连接的立式设备的平台与法兰面的距离不宜大于(B)。

A. 1. 0m B. 1. 5m C. 2. 0m D. 2. 5m

256. 进、出装置的可燃气体、液化烃和可燃液体的管道，在装置的边界处应设隔断阀和盲板，在隔断阀处应设平台，长度等于或大于(C)的平台应在两个方向设梯子。

A. 15m B. 10m C. 8m D. 5m

257. 设备和管道的绝热结构分为保温结构和保冷结构两种形式，保温结构由“保温层 + 保护层”构成，对于地沟内管道的保温结构，应增设防潮层；保冷结构由(C)构成。

A. 保冷层 + 保护层 B. 保冷层 + 防潮层

C. 保冷层 + 防潮层 + 保护层 D. 保护层 + 防潮层

258. 对于地下管沟敷设的供热管道，管沟盖板或检查室盖板覆土深度不应小于(A)。

A. 0. 2m B. 0. 3m C. 0. 4m D. 0. 4m

259. 管道距管廊或构架的立柱、建筑物墙壁或管沟壁的净距不应小于(C)。

A. 300mm B. 200mm C. 100mm D. 50mm

260. 塔、反应器及冷换设备的构架，应在人孔和设备本体连接法兰的平台上设置空气软管接头。(C)

A. 氮气 B. 蒸汽 C. 空气 D. 氧气

261. 直接与设备管口相接或靠近设备管口的公称直径等于或大于 150mm 的水平安装阀门，应在阀门附近(B)设置支架。

A. 100mm　　B. 150mm　　C. 200mm　　D. 300mm

262. 输气管道与其他地下管道交叉时，其垂直净距不应小于 0.3m。当小于 0.3m 时，两管间应设置坚固的绝缘隔离物，确保交叉两管道不接触。管道在交叉点两侧各延伸 10m 以上的管段，应采用相应的最高绝缘等级，其距离为(A)。

A. 10m　　B. 15m　　C. 20m　　D. 20m

263. 在设计压力大于或等于(A)的燃气管道上，应根据检修和事故处置的要求设置分段阀门。

A. 0.01MPa　　B. 0.02MPa　　C. 0.03MPa　　D. 0.04MPa

264. 管道设计寿命应从管道建设的一次投资，维修费用及投资利率等综合效率决定，并应适当考虑技术进步的更新要求，一般可按(C)考虑。

A. 5～10 年　　B. 10 年　　C. 10～15 年　　D. 15～20 年

265. 布置有无约束金属波纹管补偿器的管道，在靠近补偿器的部位应设置导向架。第一个导向支架与补偿器的距离应小于或等于(A)公称直径，以防止管道有弯曲和径向偏移造成补偿器的破坏。

A. 4 倍　　B. 8 倍　　C. 10 倍　　D. 14 倍

266. 布置有无约束金属波纹管补偿器的管道，在靠近补偿器的部位应设置导向架。第二个导向支架与第一个导向支架的距离应小于或等于(D)公称直径，以防止管道有弯曲和径向偏移造成补偿器的破坏。

A. 4 倍　　B. 8 倍　　C. 10 倍　　D. 14 倍

267. 当易燃物质可能大量释放并扩散到(B)以外时，爆炸危险区域的范围应划分附加区。

A. 10m　　B. 15m　　C. 20m　　D. 25m

268. 根据 GB 50160,《石油化工企业设计防火规范》规定装置内甲类可燃气体压缩机房距办公楼的间距为(B)。

A. 9m　　B. 15m　　C. 20m　　D. 25m

269. 布置在防火堤外的甲 A 类罐组的专用泵区与储罐的防火间距为(B)。

A. 10m　　B. 12m　　C. 15m　　D. 20m

270. 夹套阀门的夹套部分应采用设计压力的(C)进行压力实验。

A. 1.1 倍　　B. 1.2 倍　　C. 1.5 倍　　D. 1.8 倍

271. 工艺装置、罐组或其他设施的排水出口管道应设水封，水封高度不得小于(C)。

A. 150mm　　B. 200mm　　C. 250mm　　D. 300mm

（五）特种设备及附件部分

1.《特种设备安全法》已由中华人民共和国第十二届全国人民代表大会常务委员会第三次会议于 2013 年 6 月 29 日通过，并经中华人民共和国主席习近平第四号主席令公布，自(C)起施行。

A. 2013 年 6 月 29 日　　B. 2013 年 7 月 1 日

C. 2014 年 1 月 1 日　　D. 公布之日

2.《特种设备安全法》第三条规定特种设备安全工作应当坚持(A)的原则。

A. 安全第一、预防为主、节能环保、综合治理

B. 安全第一

C. 安全与节能环保并举

D. 安全第一、节能环保并重

3. 根据《特种设备安全法》的规定，使用环节的特种设备安全由(D)负责。

A. 特种设备制造单位

B. 特种设备使用单位

C. 特种设备检验单位

D. 特种设备使用单位及其负责人

4. 按照 TSG G0001—2012《锅炉安全技术监察规程》的规定，特种设备使用单位在锅炉投入使用前或者投入使用后(A)内，应当按照规定到质监部门逐台办理登记手续。

A. 30 日　　B. 30 个工作日　　C. 15 日　　D. 立即

5. 按照 TSG G0001—2012《锅炉安全技术监察规程》的规定，锅炉使用单位应当安排锅炉的定期检验工作，并且在锅炉下次检验日期前(D)向检验检测机构提出定期检验申请。

A. 2 个月　　B. 20 个工作日　　C. 6 个月　　D. 1 个月

6. 按照《压力容器使用管理规则》的规定，压力容器在投入使用前或者投入使用后(C)内，使用单位应当向所在地的直辖市或者设区的市的质量技术监督部门申请办理使用登记。

A. 15 日　　B. 15 个工作日　　C. 30 日　　D. 30 个工作日

7. 根据《压力容器使用管理规则》的要求，下列哪种规定说法是错误的。(C)

A. 压力容器一般应当在投用后 3 年内进行首次定期检验

B. 压力容器申请变更登记，其设备代码保持不变

C. 固定式压力容器可以改作移动式压力容器使用

D. 压力容器定期安全检查每月进行一次

8. 根据《压力容器使用管理规则》的规定，弹簧直接载荷式安全阀在满足一定的条件下，经过使用单位技术负责人批准可以适当延长校验周期，最长可以延长至(D)年；若安全阀实施现场校验时，其校验及调整装置用压力表的精度应不低于(A)级。

A. 1　　B. 2. 5　　C. 3　　D. 5

9. 按照《压力容器定期检验规则》的规定，使用标准抗拉强度下限值大于或者等于 540MPa 低合金钢制造的球形储罐，投用(B)后应当开罐检验。

A. 6 个月　　B. 1 年　　C. 2 年　　D. 3 年

10. 按照《压力容器定期检验规则》的规定，某台压力容器的综合评定安全状况等级为 4 级，则该容器检验结论正确的描述是(C)。

A. 符合要求，可以继续使用

B. 符合要求，有条件地监控使用

C. 基本符合要求，有条件地监控使用

D. 不符合要求，不得继续使用

11. 根据《压力容器定期检验规则》的规定，压力容器定期检验，是指特种设备检验机构按照一定的时间周期，对在用压力容器的安全状况所进行的符合性验证活动，其检验过程是在(A)进行的。

A. 停机时　　B. 停机时且必须开罐

C. 在线检测条件下　　D. 上述都不对

12.《特种设备安全监察条例》自(A)起执行。

A. 2003 年 6 月 1 日　　B. 2004 年 6 月 1 日

C. 2005 年 6 月 1 日　　D. 公布之日

13.《国务院关于修改〈特种设备安全监察条例〉的决定》，自(B)起施行。

A. 2003 年 6 月 1 日　　B. 2009 年 5 月 1 日

C. 2009 年 1 月 14 日　　D. 公布之日

14.《特种设备安全监察条例》是一部(D)。

A. 安全法规　　B. 行政规章　　C. 法律　　D. 行政法规

15. 特种设备检验检测机构，应当依照《特种设备安全监察条例》规定，进行检验检测工作，对其检验检测结果、鉴定结论承担(C)。

A. 经济责任　　B. 工作质量责任　　C. 法律责任　　D. 社会责任

16.《特种设备安全监察条例》第四条规定：国务院特种设备安全监督管理部门负责全国特种设备的安全监察工作，(B)以上地方负责特种设备安全监督管理的部门对本行政区域内特种设备实施安全监察。

A. 区　　B. 县　　C. 市　　D. 省

17.《特种设备安全监察条例》第二十条规定：锅炉、压力容器、电梯、起重机械、客运索道、大型游乐设施的安装、改造、维修以及场(厂)内专用机动车辆的改造、维修竣工后，安装、改造、维修的施工单位应当在验收后(D)内将有关技术资料移交使用单位。使用单位应当将其存入该特种设备的安全技术档案。

A. 10 日　　B. 15 日　　C. 20 日　　D. 30 日

18.《特种设备安全监察条例》第二十五条规定：特种设备在投入使用前或者投入使用后(D)内，特种设备使用单位应当向直辖市或者设区的市的特种设备安全监督管理部门登记。登记标志应当置于或者附着于该特种设备的显著位置。

A. 10 日　　B. 15 日　　C. 20 日　　D. 30 日

19. 依据《特种设备安全监察条例》第二十八条，特种设备使用单位应当按照安全技术规范的定期检验要求，在安全检验合格有效期届满前(C)向特种设备检验检测机构提出定期检验要求。

A. 10 日　　B. 15 日　　C. 1 个月　　D. 2 个月

20. 下述有关压力容器角焊缝强度的叙述中，哪个与《压力容器安全技术监察规程》规定不符？(C)

A. 角焊缝的强度依靠角焊缝处的结构尺寸来保证

B. 国内还没有成熟的角焊缝强度核算公式

C. 必须通过强度核算后，才能确定角焊缝的结构尺寸

D. 设计者在对角焊缝的强度进行了核算后，应将其强度验算结果列入设计文件

21. 按照 TSG R7001—2004《压力容器定期检验规则》的规定，压力容器的安全状况等级应根据压力容器的检验结果综合评定，以其中项目等级(A)，作为评定级别。

A. 最低者　　B. 最高者　　C. 中间者　　D. 由检验员定

22. TSG R0004—2009《固定式压力容器安全技术监察规程》规定，下列有关压力容器用焊接方法更换，补焊主要受压元件的叙述中，哪种情形应进行耐压试验？(A)

A. 挖补深度大于 1/2 厚度压力容器

B. 挖补深度大于 1/3 厚度的压力容器

C. 挖补深度大于 10mm 的压力容器

D. 挖补深度大于 15mm 的压力容器

23. 一台氯气缓冲罐设计压力 0.8MPa，设计温度 50℃，介质为氯气，容积为 0.8m^3。根据 TSG R0004—2009《固定式压力容器安全技术监察规程》，这台压力容器类别应划为(B)类。

A. Ⅰ　　B. Ⅱ　　C. Ⅲ　　D. 不能确定

24. 按照 TSG R0002—2005《超高压容器安全技术监察规程》的规定，超高压容器耐压试验一般可采用(C)作为试验介质或按图样要求的试验介质。

A. 纯净水　　B. 煤油

C. 煤油和变压器油混合液　　D. 化学试剂

25. TSG R0004—2009《固定式压力容器安全技术监察规程》规定，实施 RBI 的压力容器，参照《压力容器定期检验规则》的规定，确定压力容器的安全状况等级和检验周期，可以根据压力容器风险水平延长或者缩短检验周期，但最长不得超过(B)年。

A. 6　　B. 9　　C. 10　　D. 12

26. TSG R0004—2009《固定式压力容器安全监察规程》规定，判断下列用于设计温度低于 -20℃并且标准抗拉强度下限值大于 540MPa 的钢材的 P、S 含量的叙述哪项是符合要求的。(A)

A. P≤0.020%　S≤0.010%　　B. P≤0.030%　S≤0.020%

C. P≤0.025%　S≤0.015%　　D. P≤0.020%　S≤0.012%

27. 下列关于气压试验温度要求的叙述，哪些是正确的？(A)

A. 碳素钢制压力容器的试验用气体温度不得低于 15℃

B. 低合金钢制压力容器的试验用气体温度不得低于 10℃

C. 碳素钢制压力容器的试验用气体温度不得低于 10℃

D. 碳素钢和低合金钢制压力容器的试验用气体温度不得低于 0℃

28. 确定压力容器是否属于 TSG R0004—2009《固定式压力容器安全技术监察规程》管辖范围的压力条件指的是以下哪项？(B)

A. 设计压力　　B. 工作压力　　C. 最大允许工作压力　D. 安全阀开启压力

29. 按照 TSG R0004—2009《固定式压力容器安全技术监察规程》规定，使用单位应当于压力容器定期检验有效期届满前(A)向特种设备检验机构提出定期检验要求。检验机构接到定期检验要求后，应当及时进行检验。

A. 1 个月　　B. 1 周　　C. 15 天　　D. 30 天

30. 一台按《固定式压力容器安全技术监察规程》划分为第Ⅱ类的球形储罐，其压力容器设计许可级别属于(B)。

A. A2　　B. A3　　C. D2　　D. C2

31. 压力容器设计参数中的“工作压力”是指(B)。

A. 在正常工作情况下，容器内部的平均压力

B. 在正常工作情况下，容器顶部可能达到的最高压力

C. 在正常工作情况下，容器内部可能达到的最高压力

D. 在任何情况下，容器顶部可能达到的最高压力

32. HG 20660—2000《压力容器中化学介质毒性危害和爆炸危险程度分类》中定义的高度危害介质其最高容许浓度为(C)。

A. 小于0.01mg/m³　　B. 0.01～0.1mg/m³

C. 0.1～1.0mg/m³　　D. 1.0～10.0mg/m³

33. 压力容器的设计压力(p)划分为低压、中压、高压和超高压4个压力等级，中压容器的压力范围是(C)。

A. 1.0MPa$\leqslant p<$6.4MPa　　B. 1.0MPa$\leqslant p<$10.0MPa

C. 1.6MPa$\leqslant p<$10.0MPa　　D. 2.5MPa$\leqslant p<$10.0MPa

34. 当采用等面积法在壳体上开椭圆形或长圆形孔时，孔的长径与短径之比应不大于(B)。

A. 1.5　　B. 2.0　　C. 2.5　　D. 3.0

35. GB 150规定，在确定压力容器最低设计金属温度时，应当充分考虑在运行过程中，大气环境低温条件对容器壳体金属温度的影响；大气环境低温条件系指(C)。

A. 历年来日平均最低气温的最低值　　B. 历年来月平均最低气温的平均值

C. 历年来月平均最低气温的最低值　　D. 历年来年极端最低气温的平均值

36. 在压力容器工程实践中，通常将容器的外径(D_o)与其内径(D_i)之比$K<$(D)的容器称为薄壁容器。

A. 1.05　　B. 1.1　　C. 1.15　　D. 1.2

37. GB 150规定内压圆筒的计算厚度公式适用的范围是(B)。

A. $p_c\leqslant 0.4[\sigma]^t\varphi$，且不超过10MPa　　B. $p_c\leqslant 0.4[\sigma]^t\varphi$，且不超过35MPa

C. $p_c\leqslant 0.6[\sigma]^t\varphi$，且不超过10MPa　　D. $p_c\leqslant 0.6[\sigma]^t\varphi$，且不超过35MPa

38.《固定式压力容器安全技术监察规程》规定，当某一危害性物质在介质中含量极小时，应当根据其危害程度及其含量综合考虑，按照(C)介质组别划分类别。

A. 组别高的　　B. 含量高的

C. 压力容器设计单位决定的　　D. 压力容器使用单位决定的

39. GB 150规定采用等面积法补强时，凸形封头或球壳上开孔的最大允许开孔直径$d_{op}<$(A)。

A. $D_i/2$　　B. $D_i/3$　　C. $2D_i/3$　　D. $3D_i/4$

40.《特种设备安全监察条例》规定监管的压力管道的直径范围不小于(B)。

A. 20mm　　B. 25mm　　C. 30mm　　D. 50mm

41. 按压力容器在生产工艺过程中的作用原理，分为(C)压力容器。

A. 反应、换热、分析、储存　　B. 反应、冷却、分离、储存

C. 反应、换热、分离、储存　　D. 反应、过滤、储存、交换

42. 安装、大修、改造的电梯及起重机械验收合格后，施工单位必须在20天内将施工技术资料、检验合格证书移交(B)。

A. 技术监督局　　B. 产权单位　　C. 使用单位　　D. 检修单位

43. 压力容器设计(制造)图纸上标注的厚度是(C)。

A. 计算厚度　　B. 设计厚度　　C. 名义厚度　　D. 有效厚度

44. 压力容器安全阀的开启压力一般不能超过压力容器的(B)。

A. 计算压力　B. 设计压力　C. 水压实验压力　D. 工作压力

45. 压力容器的重大修理或改造方案应经(A)同意，并报施工所在地市级安全监察机构审查备案。

A. 原设计单位或具备相应资质的设计单位　B. 原设计单位或制造单位

C. 使用单位或具备相应资质的设计单位　D. 使用单位或制造单位

46. 下列压力容器中，哪个属于《压力容器安全技术监察规程》监察范围？(B)。

A. 波纹板式换热器　B. 螺旋板换热器

C. 空冷式换热器　D. 移动式压力容器

47. 锅炉、压力容器的(A)，必须由依照《特种设备安全监察条例》取得许可的单位进行。

A. 安装、改造、维修

B. 设计、安装、改造、维修

C. 设计、安装、改造、维修、检验检测

D. 设计、安装、改造、维修、检验检测、安全监督管理

48. 压力容器按设计压力分，中压容器(M)的压力范围是(B)。

A. $0.1MPa \leqslant p < 1.6MPa$　B. $1.6MPa \leqslant p < 10MPa$

C. $10MPa \leqslant p < 100MPa$　D. $p \geqslant 100MPa$

49. 下列哪种压力容器用封头受力情况最好？(A)

A. 半球形封头　B. 椭圆形封头　C. 碟形封头　D. 球冠形封头

50. 按照 TSG R7001—2013《压力容器定期检验规则》的规定，压力容器全面检验进行紧固件检查时，对主螺栓应当逐个清洗，检查其损伤和裂纹情况，必要时进行无损检测。应重点检查螺纹及过渡部位有无(B)裂纹。

A. 轴向　B. 环向　C. 斜向　D. 径向

51. 根据新版《锅炉安全技术监察规程》中锅炉内部检验的有关规定，成套装置中的锅炉结合成套装置的大修周期进行，电站锅炉结合锅炉检修同期进行，一般(C)进行一次。

A. 2 年　B. 4 年　C. 3 ~6 年　D. 4 ~8 年

52.《锅炉安全技术监察规程》焊接工艺评定技术档案应当保存至该工艺评定失效为止，焊接工艺评定试样应当至少保存(B)年。

A. 4　B. 5　C. 6　D. 7

53. 不得用于 GC1 级管道的是(D)

A. Q235A　B. 沸腾钢　C. 半镇静钢　D. 碳素结构钢

(六)管理部分

1. TPM 的 5S 是指(A)

A. 整理，整顿，清扫，清洁，素养

B. 整理，调整，清扫，清洁，素养

C. 整理，调整，清扫，清洁，完好

D. 整理，调整，清扫，清洁，培训

2. 目前集团公司统一推行上线的设备管理系统是(C)。

A. ERP　　B. PM　　C. EM　　D. BM

3. 生产改造项目所涉及的设备、零部件更换或改造，以及相应的电气、仪表、工艺管线更换或新增等配套工程(D)使用修理费。

A. 可以　　B. 少量费用可以

C. 施工部分费用可以　　D. 不可以

4. 装置长周期运行水平是设备管理水平的直接体现，更是企业综合管理水平的集中体现，“十二五”末，部分企业实现(D)。

A.“三年一修”　　B.“五年一修”　　C.“三年一修”　　D.“四年一修”

5. 应建立硫化氢等关键性腐蚀介质沿工艺流程的分布档案，尤其对部分用高强钢材料制造且介质中硫化氢含量较高的设备，每月至少进行(A)次硫化氢含量的采样分析及数据统计。

A. 1　　B. 2　　C. 3　　D. 4

6. 集团公司 ERP 系统中将设备分为(C)大类。

A. 二十二　　B. 二十四　　C. 二十八　　D 三十

7. 集团公司设备管理目标指标规定：主要设备完好率与静密封点泄漏率，分别为(C)。

A. ≥97%，≤0.5%　　B. ≥98%，≤1%　　C. ≥99%，≤0.5‰　　D. ≥100%，≤1‰

8. 有关资料统计，设备的寿命周期费用值的(C)在设计阶段就决定了。

A. 80%　　B. 90%　　C. 95%　　D. 100%

9. 对停机频率低，但一旦停机需要延续较长的停机时间的设备，应进行(B)。

A. 计划维修　　B. 状态维修　　C. 事后维修　　D. 趋势维护

10. 设备状态监测和故障诊断技术也称为(B)。

A. 预防维修技术　　B. 预测维修技术　　C. 计划预修技术　　D. 信息维修技术

11. 设备的典型故障率曲线中，(B)阶段的故障率是恒定的。

A. 早期故障期　　B. 偶发故障期　　C. 耗损故障期　　D. 预估故障期

12. 下列(C)表述与 RBI 的含义一致。

A. 以功能与故障分析为中心的维修

B. 以故障修复为中心的维修

C. 基于风险的检验技术

D. 以可靠性为中心的维修

二、多　选　题

(一)金属材料部分

1. 金属材料的机械性能(力学性能)主要指强度、弹性、(ABCD)等。

A. 刚性　　B. 塑性　　C. 韧性　　D. 硬度

2. 拉伸试验：将材料作成标准试样或比例试样，施以轴向静拉力，从而测定材料在拉伸条件下的(ABD)等性能。

A. 弹性　　B. 塑性　　C. 硬度　　D. 强度

3. 下列关于金属材料的机械性能，正确的说法是(ABC)。

A. 弹性：是指材料所具有的弹性变形性质

B. 刚度：材料在受力时抵抗弹性变形的能力叫刚度

C. 塑性：是指材料在外力作用下产生塑性变形而不破坏的能力

D. 蠕变：金属在高温和一定应力作用下，塑性变形随时间逐渐增加的现象称为蠕变

4. 常用的塑性指标有(CD)。

A. 冲击功　　B. 蠕变极限　　C. 延伸率 δ　　D. 断面收缩率 Ψ

5. 不锈钢中哪些元素是铁素体形成元素？(BD)

A. C　　B. Cr　　C. Ni　　D. Mo

6. 韧性包括(AC)。

A. 冲击韧性　　B. 弯曲韧性　　C. 断裂韧性　　D. 拉伸韧性

7. 碳素结构钢的牌号是由代表屈服点的拼音字母“Q”、(ABD)4 个部分按顺序组成。

A. 屈服点数值　　B. 质量等级符号　　C. 用途符号　　D. 脱氧方法符号

8. 优质碳素结构钢的牌号用两位数字表示，以下说法不正确的是(AB)。

A. 45 表示最高碳含量为 0.45% 的优质碳素结构钢

B. 08 表示最低碳含量为 0.08% 的优质碳素结构钢

C. Q245R 表示平均碳含量为 0.20% 的锅炉用钢

D. 20MnR 表示平均碳含量为 0.20%、含 Mn0.7% ~1.00% 的压力容器用钢

9. 低碳钢：C≤0.25%；高碳钢：C>0.6%，下面关于中碳钢说法正确的是(ACD)。

A. 0.25% <C≤0.6%，可焊性差　　B. 0.25% <C≤0.6%，可焊性好

C. 可进行调质处理提高其机械性能　　D. 常用于不需焊接的零件如轴、螺栓等

10. 关于蠕变正确的说法是(AB)。

A. 当温度升高到某个程度后，应力不变，随着时间的推移，金属会缓慢地不断变形，而且是不可恢复的塑性变形，最后导致断裂，这种现象称为金属的蠕变

B. 金属在高温和一定应力作用下，塑性变形随时间逐渐增加的现象称为蠕变

C. 蠕变是在高温和一定应力作用下，金属缓慢地不断变形的现象，是可恢复的塑性变形

D. 金属在高温和不断变化的应力作用下，塑性变形随时间逐渐增加的现象称为蠕变

11. 蠕变极限和持久强度的定义？（CD）

A. 在一定温度下产生所规定的蠕变速率的应变量称为蠕变极限

B. 在一定温度下，材料产生断裂需要的时间称为持久强度

C. 在一定温度下产生所规定的蠕变速率的应力值称为蠕变极限

D. 在一定温度下经历一规定时间（压力容器一般规定为10万小时），材料产生断裂时的应力值称为持久强度

12. 碳素钢、合金钢发生蠕变的温度是（AD）。

A. 碳素钢超过300～350℃时　　B. 碳素钢超过250～300℃时

C. 合金钢超过300～350℃时　　D. 合金钢超过350～400℃时

13. 以下关于金属的持久强度和蠕变极限说法正确的是（AB）。

A. 持久强度考虑的是高温破坏问题　　B. 蠕变极限反映的是高温变形问题

C. 持久强度考虑的是常温破坏问题　　D. 蠕变极限反映的是高温破坏问题

14. 以下哪些是关于磷（P）正确的说法为（ABCD）。

A. 磷在钢中使结晶粗大而易冷脆，在低温下会析出脆性的Fe_3P，大大增加钢材脆裂的危险，称为冷脆性

B. 由矿石生铁而来

C. 溶入F中造成晶格畸变严重，从而使塑性和韧性大大降低，尤其在低温时韧性降低特别厉害

D. 严格限制其含量

15. 以下哪些是关于硫（S）正确的说法？（ABC）

A. 硫（S）有害杂质，它会生成FeS＋FeO杂质，分布于晶界上

B. 它与铁形成低熔点共晶体在800～1000℃熔化，使晶界开裂，称为红脆性

C. 在钢中含量有严格限制

D. 以上说法都不对

16. 以下哪些是关于氮（N）、氧（O）、氢（H）正确的说法为（ABCD）。

A. 它们与P、S等杂质一起，使经过冷加工变形的焊接件，在焊缝的热影响区内或长期操作在250～300℃左右时，容易出现时效硬化，即钢材随时间而慢慢变脆

B. N形成气孔疏松，使碳钢出现失效现象

C. O使钢强度、塑性降低，热脆加重，疲劳强度

D. H引起钢的氢脆、白点、氢鼓包、氢腐蚀

17. 关于珠光体球化正确的说法是（ABCD）。

A. 在高温下长期运行的钢中，珠光体中的片层状渗碳体逐步改变自己的形状而成为球状的现象叫珠光体球化，碳化物易在晶界处发生球化和聚集

B. 使钢的高温性能下降很大，常温下的σ_b、σ_s也有所降低，塑性增加，一般只有严重球化影响才会较大

C. 碳钢有球化后，可用正火或高温回火加以消除

D. 加入能与碳生成稳定化合物的合金元素，如Mo、Cr、W、V等，可防止球化

18. 12Cr1MoV中Mo、Cr、W、V作用是（ABCD）。

A. 能与碳生成稳定化合物的合金元素，如Mo、Cr、W、V等，可防止球化

B. 用 Cr 来稳定 Mo，避免 Mo 的转移(再分配)

C. 用 V 来细化晶粒，强碳化物形成元素避免 Mo 的转移

D. 增加了含 Cr 量，提高钢的高温性能

19. 以下关于魏氏组织说法正确的是(ABC)。

A. 亚共析钢过热组织，使钢变脆，可用完全退火消除

B. 冷却时，从晶界和晶内析出成片状的 α - Fe，互成一定角度或平行

C. 焊接时易产生在焊缝的金相组织中

D. 冷却时，从晶界和晶内析出成片状的 A(奥氏体)，这些 A 互成一定角度或平行

20. 碳钢及铬钢、铬 - 镍钢、锰钢等合金钢对回火脆性敏感，下面有回火脆性的钢是(ABC)。

A. 40MnB　　B. 40MnVB　　C. 40Cr　　D. 0Cr13

21. 提高钢材抗氧化能力的元素主要为(ABCD)。

A. 铬　　B. 铝　　C. 硅　　D. 镍

22. 以下哪些材料对珠光体球化敏感？(ABC)

A. 碳钢　　B. 钼钢　　C. 铬 - 钼钢　　D. 不锈钢

23. 回火脆性在下列哪些实验中不能中呈现出来？(ACD)

A. 压扁试验　　B. 冲击试验　　C. 拉伸试验　　D. 弯曲试验

24. 铬钢、铬 - 镍钢、锰钢存在(AB)，在炉子检修时应避免冲击。

A. 回火脆性　　B. 热脆性　　C. 冷脆性　　D. 475℃脆化

25. 碳钢炉管在高温长期运行中会出现(AC)现象。

A. 珠光体球化　　B. σ 相脆化　　C. 石墨化　　D. 475℃脆化

26. 金属材料的力学性能指标表征金属抵抗各种损伤作用的能力的大小。包括强度、塑性、韧性等，金属材料的强度指标包括(ABC)。

A. 屈服强度　　B. 抗拉强度　　C. 持久极限　　D. 冷弯性能

27. 根据原子在物质内部的排列方式不同，可将物质分为晶体和非晶体两大类。所有固态金属都是晶体，其典型晶体结构有(ABD)。

A. 体心立方晶格　　B. 面心立方晶格

C. 密排八方晶格　　D. 密排六方晶格

28. 热处理是将固态金属及合金按预定的要求进行加热、保温和冷却，以改变其内部组织，从而获得所要求性能的一种工艺过程。以下关于热处理名词叙述正确的是(ABC)。

A. 淬火：是将钢加热到 Ac_3 或 Ac_1 以上 30 ~ 50℃，保温后以大于临界冷却速度的速度快速冷却的热处理操作

B. 正火：是将钢加热到 Ac_3 或 Acm 以上 30 ~ 50℃，保温后在空气中冷却，得到珠光体型组织的热处理操作

C. 调质：通常指将淬火加高温回火相结合的热处理工艺

D. 过烧：指合金或金属在热加工时，由于温度过高，晶粒长得过小，致使性能显著降低的现象

29. 关于碳钢叙述正确的是：(ACD)。

A. 根据含碳量可以将碳钢分为低、中、高碳钢三类，含碳量分别为 C≤0.25%、C = 0.25% ~0.55%、含碳量 C >0.55%

B. 根据含碳量可以将碳钢分为低、中、高碳钢三类，含碳量分别为 C≤0.20%、C=0.20%~0.45%、含碳量 C>0.45%

C. 碳钢强度高、硬度大、塑性差、可焊性差

D. 磷会增加钢材的冷脆性，一般要求磷含量控制在0.06%以下

30. 不锈钢中哪些元素是奥氏体形成元素？(AC)

A. C　　B. Cr　　C. Ni　　D. Mo

31. 2.25Cr-1Mo 钢的回火脆性是由于钢中存在微量杂质元素(ACD)。

A. 磷　　B. 硅　　C. 砷　　D. 锑

32. 改进型 Cr-Mo 钢有哪些？(BCD)

A. 1.25Cr-0.5Mo　　B. 2.25Cr-1Mo-0.25V

C. 3Cr-1Mo-0.25V-Ti-B　　D. 3Cr-1Mo-0.25V-Cb-Ca

(二)焊接部分

1. 按照焊接过程特点，将焊接方法划分为(ABC)。

A. 熔化焊　　B. 固相焊　　B. 钎焊　　D. 电阻焊

2. 焊条电弧焊又称手工电弧焊，其优缺点正确的说法是(ABD)。

A. 优点：设备简单、操作灵活、对接头的装配要求低

B. 缺点：对焊工操作技术要求高、劳动条件差、生产率低

C. 优点：适合活泼金属(如钛、铌、锆等)的焊接

D. 缺点：不适合低熔点金属(如铅、锡、锌等)的焊接

3. 焊条电弧焊电源的类型有(AC)。

A、交流电源　　B. 脉冲电源　　C. 直流电源　　D. 高频交流电源

4. 通常可按熔渣性质分为酸性焊条和碱性焊条。以下说法正确的是(ABCD)。

A. 熔渣以酸性氧化物为主的焊条称为酸性焊条

B. 熔渣以碱性氧化物和氟化钙为主的焊条称为碱性焊条

C. 低氢型焊条为碱性焊条

D. 其他药皮类型焊条则均属酸性焊条

5. 碱性焊条和强度级别相同的酸性焊条比较，以下说法正确的是(ABCD)。

A. 其焊缝金属的延性和韧性高，氢含量低、抗裂性好

B. 焊接工艺性能(电弧稳定性、飞溅、脱渣性)较差

C. 对锈、水、油污的敏感性大而容易出气孔

D. 有毒气体和烟尘多，故毒性较大。

6. 焊条的选用原则是(ABC)。

A. 保证焊缝金属的使用性能

B. 有良好的焊接工艺性能

C. 在保证使用和工艺的前提下，应选用成本低、效率高的焊条

D. 以上都不对

7. 焊条药皮容易吸潮，用潮湿焊条焊接时，容易产生气孔和裂纹，因此必须对低氢焊条进行烘干。以下说法关于焊条烘干说法正确的是(ABC)。

A. 焊条烘干温度为 350 ~ 450℃，保温 2h

B. 烘干后放在 100 ~ 150℃的恒温箱内，随用随取

C. 酸性焊条一般可不烘干

D. 以上都不对

8. 焊条电弧焊的基本接头形式有(ABCD)。

A. 对接　　B. 搭接　　C. 角接　　D. T 形接。

9. 焊条直径选择主要因素正确的是(ABC)。

A. 根据工件厚度选择

B. 考虑焊接位置及待焊接头形式，如平焊且厚度大的工件，可采用大直径焊条及较大的焊接电流

C. 开坡口多层焊第一层，且又非平焊位置焊接，应选用较小的焊条直径

D. 以上都不对

10. 埋弧焊是以焊丝与工件间形成的电弧为热源，以覆盖在电弧上面及周围的颗粒状焊剂及其熔渣作保护的电弧方法。有关埋弧焊叙述正确的是(ABCD)。

A. 优点：焊接生产率高、焊接质量高、劳动条件好

B. 缺点：由于使用颗粒状焊剂，因此只能适用平焊及倾斜度不大的焊接位置

C. 不能直接观察电弧与坡口相对位置，因此需要焊缝跟踪装置，以免焊偏

D. 不适合焊接 1mm 以下的薄板

11. 单面全焊透要使用焊接衬垫来支托熔融的焊缝金属，有的可以成为接头的一部分，焊缝完成后必须拆除的是(CD)。

A. 打底焊缝　　B. 垫板　　C. 铜垫板　　D. 焊剂垫

12. 埋弧焊的接头形式主要包括(ABC)。

A. 对接接头　　B. T 形接头　　C. 搭接接头　　D. 角接接头

13. 决定焊缝形状的主要因素包括(ABC)。

A. 焊接电流　　B. 电弧电压　　C. 焊接速度　　D. 焊接环境

14. 直流钨极氩弧焊时，阳极的发热量远大于阴极，故用直流正接，(BC)时，钨极因不易过热而许用电流较大。因此大多数金属宜采用直流正接焊接。

A. 钨极为阳极　　B. 钨极为阴极　　C. 工件为阳极　　D. 工件为阴极

15. 可以作为钨极气体保护焊保护气体的有(BCD)。

A. 氮气　　B. 氩气

C. 氦气　　D. 氩气 - 氦气混合气体

16. 钨极氩弧焊的优缺点是(ABC)。

A. 优点：保护效果好，即便是很小的电流时电弧也极为稳定

B. 优点：没有飞溅，因此焊缝内在质量高，成形美观

C. 缺点：溶深浅，溶敷速度小、生产率低、焊接成本高

D. 以上都不对

17. 钨极氩弧焊的接头形式包括(ABCD)。

A. 对接接头　　B. T 形接头　　C. 搭接接头　　D. 角接接头

18. 气体保护电弧焊有(ABC)。

A. 钨极惰性气体保护电弧焊(TIG)　　B. 熔化极惰性气体保护焊(MIG)

C. 熔化极氧化性混合气体保护焊(MAG) D. 焊条电弧焊

19. 熔化极气体保护焊焊丝端头的熔滴过渡，对电弧稳定性，焊缝成形，金属飞溅有直接影响，熔滴过渡有3种基本形式，分别为(ABC)。

A. 短路过渡 B. 滴状过渡 C. 射流过渡 D. 断路过渡

20. 影响熔滴过渡的因素主要是(ABCD)。

A. 焊接电流 B. 电弧电压 C. 气体成分 D. 焊丝直径和材料

21. 熔化极气体保护电弧焊送丝系统有(ABCD)等类型。

A. 推丝式 B. 拉丝式 C. 推拉丝式 D. 行程式

22. 熔化极惰性气体保护电弧焊保护气体的选择主要取决于(ABCD)要求。

A. 工件材质 B. 厚度 C. 工艺质量 D. 成本

23. 熔化极气体保护电弧焊焊接电流主要根据(AB)来选取。

A. 焊丝直径 B. 熔滴的过渡形式 C. 厚度 D. 成本

24. 按照母材端部熔化状态，基本的焊接方法通常分为(BCD)三类。

A. 电渣焊 B. 熔化焊 C. 压焊 D. 钎焊

25. 下列(BC)焊接方法属于非熔化极电弧焊。

A. 焊条电弧焊 B. 等离子弧焊 C. 钨极氩弧焊 D. 激光焊

26. 等离子弧焊根据电源的连接方式有3种，分别为(ABC)。

A. 转移型弧 B. 非转移型弧 C. 联合型弧 D. 等离子型弧

27. 等离子弧焊接有(AB)两种。

A. 小孔成形 B. 熔入成形 C. 大孔成形 D. 表面成形

28. 等离子弧的主要优点是(ABCD)。

A. 能量密度大 B. 温度高 C. 挺直性好 D. 穿透力强

29. 等离子弧焊接小孔形焊接的主要规范参数有(ABC)喷嘴高度和保护气流量。

A. 离子气流量 B. 焊接电流 C. 焊接速度 D. 以上都不对

30. 等离子切割方法分为(ABC)等。

A. 一般型 B. 水再压缩型 C. 空气等离子弧形 D. 以上都不对

31. 电阻焊是将工件压紧于电极之间，通以电流，利用焊区间电阻产生的热量，使焊接区金属加热到局部熔化或高温塑性状态，在外力作用下形成金属结合的一种方法。以下对电阻焊的主要优缺点正确的说法是(ABCD)。

A. 不需要焊接材料(如焊丝、焊条、焊剂、保护气体等)，焊接成本低

B. 操作简单，易于实现机械化和自动化，且生产率高，劳动条件好

C. 主要缺点是目前对焊接质量还缺乏可靠的无损检测方法

D. 一次性设备投资大

32. 电阻焊有(ABCD)方法。

A. 点焊 B. 缝焊 C. 凸焊 D. 对焊

33. 高频焊与电阻焊的重要差别是(ABC)。

A. 高频焊接借助高频焊接电流所特有的集肤效应和邻近效应

B. 高频焊接是使焊接电流仅在工件上平行于接头连接面流动

C. 普通电阻焊焊接电流是垂直接头界面流动

D. 以上都不对

34. 高频焊分为(AC)。

A. 高频电阻焊　B. 高频电流焊　C. 高频感应焊　D. 高频电压焊

35. 钎焊是采用液相线温度比母材固相线温度低的金属材料做钎料，另外还要用钎剂保护母材和钎料不被进一步氧化，并改善钎料对母材表面的润湿能力。同熔焊相比，钎焊的优缺点是(ABCD)。

A. 钎焊加热温度较低，因此对母材组织和性能的影响较小

B. 一次可焊成几十条或几百条焊缝，生产率高

C. 可以钎焊任意组合的金属材料或钎焊金属或非金属，钎焊接头平整、光滑、外形美观

D. 钎焊的主要缺点是钎焊接头强度较低，耐热能力较差，装配要求比较高

36. 电渣焊是利用电流通过液体熔渣产生的电阻热作为热源，将工件和填充金属熔合成焊缝的垂直位置焊接方法，电渣焊的焊接材料包括(BC)。

A. 保护气　B. 电极　C. 焊剂　D. 以上都不是

37. 电渣焊主要特点是(ABCD)。

A. 大厚度工件以及焊接性差(如高碳钢、铸铁)的金属焊接

B. 工件不需开坡口

C. 焊接中碳钢和低合金钢不需预热

D. 电渣焊后进行正火和回火热处理

38. 控制焊缝中含氢量的措施有(ABCD)。

A. 限制氢的来源

B. 除氢的冶金措施

C. 控制焊接电流的种类和极性

D. 焊后脱氢处理

39. 冷裂纹产生的原因是(ABC)。

A. 钢材淬硬　B. 接头含氢　C. 拘束应力　D. 接头含硫

40. 热裂纹是焊缝金属在凝固过程中产生的，促使热裂纹产生的化学元素是(AB)。

A. 碳　B. 硫　C. 磷　D. 氢

41. 防止焊缝中产生气孔措施有(ABCD)。

A. 调整焊条药皮、焊剂以及焊芯的化学组成，从而控制熔渣的氧化性以及去氢和脱氧性能

B. 减少形成气孔气体的来源

C. 选择合理的焊接规范参数

D. 正确的焊接工艺有利于气体的逸出，如正确的焊条角度、短弧、均匀的运条摆动等

42. 焊接接头的韧性试验有(ABC)。

A. 低温冲击试验　B. 落锤试验

C. COD 试验　D. 以上都不是

43. 碳素钢按冶炼过程中脱氧程度的不同可分(ABC)三类。

A. 沸腾钢　B. 半镇静钢　C. 镇静钢　D. 氧化钢

44. 关于低碳钢焊接，以下说法正确的是(ABCD)。

A. 焊接材料的选择应保证接头与母材强度相等

B. 低碳钢焊接时一般不需要预热

C. 只有在低温下焊接或焊接厚度大和刚性大的工件，焊前应预热到100～150℃

D. 焊后一般不需要热处理(电渣焊除外)，但当厚度大或刚性很大时，焊后进行600～650℃回火处理

45. 关于中碳钢焊接，以下说法正确的是(ABC)。

A. 尽量减少焊缝中的含碳量，尽可能选用抗裂性好的低氢焊条

B. 当接头不要求等强时，应选用强度较低的J426、J427，以免产生裂纹。焊前进行50～200℃预热，焊后进行600～650℃回火处理

C. 特殊情况下可采用奥氏体焊条如A302、A307、A402、A407焊接或焊补中碳钢，不必预热

D. 以上都不对

46. 关于高碳钢焊接，以下说法正确的是(ABCD)。

A. 应选用含碳量低于高碳钢的高强度低合金钢焊条，一般采用J857或J857铬焊条，也可用A302、A307、A402、A407焊条

B. 高碳钢焊接工件一般采用250～350℃预热

C. 当厚度大或刚性很大时，焊时应保持预热温度，锤击焊缝，以减少焊接应力

D. 焊后保温缓冷且尽快送入炉中进行650℃的高温回火处理

47. 低中合金结构钢特殊用钢分为(ABC)。

A. 耐蚀钢　　B. 低温钢　　C. 珠光体耐热钢　　D. 奥氏体耐热钢

48. 合金结构钢分类正确方法是(ABC)。

A. 按用途分为强度钢、耐热钢、耐蚀钢和低温钢

B. 按热处理状态分为热轧钢、正火钢和调质钢

C. 按强化方式分为固溶强化钢、沉淀强化钢和调质强化钢

D. 按用途分为耐蚀钢、低温钢和珠光体耐热钢

49. 根据屈服强度级别及热处理状态低中合金结构钢强度用钢可分为(ABC)。

A. 热轧钢及正火钢　　B. 低碳调质钢　　C. 中碳调质钢　　D. 高碳调质钢

50. 正火钢15MnTi、15MnVN、18MnMoNb是在16Mn钢基础上加一些V、Nb、Ti、Mo等沉淀相形成元素。通过正火处理使第二相(AB)以细小质点从固溶体中析出，弥散分布在晶内和晶界，以提高强度并能细化晶粒改善钢材的塑性和韧性。

A. 碳化物　　B. 氮化物　　C. 氧化物　　D. 硫化物

51. 以下关于热轧钢正确说法有(ABC)。

A. $Ceq<0.4\%$

B. 除大厚度或大刚度及低温焊接外，基本无淬硬倾向，焊接性良好，焊接工艺与低碳钢相似

C. 不需采用预热和严格控制线能量等措施

D. 以上都不对

52. 以下关于正火钢18MnMoNb正确说法有(ABCD)。

A. 焊后需进行消除应力热处理　　B. 容易出现再热裂纹

C. 容易出现冷裂纹　　D. 含有沉淀强化元素

53. 焊接高强钢时，HAZ(焊缝热影响区)性能出现的主要问题是过热区的脆化。以下说

法正确的是(ABCD)。

A. 热轧钢脆化主要由于晶粒长大，造成过热区的脆化原因与含碳量及线能量有关

B. 正火钢过热区的脆化是由晶粒长大和沉淀强化造成的

C. 热轧钢强化方式为固溶强化，正火钢强化方式为沉淀强化，即强化相(TiC、TiN)重新溶入奥氏体

D. 正火钢 14MnMoNb、18MnMoNb 预热温度在 200℃以上

54. 18MnMoNb，$Ceq=0.55\%$，焊接时，为防止过热区的脆化，避免延迟裂纹，可采用(A)措施。

A. 小线能量 + 预热　B. 大线能量　C. 中间线能量　D. 以上都不对

55. 正火钢 18MnMoNb，电弧焊热处理制度及焊条选用为(ACD)。

A. 预热温度≥200℃，保持相应层间温度(不低于预热温度)

B. 焊后 550 ~ 600℃回火

C. 焊条选用 J707 或 J707Nb，最好选用 J707Nb

D. 焊后 600 ~ 650℃回火

56. 18MnMoNb 避免焊后回火时的再热裂纹产生，措施是(AB)。

A. 预热温度大于 230℃

B. 180℃预热并焊后及时进行 180℃ ×2h 等温处理

C. 预热温度大于 100℃

D. 焊后 550 ~ 600℃退火

57. 屈服强度 σ_s≥490MPa 的高强钢都需要调质，即在调质状态下供货使用，根据含碳量的不同，分成(AB)。

A. 低碳调质钢　B. 中碳调质钢　C. 高碳调质钢　D. 超低碳调质钢

58. 以下关于低碳调质钢正确的说法是(ABC)。

A. 调质后组织为低碳贝氏体或低碳马氏体

B. 一般焊后不要求热处理

C. 必要时进行焊后消除应力处理

D. 焊后要求回火热处理

59. 低碳调质钢焊缝理想组织为下贝氏体 + 低碳马氏体，采用(ABC)等能量密度高的热源焊接，故一般焊后不再进行热处理。

A. 熔化极气体保护焊　B. TIG 焊　C. 电子束焊　D. 焊条电弧焊

60. 14MnMoNbB 是典型的低碳调质钢，也是一种高强度压力容器用钢。以下正确说法是(ABC)。

A. 制造厚壁容器时，纵缝可采用电渣焊，环缝用电弧焊打底，再用埋弧自动焊填满焊缝

B. 环缝焊接热处理制度为电弧焊打底，焊前预热及层间温度 150℃，焊后 150℃保温 1 ~ 2h

C. 自动焊填缝时，焊前预热 150℃，层间温度 100 ~ 150℃，焊后 600℃ ×3h 空冷处理

D. 焊后不用热处理

61. 中碳调质钢为避免 HAZ 软化，应(ABC)。

A. 尽量采用能量密度大、热量集中的焊接方法，如 TIG 焊、脉冲氩弧焊、等离子焊或

电子束焊等

B. 采用小线能量焊接，以获得细晶组织和减小 HAZ 宽度而减低软化倾向

C. 焊接接头不允许有咬边、未焊透等缺陷，以免可能成为裂纹或脆断的裂源

D. 采用大线能量焊接，焊后回火

62. 耐热钢如 5Cr－0.5Mo、9Cr－1Mo、12Cr1MoV、2.25Cr－1Mo，有(ABCD)。

A. HAZ 软化　　B. 再热裂纹　　C. 热裂纹倾向　　D. 冷裂纹

63. 珠光体耐热钢一般在热处理状态焊接，焊后进行高温回火。以下关于耐热钢 Cr－0.5Mo、12Cr1MoV 热处理正确说法是(ABCD)。

A. 耐热钢 5Cr－0.5Mo 的热处理状态为 900℃正火，540～570℃回火

B. Cr－0.5Mo 焊接预热温度 300～400℃，焊后回火 740～760℃

C. 耐热钢 12Cr1MoV 的热处理状态为 1000～1020℃正火，740℃回火

D. 12Cr1MoV 焊接预热温度 250～350℃，焊后回火 700～740℃

64. 对 Cr 含量大于 2.25% 的 Cr－Mo 钢，焊后热处理前必须始终保持预热温度。含 V 的珠光体耐热钢有明显的再热裂纹倾向，采取预防措施有(ABD)。

A. 多层焊时采用逐步退焊法

B. 每焊完 1～2 根焊条对焊缝进行锤击等措施

C. 锤击第一层和最后一层焊缝

D. 焊后热处理温度选择适当

65. 防止奥氏体不锈钢应力腐蚀开裂的措施有(ABCD)。

A. 合理调整焊缝成分

B. 改进结构设计和加工工艺，消除应力

C. 采用锤击和喷丸处理降低焊件表面的残余应力或造成压应力

D. 选用超低碳或含 Ti、Nb 的 18－8 钢

66. 防止奥氏体不锈钢热裂纹措施有(ABCD)。

A. 限制钢材中的有害杂质 S、P 及易偏析的元素 Si、B

B. 控制焊缝的化学成分，以保证获得双相组织

C. 对于 Ni 量小于 15% 的 18－8 钢多用 $\gamma+\delta$ 双相组织，δ 相含量控制在 3%～8%，一般在 5% 左右，既可提高抗晶间腐蚀性能，又能防止产生热裂纹

D. 从焊接工艺上尽量减少熔池的过热

67. 奥氏体不锈钢导热系数小线膨胀系数大，易产生大的焊接变形，以下正确说法是(ABCD)。

A. 最好选用能量密度大的热源进行机械化快速焊接，焊接一般采用同质填充金属

B. 为避免铬碳化物沉淀，不能预热，并保证层间温度＜250℃

C. 可在熔池中加入冷焊丝或碎焊丝，以便加速冷却，减轻偏析，防止热裂纹

D. 多层焊时等焊缝冷到 60℃以后再焊下一道

68. 马氏体钢一般在调质态下焊接，调质低、中合金结构钢的焊接原则也适用于马氏体钢，焊接注意事项有(ABCD)。

A. 保证使用性能，力求焊缝成分与母材相近

B. 防止冷裂，在没有预热和焊后热处理条件下，可采用奥氏体焊条

C. 预热和焊后高温回火热处理，防止冷裂

D. 焊接工艺上防止过热

69. 高铬铁素体不锈钢焊接时可能出现 475℃脆性和 σ 相脆化，较难焊接，防止措施有(ABC)。

A. 可采用与母材成分相近的铁素体铬－钢焊条或奥氏体焊条

B. 预热温度低些，以免过热脆化，一般不超过 150℃

C. 焊后采用回火处理，使接头组织均匀化而提高塑性和耐蚀性

D. 高温预热，大线能量

70. 双相钢焊接材料相比例是决定双相不锈钢性能的至关重要的元素，焊接采取措施是(ABCD)。

A. 为防止热影响区晶粒粗大尽量使用小的热输入

B. 不需预热

C. 小电流，快焊速，层间温度要小于 100℃

D. 不需要进行消除应力热处理，因这种热处理会析出金属间相或脆性相，降低韧性和耐蚀性

71. 同类型珠光体异种钢焊接，为减小和消除焊接残余应力和改善组织，采取措施有(AB)。

A. 原则上应按等级低的钢材选择焊条

B. 必须进行焊前预热和焊后热处理，并都采用与等级较高材料相适应的温度

C. 焊前不预热

D. 焊后不热处理

72. 同类型奥氏体异种钢焊接时(AC)。

A. 焊前不预热

B. 必须进行焊前预热和焊后热处理，并都采用与等级较高材料相适应的温度

C. 焊后不热处理

D. 以上都不对

73. 珠光体钢和奥氏体钢焊接注意要点有(ABCD)。

A. 正确选择高合金化的焊接材料，适当控制熔合比或稀释率

B. 采用 Ni 基焊接焊条可保证凝固过渡层不产生马氏体脆性层

C. 由于扩散层随接头加热温度增高和高温停留时间增长而加宽，因此异种钢接头一般不宜进行热处理

D. 当接头处于热疲劳状态时所产生的交变应力，可能短期内就会导致接头破坏，因此不能将异种钢接头设置在温度交变剧烈的区域内

74. 焊条电弧焊时产生气孔的原因有(ABCD)。

A. 坡口表面未清理　　B. 焊接速度过快

C. 焊条烘烤温度不够　　D. 电弧过长

75. 未焊透产生的原因有(ACD)。

A. 坡口角度小　　B. 钝边过大　　C. 间隙小　　D. 焊接电流过小

76. 焊接接头使用性能试验，包括(AC)。

A. 纵向焊道弯曲试验和 T 型弯曲试验

B. 纵向焊道弯曲试验和拉伸试验

C. 低温冲击试验、落锤试验和 COD 试验

D. 纵向焊道冲击试验和 T 型弯曲试验

77. 以下关于异种钢焊接正确的说法是(ABCD)。

A. 炼油化工装置中的异种钢焊接，大多采用 TIG 焊打底，焊条电弧焊盖面

B. 奥氏体钢与碳钢、铬 - 钼钢焊接时的焊条选奥氏体钢焊条，高温低硫时用镍基合金焊条

C. Ni 基合金和奥氏体钢或低合金钢、珠光体钢焊接选 Ni 基高温合金焊条

D. 为防止形成凝固过渡层，最好在珠光体钢的坡口表面先堆焊一层 Cr25Ni13 的奥氏体钢隔离层

78. 奥氏体不锈钢复合板的焊接正确的说法是(ABCD)。

A. 基层与复层分别焊接

B. 基层与复层之间加焊过渡层

C. 为了减少基层对过渡层焊缝的稀释作用，焊接过渡层选用铬、镍当量高的奥氏体焊条，并使焊缝有一定量的铁素体组织，以提高抗热裂性能

D. 过渡层通常选用 25 - 13 型焊条

79. 复合钢板的焊接顺序为(AB)。

A. 先填满基层焊缝，反过来修焊根，并清除熔渣及夹渣，再用砂轮打磨

B. 经检查合格后，再焊接过渡层焊缝，最后焊接复层焊缝

C. 先焊接复层焊缝，反过来修焊根，并清除熔渣及夹渣，再用砂轮打磨

D. 经检查合格后，再焊接过渡层焊缝，最后焊接基层焊缝

80. 复合钢板的焊接注意事项有(ABCD)。

A. 为减少基层对过渡层焊缝的稀释作用，焊接过渡层时应尽可能用小电流

B. 严防基层的碳钢焊条和过渡层焊条焊到复层上，特别要注意不能将复层和基层的熔敷金属熔合一起，产生裂纹

C. 碳钢焊条的飞溅落在复层坡口表面时应仔细清除

D. 焊接不锈钢复合板时一般不进行预热和焊后热处理

81. 镍基耐蚀合金的焊接性和奥氏体不锈钢相似，主要有(ABC)等问题。

A. 焊接热裂纹　　B. 焊缝气孔

C. 焊接接头的晶间腐蚀倾向　　D. 焊接冷裂纹

82. 关于镍基耐蚀合金热处理正确说法是(ABC)。

A. 轧制镍基耐蚀合金一般不需焊前预热，不推荐焊后热处理

B. 镍基耐蚀合金一般在固溶状态下施焊

C. 经弯曲、冷变形的沉淀强化合金焊前需退火处理

D. 以上都不对

83. 焊接变形的分类正确的有(ABCD)。

A. 收缩变形　　B. 角变形　　C. 挠曲变形　　D. 扭曲变形

84. 矫正变形的方法有(AB)。

A. 机械矫正法　　B. 火焰矫正法　　C. 锤击　　D. 碾压

85. 根据结构中焊接应力在空间作用的方向可分为(ABC)。

A. 线应力　　B. 面应力　　C. 体应力　　D. 内应力

86. 根据焊接应力形成的原因，可分为(ABC)。

A. 温度应力　B. 浓缩应力　C. 组织应力　D. 残余应力

87. 锤击和碾压焊缝，可使焊缝得到延伸而降低焊接应力，但禁止锤击(AC)。

A. 第一层焊缝　B. 第二层焊缝　C. 最后一层焊缝　D. 中间层焊缝

88. 消除应力退火的效果取决于(ABCD)。

A. 加热的温度　B. 钢材成分

C. 组织、应力状态　D. 保温时间

89. 消除焊接残余应力的方法有(ABCD)。

A. 整体高温回火(去应力退火)　B. 局部高温回火

C. 机械拉伸法(水压试验)　D. 温差拉伸法(低温去应力)

90. 球罐材质有20R、16MnR、15MnVR、15MnVNbR(取代15MnVNR)、07MnCrMoVR、16MnDR、07MnNiCrMoVDR、09Mn2VDR(共8个牌号)。其中07MnCrMoVR、07MnNiCrMoVDR为高强度钢，其余6个为中低强度钢，16MnR使用最广泛。球罐焊接产生的质量问题主要是(AB)。

A. 焊接变形　B. 焊接裂纹

C. 焊缝气孔　D. 焊接接头的晶间腐蚀倾向

91. 球罐散装法的安装次序是(AB)。

A. 竖立中心吊杆，先赤道带，后南北温带和南北寒带

B. 最后拆除中心吊杆，安装南北极板

C. 将球片按不同的球带分别组装，焊接纵缝

D. 最后将球带组装成整球，焊接焊缝

92. 加氢反应器内壁堆焊层由过渡层和工作层组成，有关其正确说法是(ABC)。

A. 过渡层堆焊用E309L(00Cr25Ni13)焊条

B. 工作层堆焊用E347L(00Cr20Ni10Nb)焊条

C. 工作层的有效厚度不小于3mm。铁素体含量在3%～10%

D. 过渡层堆焊用E308L焊条

93. 不锈复合钢板是由较薄的(2～3mm)不锈钢与较厚的珠光体钢复合轧制而成(或爆炸成形)的双金属板。珠光体钢部分为基层，多为低碳钢或低合金钢。以下说法正确的是(ABD)。

A. 基层主要保证设备所需的强度和刚度

B. 不锈钢部分为复层，主要满足耐蚀性能

C. 基层满足强度和刚度和耐蚀性能

D. 复层处于容器的里层，其厚度为总厚度的10%～20%

94. 以下关于焊接Cr5Mo钢管正确的说法是(ABC)。

A. 选用与母材成分基本相近的R507焊条，特别在与浓度大于10^{-4}的湿硫化氢接触的条件下，更应采用R507焊条

B. 管子焊前预热至300～400℃，焊后进行热处理

C. 仅在受高温硫腐蚀的重油部位及无热处理条件下才使用奥氏体焊条

D. 无需热处理

95. 压力容器修复防止焊缝凹陷的措施有(ABC)。

A. 在返修部位加刚性支撑

B. 补焊后用履带式电加热器包扎返修部位进行消除应力热处理

C. 返修焊接宜采用小线能量，以减小 HAZ 宽度和焊接变形

D. 用三辊卷板机矫正

96. 焊缝超声波探伤缺陷的定量方法有(AB)。

A. 当量法　　B. 半波高法　　C. 碳当量法　　D. COD 法

97. 焊接工艺评定后，其输出结果是(AB)。

A. 提出焊接工艺评定报告

B. 结合实践经验制定焊接工艺规程，作为焊接生产的依据

C. 制定质量管理制度

D. 评定焊工技艺，出具焊接质量报告

98. 在焊接工艺评定时，将焊接工艺因素分为重要因素、补加因素、次要因素。以下说法正确的是(ABD)。

A. 当变更任何一个重要因素时都需要重新评定焊接工艺

B. 当增加或变更任何一个补加因素时，则可按增加或变更的补加因素增焊冲击韧性试件进行试验

C. 当增加或变更任何一个补加因素时，需要重新评定焊接工艺，重编焊接工艺指导书

D. 当变更次要因素时不需要重新评定焊接工艺，仅需重编焊接工艺指导书

99. 属于焊接前检查的内容(ABCD)。

A. 焊接工艺评定审核　B. 焊工资格　　C. 焊接环境　　D. 坡口加工质量

100. 按照焊接过程特点，将焊接方法划分为熔化焊、固相焊和钎焊三大类。下列属于熔化焊的有(ABD)。

A. 电弧焊　　B. 电渣焊　　C. 爆炸焊　　D. 气焊

101. 碱性焊条与强度级别相同的酸性焊条比较，碱性焊条特点为(BCD)。

A. 焊缝金属的延性和韧性低，氢含量低、抗裂性好

B. 焊接工艺性能(电弧稳定性、飞溅性、脱渣性)较好

C. 对锈、水、油污的敏感性大而容易出气孔

D. 有毒气体和烟尘多

102. 通过以下哪几种方法可控制焊缝中的含氢量？(ABCD)

A. 限制氢的来源　　B. 除氢的冶金措施

C. 控制焊接电流的种类和极性　　D. 焊后脱氢处理

103. 对于能发生相变重结晶的金属如低合金钢焊缝，可以通过改善二次结晶组织，以保证焊接接头的性能。以下可有效改善二次结晶组织的方法有(ACD)。

A. 焊后热处理　　B. 单层焊

C. 锤击焊缝表面　　D. 跟踪回火

104. 焊接缺陷指的是在焊接中经常产生的焊缝不连续性缺陷和成型缺陷。以下属于焊接缺陷的是(ABD)。

A. 裂纹　　B. 未熔合　　C. 白点　　D. 咬边

105. 焊接方法选择的基本原则是(ACD)。

A. 保证焊接产品的质量　　B. 一般应选择钎焊

C. 生产率高　　D. 生产费用低

106. 焊条的选用原则是(ABC)。
A. 保证焊缝金属的使用性能
B. 有良好的焊接工艺性能
C. 在保证使用和工艺性能的前提下，应选择成本低、效率高的焊条
D. 施焊前，必须对酸性焊条进行烘干，低氢焊条一般可不烘干

107. 氢是焊接时与金属发生作用的最活泼气体，对焊接质量是有害的，氢主要来自(ABCD)。
A. 焊条药皮或焊剂中的水分　　B. 药皮中的有机物
C. 焊丝与母材表面的油污和铁锈　　D. 空气中的水分

108. 调质钢中的低碳调质钢焊接的特点以下叙述正确的有(ABD)。
A. 含碳量较低且合金成分较多，保证了钢的高强度、高韧性和较好的焊接性，焊后一般不要求热处理，必要时进行消除应力处理
B. 低碳调质钢由于含碳量较低，且硫、磷含量限制得较严格，Mn/S 比值较低时，有液化裂纹倾向
C. 低碳调质钢的淬透性相当大，冷裂倾向很大
D. 焊接含 V、Mo、Cr(特别是 Cr、Mo 同时加入)低碳调质钢时，不存在再热裂纹的倾向

109. 焊接残余应力对结构的使用性能有影响，以下说法正确的是(BCD)。
A. 对静载强度的影响，对于塑性材料由于不能通过塑性变形使应力均匀化，因而使承载能力降低
B. 对疲劳强度的影响，如应力集中处存在着拉伸内应力，疲劳强度将降低
C. 对刚度的影响，如果构件中存在着与外力方向一致的内应力，且内应力的数值又达到 σ_s，则在外力作用下刚度将降低，同时卸载后构件也不能恢复原来的尺寸
D. 对应力腐蚀开裂的影响，应力腐蚀开裂所需的时间与应力大小有关，拉应力越大，应力腐蚀开裂的时间越短

110. 工业管道焊缝经过热处理后，应对焊缝、热影响区和母材进行硬度抽查，其抽查比例为(AB)。
A. 当 $DN>50$mm 时，为热处理焊口总量的 10% 以上
B. 当 $DN<50$mm 时，为热处理焊口总量的 5% 以上
C. 当 $DN>50$mm 时，为热处理焊口总量的 15% 以上
D. 当 $DN<50$mm 时，为热处理焊口总量的 10% 以上

111. 材料表面质量不合格，钨极氩弧焊不会导致以下哪种焊接缺陷(ABC)。
A. 气孔　　B. 夹渣　　C. 未熔合　　D. 未焊透

112. 影响热影响区韧性的因素可能有(AB)。
A. 不均匀加热和冷却，产生残余应力和拘束应力
B. 焊趾、焊根处有缺口效应而引起应力集中
C. 采用埋弧自动焊
D. 焊缝数量多

113. 控制焊缝金属氢含量的方法有哪几种？(ABCD)
A. 限制氢的来源　　B. 除氢的冶金措施

C. 控制焊接电流的种类和极性　　D. 焊后脱氢处理

(二)腐蚀与防护部分

1. 原油中除存在碳、氢元素外，还存在(ABCD)以及重金属和杂质等，这些非碳、氢元素在石油加工过程中的高温、高压、催化剂作用下转化为各种各样的腐蚀性介质。

A. 硫　　B. 氮　　C. 氯　　D. 氧

2. 制定防腐蚀策略应遵循的原则有(ABCD)。

A. 加强原料控制　　B. 强化工艺防腐　　C. 合理选材　　D. 加强腐蚀检测

3. 设备选材前应对企业主要加工的原油品种进行(ABCD)研究，以此作为选材的依据。

A. 硫分布　　B. 酸分布　　C. 流速　　D. 氯分布

4. 对于高硫低酸原油，物料输送管道选材原则是(ABCD)。

A. 介质温度<240℃的部位选材以碳钢为主

B. 介质温度在240~288℃之间时，原则上选用1Cr5Mo钢

C. 介质温度≥288℃的部位应选用铬含量在5%及以上的合金钢

D. 如现用碳钢材质管道，腐蚀速率<0.25mm/a，且腐蚀余量足够时，可继续使用碳钢，但必须加强监测

5. 对于具有同样操作条件的管道选材以下说法正确的是(AC)。

A. 同一根管道上的管子、管件、阀门、仪表管嘴及其根部阀等，原则上应选取同种材料或性能相当的材料

B. 同一根管道上的管子、管件、阀门、仪表管嘴及其根部阀等，原则上可选取不同种材料

C. 与主管相接的分支管道、吹扫蒸汽管道等的第一道阀门及阀前管道均应选取与主管道同种材料或性能相当的材料

D. 与主管相接的分支管道、吹扫蒸汽管道等均应选取与主管道同种材料或性能相当的材料

6. 关于NH_4Cl和NH_4HS结晶温度正确的说法是(CD)。

A. NH_4Cl在加氢装置高压空冷器中的结晶温度约为121℃

B. NH_4HS在加氢装置高压空冷器中的结晶温度210℃

C. NH_4Cl在加氢装置高压空冷器中的结晶温度约为210℃

D. NH_4HS在加氢装置高压空冷器中的结晶温度121℃

7. 环烷酸腐蚀有几个峰值，请问这几个峰值是？(BD)

A. 230~270℃　　B. 270~280℃　　C. 280~350℃　　D. 350~400℃

8. 在钢中添加下列哪些元素能形成很稳定碳化物，使钢中碳的活性降低，从而提高钢材抗高温氢腐蚀的能力。(BD)

A. 锰　　B. 钼　　C. 铜　　D. 钛

9. 湿硫化氢对碳钢设备可以形成哪种腐蚀？(CD)

A. 表面脱碳　　B. 内部脱碳　　C. 均匀腐蚀　　D. 应力腐蚀开裂

10. 湿硫化氢对碳钢设备可以形成两方面的腐蚀，即均匀腐蚀和湿硫化氢应力腐蚀开裂。湿硫化氢应力腐蚀开裂的形式包括(ABCD)。

A. HB(氢鼓包)　　B. HIC(氢致开裂)

C. SSCC(硫化物应力腐蚀开裂)　　D. SOHIC(应力导向氢致开裂)

11. 不需要外加应力的湿硫化氢应力腐蚀开裂的形式是(AB)。

A. HB(氢鼓包)　　B. HIC(氢致开裂)

C. SSCC(硫化物应力腐蚀开裂)　　D. SOHIC(应力导向氢致开裂)

12. 湿硫化氢腐蚀环境，当选用碳钢或碳锰钢做壳体材料时，采取的措施是(ABCD)。

A. 应限制焊缝硬度不大于200HB

B. 避免焊缝合金成分偏高

C. 对过程设备进行焊后热处理

D. 对板厚超过200mm时进行100%超声波检查，对焊缝进行100%射线探伤检查

13. 高温氢腐蚀的两种形式分别为(BC)。

A. 氢鼓包　　B. 表面脱碳　　C. 内部脱碳　　D. 氢致开裂

14. 高温氢腐蚀的两种形式，即表面脱碳和内部脱碳，以下说法正确的是(ACD)。

A. 表面脱碳不产生裂纹，影响一般很轻，钢材的强度和硬度局部有所下降而延展性提高

B. 表面脱碳产生裂纹，影响一般很轻，钢材的强度和硬度局部有所下降而延展性提高

C. 内部脱碳是由于氢扩散侵入到钢中发生反应生成甲烷，聚集于晶界空穴和夹杂物附近，形成了很高的局部应力，使钢产生龟裂、裂纹或鼓包

D. 内部脱碳使力学性能发生显著的劣化

15. 测厚监测主要针对哪种腐蚀类型？(BC)

A. 应力腐蚀　　B. 均匀腐蚀　　C. 冲刷腐蚀　　D. 氢腐蚀

16. 冷凝水分析主要用于监测装置低温部位腐蚀情况，常规分析项目有 $Fe^{2+}+Fe^{3+}$、Cl^-、pH、S^{2-}四项，对于常、减压装置三顶冷凝水，前三个分析项目有控制指标，用于考核装置“一脱三注”防腐措施运行情况(Cl^-不作为考核指标)。关于控制指标要求是(ABC)。

A. pH 在6.5~8.5　　B. Cl^-小于30mg/L

C. $Fe^{2+}+Fe^{3+}$小于3mg/L　　D. S^{2-}小于3%

17. “工艺防腐”主要是指为解决常、减压装置“三顶”(初馏塔塔项、常压塔塔项、减压塔塔顶)系统，以及催化裂化、焦化、重整、加氢精制、加氢裂化等装置分馏系统中低温轻油部位设备、管道腐蚀所采取的以(ABCD)等为主要内容的工艺控制措施。

A. 电脱盐　　B. 注中和剂　　C. 注缓蚀剂　　D. 注水

18. 电脱盐不仅作为一种防腐手段，而且作为脱除原油中碱金属和重金属的有效手段，以便保证后续加工所用催化剂的性能。目前国内通常采用的电脱盐技术主要包括(ABCD)。

A. 交流电脱盐　　B. 交直流电脱盐

C. 鼠笼式平流电脱盐　　D. 高速电脱盐

19. 电脱盐注剂包括(AB)。

A. 破乳剂　　B. 脱钙剂　　C. 中和剂　　D. 缓蚀剂

20. 工艺防腐常采用注水手段，其目的是(ABCD)。

A. 溶解氨盐　　B. 控制和调节初凝区的位置

C. 抑制氨盐结垢　　D. 稀释初凝区的酸液

21. 蒸馏塔顶挥发线“三注”后塔顶冷凝水应达到的技术控制指标有(ABCD)。

A. pH 在 5.5 ~ 7.5(注有机胺时), 7.0 ~ 9.0(注氨水时)

B. Cl^- ≤30mg/L

C. 铁离子 ≤3mg/L

D. 均匀腐蚀速率≤0.2mm/a

22. 高温缓蚀剂一般为两类，一类是含有活性硫组分的非磷系缓蚀剂，一类是磷系缓蚀剂。关于其形成的保护膜正确说法是(ABC)。

A. 非磷系缓蚀剂的活性硫组分在高温下能产生硫化物作用，形成一层硫化物的膜以阻止环烷酸的腐蚀

B. 非磷系缓蚀剂形成的硫化物膜，会随着温度和酸值的升高，与环烷酸亚铁反应而失去保护作用

C. 磷系缓蚀剂在高温下具有一定程度的热裂解作用，从而形成具有活性组分的物质，其与金属能形成一层很质密的膜，达到保护作用

D. 磷系缓蚀剂形成的膜，会随着温度和酸值的升高，与环烷酸亚铁反应而失去保护作用

23. 高温缓蚀剂作用是(ABD)，注入点的选择时以此为原则。

A. 抑制炼油厂的高温环烷酸腐蚀

B. 碳钢和低合金钢管道的防腐

C. 不锈钢管道的防腐

D. 加工高酸原油的减压塔侧线，如减二线、减三线和减四线

24. 常减压装置主要存在哪几种腐蚀类型？(ABD)

A. $HCl + H_2S + H_2O$ B. 高温硫腐蚀 C. 高温氢腐蚀 D. 环烷酸腐蚀

25. 常减压装置“三顶”冷凝冷却系统的选材主要原则为(ABCD)。

A. “三顶”冷凝冷却系统的选材以碳钢为主，主要靠完善工艺防腐措施来抑制腐蚀

B. 若设备腐蚀严重，可以考虑使用双相钢、钛材和 Monel 等高等级材料

C. 设备材质应整体升级，避免出现薄弱环节，同时应注意异种金属接触引起的电偶腐蚀

D. 亦可在冷却器管束、空冷器管束刷涂非金属涂层进行防腐蚀

26. 原油酸值的升高会增加电脱盐装置油水分离的困难，造成脱后(BC)超标，进而增加“三顶”$HCl + H_2S + H_2O$ 腐蚀介质中 HCl 的浓度，加重初凝区的腐蚀。

A. H_2S 含量 B. 含盐 C. 含水 D. 含氮

27. 选择合适的电脱盐技术对电脱盐的平稳运行起关键作用，以下正确说法是(ABC)。

A. 当原油密度小于 0.85 时，推荐使用高速电脱盐技术

B. 当原油密度小于 0.90 时，推荐使用水平板或交直流垂直极板技术

C. 当原油密度大于 0.90 时，推荐使用鼠笼式电脱盐技术

D. 以上都不对

28. 催化裂化装置分馏系统腐蚀主要有(ABC)。

A. 高温硫腐蚀 B. 分馏塔顶腐蚀和结盐

C. 油浆蒸汽发生器管板应力腐蚀开裂 D. 氢腐蚀

29. 催化裂化装置的吸收稳定系统腐蚀形貌表现主要是(ACD)。

A. 氢鼓包 B. 酸露点腐蚀

C. 一般腐蚀 D. 硫化物引起的应力腐蚀开裂

30. 催化裂化装置再生器取热管腐蚀的防护措施主要有(ABC)。
A. 不用奥氏体不锈钢，采用20G材料
B. 在结构设计上保证水流通畅，有足够的膨胀补偿空间
C. 防止热冲击，开停工升降温时，采用适当的蒸汽保护措施，中途不得停止供水
D. 以上都不对
31. 焦化装置主要存在有哪几种腐蚀形式?(ABCD)
A. $H_2S+HCl+NH_3+H_2O$ 腐蚀或由铵盐引起的垢下腐蚀
B. $S+H_2S+RSH+RCOOH$ 腐蚀
C. 高温硫或高温环烷酸腐蚀
D. 烟气露点腐蚀
32. 脱硫系统通常使用(ABC)等胺液作为 H_2S 和 CO_2 的吸收液。
A. 单乙醇胺(MEA) B. 二乙醇胺(DEA)
C. N－甲基二乙醇胺(MDEA) D. 联氨
33. 循环水系统常用的清洗方法有(ABCD)。
A. 酸洗 B. 碱洗 C. 络合物清洗 D. 聚电解质清洗
34. 酸洗后漂洗、钝化目的及原因是(BCD)。
A. 漂洗目的是去除防锈剂、油脂和硬质水垢
B. 漂洗目的是在钝化处理前，把被酸洗的金属表面漂洗干净，漂洗方式包括水压法、充氮气法、加药漂洗
C. 漂洗原因是酸洗后露出的活性金属表面被氧化生成二次铁锈，使钝化处理及钝化膜的质量受到影响
D. 钝化目的是漂洗结束后采用钝化剂在钢铁表面形成一薄层保护膜，使金属免遭腐蚀，常用钝化剂包括亚硝酸钠、磷酸钠、联氨等
35. 酸洗、碱洗、预膜目的说法正确的是(ABC)。
A. 碱洗目的是酸洗前去除防锈剂、油脂和硬质水垢
B. 酸洗目的是除去金属表面上的水垢及保护膜，露出金属表面的铁原子
C. 预膜目的是使金属表面形成一层致密均匀的保护膜，保证正常运行时缓蚀阻垢剂的补膜、修膜作用
D. 碱洗目的是除去金属表面上的水垢、油脂，使金属表面形成一层致密均匀的保护膜
36. 冷却水系统应该监测影响腐蚀和结垢的几个关键参数为(ABCD)。
A. pH值 B. 氧含量
C. 浓缩倍数 D. 杀菌剂残余浓度以及冷却水出口温度
37. 公用系统由(ABCD)、可燃气体排放管网、分液罐和水封罐等组成。
A. 瓦斯管网 B. 气柜 C. 瓦斯增压站 D. 火炬
38. 不锈钢中哪些元素是铁素体形成元素?(BD)
A. C B. Cr C. Ni D. Mo
39. 金属材料中加入某些合金元素，可以提高材料的耐蚀性，下列金属中(BD)是稳定化元素，可以解决不锈钢晶间腐蚀问题。
A. 铬 B. 钛 C. 铜 D. 铌
40. 塑料腐蚀试验方法有(AC)。

A. 重量法　　B. 扯断法　　C. 机械强度比较法　D. 体积法

41. 涂料腐蚀试验方法主要有(ABCD)。

A. 浸泡试验　　B. 大气老化试验

C. 三防试验(防湿热、防盐雾、防霉菌)　　D. 实物现场试验

42. 腐蚀选材对材料的要求是(ABC)。

A. 化学性能或耐腐蚀性能满足生产要求

B. 物理、机械和加工工艺性能满足设计要求

C. 总的经济效果优越

D. 以上都不对

43. 建筑防腐蚀大多数是选用非金属耐腐蚀材料，它的耐腐蚀性能以(BCD)为综合考察的指标。

A. 腐蚀率　　B. 失强百分率　　C. 增重百分率　　D. 外形破坏

44. 属于防腐设备表面处理正确的说法是(ABC)。

A. 表面处理目的主要是清除基体的锈层、油污、旧的防腐层和其他污染杂物

B. 表面处理是为了得到一定的粗糙表面，增加防腐与基体的结合力，延长防腐层的使用寿命

C. 金属、水泥、塑料、木材等防腐设备，在防腐施工前要进行表面处理

D. 以上都不对

45. 金属表面处理包括(ABCD)。

A. 除油

B. 除锈

C. 清除旧防腐层

D. 金属表面的防锈措施，如表面氧化、磷化和钝化处理等

46. 金属表面除锈方法除人工除锈外，还有(ABCD)。

A. 机械除锈　　B. 高压水除锈　　C. 喷砂除锈　　D. 化学除锈

47. 浓缩倍数正确说法是(ABC)。

A. 浓缩倍数是关于凉水塔定时排出污水，补充新水的概念

B. 浓缩倍数为补水量与排污量之比

C. 浓缩倍数取值一般在 1.5 ~2.5

D. 以上都不对

48. 进行化学处理，即向水中加水质稳定剂。水质稳定剂由含有水质缓蚀剂、阻垢剂、分散剂和杀生剂等组成，说法正确的是(ABCD)。

A. 水质稳定剂中含有水质缓蚀剂，可控制水质对金属设备的腐蚀作用

B. 水质稳定剂中含有阻垢剂，可防止减缓水中钙镁盐的沉积结垢作用

C. 水质稳定剂中含有杀生剂，可防止水中微生物、菌类、藻类的微生物粘泥

D. 常用水质稳定剂有两大类，即硅系水质稳定剂和磷系水质稳定剂，其中磷系水质稳定剂应用较多

49. 涂料由(ABC)组成。

A. 主要成膜物质　　B. 辅助成膜物质　　C. 次要成膜物质　　D. 树脂成膜物质

50. 涂料主要成膜物质是构成涂层的基础，它决定于涂层的物理机械性能和耐腐蚀性

能，包括(ABCD)。

A. 合成树脂　　B. 天然树脂

C. 干性油改性合成树脂　　D. 干性油

51. 辅助成膜物质在成膜过程中起着促进和帮助的作用，它本身不能构成涂膜，溶剂、增韧剂、(ABCD)等都属于辅助成膜物质。

A. 固化剂　　B. 催化剂　　C. 填料　　D. 体质颜料

52. 涂料次要成膜物质包括(AB)，常用的防锈颜料有红丹、锌、铬黄、氧化铁红及铝粉等。

A. 着色颜料　　B. 防锈颜料　　C. 体质颜料　　D. 耐磨颜料

53. 涂料的防腐蚀作用有(ABC)。

A. 隔离作用　　B. 缓蚀作用

C. 电化学保护作用　　D. 以上都不是

54. 有关金粉说法正确的是(ABC)。

A. 又称铜粉　　B. 呈黄金色

C. 铜和锌合金制成　　D. 由金元素制成

55. 石油化工腐蚀介质环境分类有(ABCD)。

A. 室外化工大气腐蚀　　B. 室内化工大气腐蚀

C. 设备外壁腐蚀　　D. 设备内壁腐蚀

56. 目前国内应用比较多的石油化工管道防腐蚀涂料主要有(AB)。

A. 环氧沥青涂料　　B. 环氧聚酰胺涂料

C. 酚醛树脂涂料　　D. 防锈涂料

57. 管体防腐蚀涂装对于环氧沥青管道防腐蚀结构，涂装结构有(AB)。

A. 普通防腐蚀结构：1 层底漆 3 层面漆，中间缠 2 层玻璃布，总厚度 0.5 ~ 0.6mm

B. 加强层防腐蚀结构：1 层底漆 4 层面漆，中间缠 3 层玻璃布，总厚度 0.7 ~ 0.8mm

C. 加强防腐蚀结构：1 层底漆 3 层面漆，中间缠 2 层玻璃布，总厚度 0.5 ~ 0.6mm

D. 特加强层防腐蚀结构：1 层底漆 4 层面漆，中间缠 3 层玻璃布，总厚度 0.7 ~ 0.8mm

58. 长输管道防腐蚀涂装的检查包括(ABCD)。

A. 外观检查　　B. 黏结力检查　　C. 厚度检查　　D. 绝缘检查

59. 石油化工管道防腐蚀涂装重要作用有(ABC)。

A. 防止管道腐蚀　　B. 减阻、节能提高输送能力

C. 某些特殊作用　　D. 以上都不对

60. 防锈涂料分为物理防锈涂料和化学防锈涂料，化学防锈涂料分为(ABC)三大类。

A. 一般化学防锈涂料　　B. 预涂底漆　　C. 带锈涂料　　D. 渗透涂料

61. 预涂底漆亦称保养底漆(车间底漆)，是指钢铁经第一次表面处理后立即进行涂装的底漆，其目的是防止钢材(AB)。

A. 贮存期生锈　　B. 加工期生锈　　C. 使用期生锈　　D. 运输期生锈

62. 根据所用化学防锈颜料不同，石油化工用化学防锈涂料主要有红丹防锈底漆、锌黄防锈底漆、(BCD)五种类型。

A. 磷酸盐底漆　　B. 磷酸盐 - 铬酸盐防锈底漆

C. 偏硼酸钡防锈底漆　　D. 有机铬酸盐防锈底漆

63. 化工防腐蚀常用的预涂底漆，包括(ABC)三类。

A. 磷化底漆　B. 有机富锌底漆　C. 无机富锌底漆　D. 铁红底漆

64. 大漆的优缺点有(ABCD)。

A. 大漆具有独特的耐久性、耐酸性、耐水性、耐溶剂性、耐油性、耐土壤腐蚀、耐磨性和耐热性

B. 附着力强，漆膜坚硬而有光泽

C. 缺点是不耐强碱及强氧化剂，漆膜干燥条件要求苛刻、时间长、毒性较大，易引起皮炎

D. 大漆的使用温度约150℃

65. 玻璃钢内衬层的质量检查方法为(AB)。

A. 外观目视检查法　B. 电火花器检查　C. 射线检测　D. 渗透检测

66. 玻璃钢衬里的破坏形式有(ABC)。

A. 渗透破坏　B. 应力破坏　C. 腐蚀破坏　D. 高温破坏

67. 不锈钢衬里的施工方法有(ABCD)。

A. 塞焊法　B. 条焊法　C. 熔透法　D. 爆炸法。

68. 砖板按材料的不同，分为(ABCD)。

A. 天然岩石　B. 铸石　C. 陶瓷　D. 石墨

69. 减少锅炉内部腐蚀的方法主要有(ABD)。

A. 提高除氧器的除氧效果，减少炉水中的 O_2 的含量

B. 加强炉水循环，保证一定的水流速度，使气体依附在管子内表面的机会减少

C. 运行时调整好燃烧，降低炉膛火焰中心高度，减少热偏差

D. 锅炉停止运行时，尽量减少立式受热面U型弯头处的存水，做好锅炉的防腐工作

70. 原油中的硫分为活性硫和非活性硫，装置中原油活性硫含量越高，腐蚀速率越大，下列物质中属于活性硫的是(AB)。

A. 硫化氢　B. 硫　C. 硫醚　D. 噻吩

71. 氢的存在可以引起设备的氢损伤，氢损伤包括(ABCD)形式。

A. 氢鼓包　B. 氢脆　C. 脱碳　D. 氢腐蚀

72. 埋地钢质管道的防腐层等级分为(ABC)。

A. 普通级　B. 加强级　C. 特加强级　D. 超加强级

73. 下列叙述中属于减少电偶腐蚀的主要措施有(ACD)。

A. 选用电位差小的金属组合　B. 进行焊后消除应力热处理

C. 采用涂料、垫片的使两种金属之间绝缘　D. 采用阴极保护

74. 湿硫化氢腐蚀环境中，碳钢发生应力腐蚀开裂的形式包括(ABCD)。

A. 氢鼓包　B. 氢致开裂　C. 硫化氢应力开裂　D. 应力导向氢致开裂

75. 工艺防腐措施的“一脱三注”中的“一脱”指电脱盐，用以脱除原油中的盐类，并可有效的脱除水分，“三注”指在塔顶系统(ABC)。

A. 注氨　B. 注缓蚀剂　C. 注水　D. 注催化剂

76. 高温下长期运行的碳钢管道会发生(ABCD)。

A. 石墨化　B. 珠光体球化　C. 应变失效脆化　D. 蠕变

77. 埋地长输常用的外防腐技术为(AB)联合保护法，通常这种方法总是同时使用，以

增强防腐效果。

A. 防腐绝缘层　B. 阴极保护　C. 耐蚀衬里　D. 增加伴热

78. 化工检修期间通过腐蚀调查，可以全面了解、分析设备的腐蚀情况，及时发现并处理腐蚀设备，并提出相应的防腐措施，其常用的方法有(ABCD)。

A. 目视检查　B. 锤击检查　C. 测厚　D. 垢样分析

79. 在线腐蚀监测系统中，经常使用的腐蚀探针主要有(ACD)等类型的探针。

A. 电阻探针　B. 电偶探针　C. 电化学探针　D. 电感探针

80. 化工厂一台2000m^3 液化气储罐，材质为16MnR，介质为硫化氢含量500ppm的液化气，运行一年后，检验发现大量缺陷，存在的缺陷可能有(AC)。

A. 氢鼓包　B. 高温硫腐蚀

C. 硫化氢应力腐蚀裂纹　D. 堆焊层氢致剥离

81. 在役加氢反应器腐蚀损伤形式以下可能发生的有(ABC)。

A. 氢腐蚀和氢脆　B. 回火脆性

C. 奥氏体不锈钢堆焊层的氢致剥离　D. 露点腐蚀

82. 减少锅炉内部腐蚀的方法主要有(ABD)。

A. 提高除氧器的除氧效果，减少炉水中的 O_2 含量

B. 加强炉水循环，保证一定的水流速度，使气体依附在管子内表面的机会减少

C. 运行时调整好燃烧，降低炉膛火焰中心高度，减少热偏差

D. 锅炉停止运行时，尽量减少立式受热面U形弯头处的存水，做好锅炉的防腐工作

83. 应力腐蚀开裂发生的条件有(ABD)。

A. 拉伸应力　B. 特定环境　C. 特定温度　D. 敏感材料

84. 18－8不锈钢在含 Cl^- 的水溶液中易发生(BC)。

A. 电偶腐蚀　B. 点蚀　C. 应力腐蚀　D. 冲蚀

85. 金属材料破坏的主要特征是(BCD)。

A. 失重　B. 机械性能的变化

C. 外形破坏　D. 物理变化

86. 减少电偶腐蚀的主要措施有(ABCD)。

A. 降低阴阳极的面积比　B. 降低介质的电导率

C. 采用涂料、垫片的，使两种金属之间绝缘　D. 选用电位差小的金属组合

87. 埋地钢质管道的防腐层等级分为(ABC)。

A. 普通级　B. 加强级　C. 特加强级　D. 超加强级

88. 循环冷却水系统金属的主要腐蚀类型有(ABCD)。

A. 均匀腐蚀　B. 点蚀　C. 微生物腐蚀　D. 垢下腐蚀

89. 高温氢腐蚀会造成钢的哪些力学性能下降与劣化？(BCD)

A. 刚度　B. 强度　C. 韧性　D. 延性

90. 奥氏体不锈钢和其他奥氏体合金设备，当其表面存在硫化物腐蚀产物时，采用(ABC)进行防护。

A. 用干燥的氮气吹扫以除去氧(空气)和水

B. 对全部表面进行碱洗，以中和可能生成的所有连多硫酸

C. 使用露点温度低于－15℃的干燥空气吹扫以除去水

D. 使用露点温度高于 -15℃的干燥空气吹扫以除去水

91. 根据 Nelson 曲线哪些因素确定加氢反应器的选材？（BC）

A. 设计压力　B. 设计温度　C. 氢分压　D. 介质

92. 环烷酸腐蚀有几个峰值，请问这几个峰值是？（BD）

A. 230 ~ 270℃　B. 270 ~ 280℃　C. 280 ~ 350℃　D. 350 ~ 400℃

93. 热壁加氢反应器堆焊层开裂的重要原因是(ACD)。

A. 氢损伤　B. 氢腐蚀　C. σ 相脆化　D. 存在残余应力

94. 露点腐蚀与下列哪些因素有关(ABC)。

A. 燃料中的硫含量　B. 过剩空气量

C. 三氧化硫生成量　D. 烟气流速

95. 连多硫酸应力腐蚀开裂最易发生在(ABC)。

A. 敏化不锈钢制造的设备上　B. 奥氏体钢制成的设备上

C. 在设备的停工时　D. 碳钢制造的设备上

96. 从防腐角度说，进装置原油的监控应遵循的原则有(ABC)。

A. 腐蚀性介质分析　B. “分贮分炼”　C. 不超设防值　D. 混炼

97. 原油中的硫分为活性硫和非活性硫，装置中原油活性硫含量越高，腐蚀速率越大，下列物质中属于活性硫的是(AB)。

A. 硫化氢　B. 硫　C. 硫醚　D. 噻吩

98. 炉管管内的腐蚀介质主要有(ABCD)等。

A. 硫　B. 环烷酸　C. 连多硫酸　D. 氢

99. 工艺防腐常采用注水手段，其目的是(BCD)。

A. 溶解降温　B. 控制和调节初凝区的位置

C. 稀释初凝区的腐蚀介质　D. 抑制氨盐结垢

100. (ABC)等溶液可能引起碳钢和低合金钢发生应力腐蚀开裂。

A. NaOH　B. 硝酸盐　C. H_2S　D. 氯化物

101. 炉管的腐蚀种类有哪些？（ACD）

A. 高温氧化腐蚀　B. 点蚀　C. 露点腐蚀　D. 硫化氢腐蚀

102. 下列哪些腐蚀属于局部腐蚀？（ABCD）

A. 缝隙腐蚀　B. 应力腐蚀　C. 晶间腐蚀　D. 选择性腐蚀

103. 在生产中可以通过提高循环冷却水的(CD)来达到节约用水、减少排污的目的。

A. 循环水量　B. 温度

C. 浓缩倍数　D. 工业水的重复利用率

104. 不锈钢中哪些元素是奥氏体形成元素？（AC）

A. C　B. Cr　C. Ni　D. Mo

（四）常用静设备部分

换　热　器

1. 换热器按传热面的形状分为(AB)，另外还有热能回收的换热器，如回转式、热管换热器等。

A. 管式　B. 板式换热器　C. 管壳式　D. 空冷式

2. 管式换热器分为(ABCD)。

A. 蛇管式　B. 套管式　C. 管壳式　D. 空冷式换热器

3. 板式换热器可分为(ABCD)。

A. 螺旋板式　B. 板式　C. 板翅式　D. 板壳式

4. 换热器按工艺用途分为(ABCD)。

A. 冷凝器　B. 加热器

C. 空冷式换热器(表冷器)　D. 重沸器

5. 在冷换设备中管壳式换热器应用最广泛，以下哪些是管壳式结构的特点？(ABCD)

A. 选材范围广　B. 适应性强、处理能力大

C. 能承受高温和高压　D. 检维修方便

6. 高效紧凑式换热器有(ABCD)，以及热管换热器(低翅片管换热器、低翅片螺纹管换热器)。

A. 板式换热器　B. 板翅式　C. 螺旋板式　D. 板壳式

7. 板式换热器失效的主要因素有？(ABCD)

A. 密封失效：一般由压力冲击、温度变化造成

B. 设备堵塞与结垢：流道间隙较小，1.5~6mm，直径大于1.5~3mm的颗粒易阻塞通道

C. 腐蚀：板片组装后形成了多缝隙结构，如板片之间的触点、密封槽底等部位，缝隙易造成氯离子浓缩，奥氏体不锈钢易引发应力腐蚀开裂；正确选材、定期清洗以及选用非含氯元素的黏结剂等，可有效防止应力腐蚀

D. 其他：对不锈钢板换，严禁采用盐酸或盐酸类清洗剂，可采用硝酸加缓蚀剂或硝酸类的清洗剂，蒸汽过热度过高对橡胶垫片使用寿命影响很大

8. 热管换热器的分类以下正确的说法是(AC)。

A. 按照热流体和冷流体的状态，可分为气-气式、气-液式、液-液式、液-气式

B. 按照换热管的结构形式，可分为套管式、管壳式

C. 按照换热管的结构形式，可分为整体式、分离式、回转式、组合式

D. 以上都是

9. 以下关于热管换热器说法正确的是(ABCD)。

A. 冷热流体是通过热管换热器的不同部位换热的

B. 热管元件相互独立

C. 某根热管失效、穿孔等不会对冷热流体间的隔离密封与换热造成影响

D. 可以方便地调整冷热侧换热面积比，可有效地避免酸露点腐蚀

10. 管壳式换热器的主要组合部件分为(ABC)三部分。

A. 管箱　B. 壳体

C. 后端结构(包括管束)　D. 封头

11. 以下关于换热器适用范围正确的是(ABC)。

A. 固定管板式换热器适用于温差较小(一般管子与壳体壁温小于50℃)，但壳程压力不高以及壳程结垢不严重或能用化学清洗的场合

B. U型管式换热器一般用于高温高压的情况下

C. 浮头式换热器适用于管壳壁间温差较大，或易于腐蚀和易于结垢的场合

D. U 型管式换热器适用于易结垢介质

12. 影响重沸器运行的主要因素有哪些？(BCD)

A. 液化率　B. 塔底液面　C. 气化率　D. 液位压头

13. 常用的两流体换热器基本换热类型有(ABCD)。

A. 管壳式　B. 管翅式　C. 板翅式　D. 板式换热器

14. 无相变传热被动强化措施包括(ABCD)。

A. 表面扩展、表面处理

B. 粗糙表面、管内插入物和流体置换型强化元件

C. 旋转流场设备

D. 轧槽表面、壳程强化结构

15. 相变传热被动强化措施有哪些？(ABC)

A. 强化冷凝传热

B. 强化蒸发、沸腾

C. 用以强化传热的卧式管排水流降膜蒸发传热

D. 以上都不是

16. 相变传热主动强化措施包括(ABCD)。

A. 机械方法，表面振动　B. 流体振动

C. 电磁场和电场　D. 引射

17. 板式换热器的强化传热主要是靠(ABC)来达到。

A. 板片薄　B. 导热热阻小

C. 将传热板片压制成波纹肋槽　D. 板翅

18. 板式换热器比管壳式换热器传热系数高的原因是(ABCD)。

A. 板式换热器传热板片比传热管壁薄

B. 板片上压制出波纹肋槽而使得流体得到充分的扰动

C. 在很窄的板片流道内，传热临界 *Re* 数较之在管束流道中要低得多

D. 传热膜系数和总传热系数较高，是管壳式的 3 ~4 倍

19. 板翅式换热器的零部件结构由(ABCD)组成，在相邻两隔板之间放置翅片、导流片及封条组成一夹层，称为通道，将这样的夹层根据流体的不同方式叠置起来，钎焊成一整体便组成板束，板束是板翅式换热器的核心，配以封头、接管、支承等组成板翅式换热器。

A. 隔板　B. 翅片　C. 封条　D. 导流片

20. 板翅式换热器常用翅片形式有(ABCD)。

A. 平直翅片　B. 锯齿翅片　C. 多孔翅片　D. 波纹翅片

21. 螺旋板式换热器的结构特点是(ABCD)。

A. 传热性能好　B. 自洁能力强

C. 传热温差小，温差应力小　D. 结构紧凑，检修难度大

22. 壳体指管壳式换热器的(AD)，主要由封头、圆筒、法兰和接管四大部分组成。

A. 筒体　B. 封头　C. 管板　D. 管箱

23. 管壳式换热器壳体按换热器的管束形式分为(ABC)三类？

A. U 形管壳体：由筒体和管箱构成

B. 浮头式壳体：由筒体、管箱、外头盖和浮头盖组成

C. 固定管板壳体：由筒体和管箱组成

D. 填料函壳体：由筒体和浮头盖组成

24. 管子与管板的连接方法有(ABC)等方法。

A. 胀接　　B. 焊接　　C. 胀、焊结合　　D. 钎焊

25. 管壳式换热器管子与管板胀接原理为(AB)。

A. 利用胀管工具，使伸到管板孔中的管子端部直径扩大产生塑性变形

B. 管板只达到弹性变形，因而胀管后管板与管子间就产生一定的挤压力，紧紧贴在一起

C. 管板和管子都达到塑性变形，互相产生一定的挤压力，紧紧贴在一起

D. 以上都正确

26. 换热管在管板上的排列形式(ABCD)。

A. 正三角形　　B. 转角三角形　　C. 正方形　　D. 转角正方形

27. 空冷式换热器(ABC)。

A. 以环境空气作为冷却介质，横掠翅片管外，使管内高温工艺流体得到冷却或冷凝的设备，简称空冷器

B. 常用来代替水冷式壳－管式换热器冷却介质

C. 由管束、风机、构架及百叶窗所组成

D. 以上都不对

28. 空冷的优点是(ABCD)。

A. 对环境没有污染，取材方便不需辅助设备和费用

B. 选厂址不受限制，空气腐蚀性小，使用寿命长

C. 空气压降低，操作费用低，空冷系统的维护费用较水冷低

D. 风机被切断后还有30%～40%的自然冷却能力

29. 以空冷器的冷却方式分类，空冷器的分(ABCD)。

A. 干式空冷器　　B. 湿式空冷器

C. 干－湿式空冷器　　D. 两侧喷淋联合空冷器

30. 湿式空冷器分为(ABC)，一般都可以把热流体出口温度冷却到接近甚至稍低于环境温度，干式空冷器不能把管内热流体冷却到环境温度。

A. 增湿型　　B. 蒸发喷淋型　　C. 湿面型　　D. 通风式

31. 空冷器管箱有(ABCD)等结构形式。

A. 丝堵型管箱　　B. 可卸盖板管箱　　C. 集合管式管箱　　D. 整体锻造管箱

32. 空冷器管程数选择正确的说法是(ABCD)。

A. 允许管内系统阻力降大的，可考虑采用多管程，反之，宜选择少管程数

B. 根据流速核算所选管程数，管内阻力降应在允许范围内

C. 对于冷凝过程，如对数平均温差的校正系数小于0.8，或含有不凝气成分时，则应考虑采用两管程以上的行程数

D. 对于多管程的管束，每一行程的管子数，应该按行程介质流率确定，特别是气体冷却，或有冷凝过程的管束，设计成不同管数的管程较为合理

33. 湿式空冷器中，翅片管管端外侧(靠近管箱)没有翅片部位的碳钢基管容易受到潮湿空气的腐蚀，可采用(AB)以防止喷淋水溅在碳钢基管上。

A. 双金属轧制翅片管宜将管外铝层全部覆盖翅片管外侧
B. 绕制式或镶嵌式翅片管宜在翅片管两端加挡水板
C. 涂富锌漆
D. 以上都不对
34. 湿式空冷器的喷淋方法有(BC)。
A. 蒸发喷淋 B. 回转式喷淋 C. 固定喷淋 D. 管式喷淋
35. 空冷器喷淋系统喷嘴布置的原则有(BCD)。
A. 上疏下密 B. 上密下疏 C. 交叉排列 D. 避免死角
36. 管箱元件常采用(ABC)。
A. 碳钢锻件 B. 低合金钢锻件 C. 不锈钢锻件 D. 丝堵用铸件
37. 管箱做焊后热处理是为了消除或者降低焊接部位的残余焊接应力，避免产生应力腐蚀开裂，其中要求(ABD)。
A. 碳素钢管箱应做焊后热处理
B. 低合金钢管箱应做焊后热处理
C. 不锈钢管箱应做焊后热处理
D. 焊接的铁素体金属垫片须在焊后做退火热处理
38. 空冷器每根翅片管的翅片接头数(AB)。
A. 当管长大于6mm时，不应超过2个。
B. 当管长小于6mm时，不应超过1个。
C. 当管长大于6mm时，不应超过3个。
D. 当管长小于6mm时，不应超过2个。
39. 空冷器的检查验收内容包括焊接接头检查、(ABCD)。
A. 压力试验 B. 运转试验 C. 噪声试验 D. 空气动力性能试验
40. 空冷器的安装设计，必须保证(ABCD)。
A. 设备的整体拆卸
B. 空气流道的密封
C. 风机叶尖间隙的调整
D. 风机运行中的振幅在允许限度内，构架在制造厂应做成便于运输的整体构件
41. 空冷器为什么要设置百叶窗？(ABCD)
A. 根据空冷器的设计要求设置百叶窗
B. 通过控制其叶片开启度，可用于调节风量以控制工艺参数
C. 抵御特殊气象干扰(如暴雨)或热风再循环运行之用
D. 可部分防止太阳直射产生的热辐射
42. 螺纹环换热器一般由6个部分组成，其中包括(ABCD)等。
A. 承压环 B. 分程箱 C. 管束 D. 壳体(管箱、筒体)
43. 分合环上的顶压螺栓拆不下来，可行的方法是(BCD)。
A. 加大扭矩，强力拆下
B. 带压力向注油孔入检动剂浸透一段时间
C. 可将邻近的螺栓上紧，将压力分散拆下
D. 确定已经拆不下来的可用电钻钻出，再攻大一规格的螺纹，并更换对应螺柱

44. 螺纹环换热器接管法兰钢圈密封失效泄漏，可行的处理方法是(ABC)。
A. 缓慢上紧螺栓　B. 检查密封面
C. 更换垫片　D. 强力上紧螺栓
45. 螺纹环换热器与 Ω 环换热器、隔膜式换热器相比，具有(AB)等优点。
A. 拆装、检修时无需动火焊接，且不需拆动管线
B. 使用时间长，只需更换内部垫片
C. 承载操作压力 $<10MPa$
D. 密封性能好，结构简单，机加工简单
46. 螺纹环换热器检修时，组装管束困难时应注意哪些问题？(ABCD)
A. 增大推动力量
B. 将开焊的折流板复位再装入壳体
C. 装配时要用吊车吊住重心，使管束下面尽可能离开壳体内壁
D. 要观察入口端与管束外径的同轴度，并进行调整

管式加热炉

47. 燃烧用空气预热主要优点有(AC)。
A. 改进燃烧空气的流动控制　B. 减少机械设备维修量
C. 使劣质燃料更完全地燃烧　D. 降低烟气中的氧化氮浓度
48. 管式加热炉的特点有(ABCD)。
A. 被加热的物质在管内流动，故仅加热气体或液体，通常都是易燃、易爆的烃类物质，危险性较大且操作条件苛刻
B. 加热方式为直接受火式
C. 主要烧气体或液体燃料
D. 长周期连续运行，不间断操作
49. 管式加热炉按外形分类有(ABCD)。
A. 箱式炉　B. 立式炉　C. 圆筒炉　D. 大型方炉
50. 加热炉按用途分类有(ABCD)。
A. 炉管内进行化学反应的炉子　B. 加热液体的炉子
C. 加热气体的炉子　D. 加热气、液混相流体的炉子
51. 管式加热炉主要技术指标有(ABCD)、热效率、火墙温度等。
A. 热负荷　B. 炉膛体积热强度
C. 辐射表面热强度　D. 对流表面热强度
52. 关于管式炼油炉正确的说法是(AB)。
A. 作用是为工艺介质的分馏和反应提供热量
B. 工艺介质在炉内不发生化学反应
C. 炉管内装催化剂
D. 入口一律为液相，出口为气液混相
53. 常用于余热回收的设备有(ABCD)。
A. 空气预热器　B. 省煤器　C. 热管换热器　D. 余热锅炉

54. 加热炉辐射室的传热方式有(ABD)。

A. 高温烟气的辐射传热 B. 炉墙的辐射传热

C. 没有对流传热 D. 既有辐射传热，也有对流传热

55. 对流室炉管一般采用(AB)。

A. 钉头管 B. 翅片管 C. 光管 D. 鳍片管

56. 管式裂解炉的分类有(ABCD)。

A. 按外形分，有方箱式炉、立式炉、门式炉、梯台式炉等

B. 按炉管布置方式分，有横管式和竖管式

C. 按燃烧方式分，有直焰式、无焰辐射式和附墙火焰式

D. 按烧嘴位置分，有底部燃烧、侧壁燃烧、顶部燃烧和底部、侧壁联合燃烧式

57. 管式裂解炉炉型发展趋势是(ABCD)。

A. 充分利用辐射热，提高辐射管的热强度

B. 提高炉管受热的均匀性

C. 提高单台炉的热负荷

D. 向高裂解温度和短停留时间的深度裂解方向发展

58. 加热炉有效利用的热量与燃料燃烧时所放出的总热量之比叫热效率，以百分率 η 表示。根据供给能量和损失能量所包括的内容不同，有热效率、综合热效率之分。以下正确说法是(ABCD)。

A. 热效率表示管式炉体系中参与热交换过程的热能利用程度

B. 热效率的供给能量中一般只包括燃料低热值和燃料、空气及雾化蒸汽带入的显热，损失能量包括排烟带走的热量及和散失的热量，是衡量管式炉燃料利用情况的一项指标

C. 综合热效率比上述热效率全面，它规定供给能量中还包括外界供给的电和功(例如鼓风机、引风机和吹灰器电耗、吹灰器蒸汽消耗等)

D. 综合热效率全面地表示了管式炉所有供给能量的利用程度，是一项综合性的技术经济指标

59. 炉膛阻力是指烟气由炉膛产生经对流段、烟道、烟囱排入大气的沿途压降之和，它包括(ABCD)。

A. 烟气沿直管道(烟道或烟囱)流动的压降

B. 烟气流过挡板、转弯或截面变化等局部压降

C. 烟气流过对流室管排的压降

D. 若加热炉设置空气预热器，还应包括烟气流过空气预热器的压降

60. 影响加热炉的热效率因素有(ABCD)。

A. 炉子排烟温度越高，热效率越低

B. 过剩空气系数越大，热效率越低

C. 炉壁散热损失越大，热效率越低

D. 一氧化碳含量越小大，热效率越低

61. 提高加热炉的热效率主要措施有(ABCD)。

A. 减少热损失 B. 利用对流室多吸收热量

C. 增设余热回收系统 D. 采用节能新型燃烧器

62. 燃烧器的基本要求是(ABCD)。

A. 适应不同炉型的需要，满足工艺要求，操作弹性大，调节性能好，操作简单、可靠，工作时噪音达标

B. 保持连续稳定的燃烧，具有一定形状，一定长度、平稳而不熄灭的火焰，火焰的颜色为桔黄色，其回火和脱火的可能性小

C. 结构简单、紧凑，体积小、重量轻

D. 操作费用少，维修、更换方便

63. 加热炉炉管材料选择考虑的因素，除要求热加工工艺性能特别是可焊性良好，经济性合理，管子供应方便之外，还要求(ABCD)。

A. 高温强度高，特别是持久强度高

B. 高温下抗氧化性及耐腐蚀性能良好

C. 高温组织稳定性符合操作条件的要求

D. 管子外径公差应小，适合于胀接

64. 炉管连接件包括(ABCD)等。

A. 急弯弯管　　B. 集合管　　C. 铸造回弯头　　D. 法兰

65. 管式加热炉的清焦方法有(ABCD)。

A. 机械清焦法　　B. 液体清洗法　　C. 烧焦法　　D. 不停炉清焦法

66. 炉管常见的损伤形式有(ABCD)。

A. 腐蚀　　B. 热老化　　C. 蠕变损伤　　D. 热疲劳损伤

67. 炉管的腐蚀种类除高温氧化腐蚀、露点腐蚀、硫化氢腐蚀之外，还有(ABC)。

A. 氢损伤　　B. 晶间腐蚀　　C. 应力腐蚀　　D. 缝隙腐蚀

68. 炉管水压试验合格标准是(ABC)。

A. 在受压元件金属壁和焊缝上没有水珠和水雾

B. 胀口及附件密封处不漏水

C. 水压试验后，用肉眼观察，没有发现残余变形

69. 解决炉管内介质偏流的方法有(ABD)。

A. 提高管内介质流速　　B. 采用节流孔板等结构

C. 降低管内介质流速　　D. 合理布置管路

70. 减缓炉管热老化的措施有(ABCD)。

A. 减少石墨化的程度，使材料含铅量降到0.01%以下，或者加0.7%以上的铬元素

B. 减少 σ 相脆化现象

C. 减少渗碳损伤，炉管内壁精加工去除疏松缺陷，增加抗渗碳元素Si等含量

D. 减少渗碳损伤，控制结焦和管壁温度等

71. 管式加热炉的炉墙结构主要有(ABC)。

A. 砖结构　　B. 耐热混凝土(简称衬里)结构

C. 耐火纤维结构　　D. 以上都不对

72. 管式加热炉的炉墙砖结构分为(ABC)。

A. 砌砖　　B. 挂转　　C. 拉砖　　D. 浇砖

73. 关于耐火纤维炉衬结构的优缺点正确说法是(AD)。

A. 优点：隔热性能好、炉墙薄、重量轻(约为衬里结构的1/3)、施工简便、施工进度

快、不需烘炉等

B. 优点：隔热性能好、炉墙薄、重量轻(约为衬里结构的1/3)、施工简便、施工进度快、烘炉温度低等

C. 缺点：耐火纤维炉衬强度高，使用过程中容易破坏，抗气流冲刷性能不如耐火砖和轻质耐热衬里，需烘炉

D. 缺点：耐火纤维炉衬强度低，使用过程中容易破坏，抗气流冲刷性能不如耐火砖和轻质耐热衬里

74. 砌砖炉墙的优缺点有(ABCD)。

A. 优点：钢材耗量少；不用或少用异型砖，耐火材料取材方便

B. 优点：与挂转相比施工简便，造价低

C. 缺点：炉墙较厚，结构笨重；不适用于较高的高温炉墙

D. 缺点：炉墙易裂，使用寿命短

75. 火墙的作用是(ABC)。

A. 增加炉膛中的再辐射面，使传热均匀

B. 用于隔墙，将辐射室分作几间

C. 将辐射室和对流室分开

D. 检修炉管方便

76. 下列哪些描述是耐火纤维炉衬结构的优点？(ACD)

A. 具有较高的使用温度

B. 蓄热量大

C. 施工简便不需烘炉

D. 具有较好的化学稳定性

77. 关于烘炉下列说法正确的是？(BCD)

A. 全耐火浇注料或全耐火纤维炉衬的炉子都需要烘炉

B. 烘炉时炉管内应先通入蒸汽进行暖炉，当炉膛温度升到130℃时，再点燃燃烧器

C. 烘炉是为了除去残留在衬里材料中的水分

D. 烘炉时应做好记录，并绘制实际烘炉曲线

78. 外混式燃气喷嘴的特点是(ABCD)。

A. 优点：燃烧高稳定性好，运行可靠，它既不存在回火问题，也不容易脱火，结构简单

B. 优点：可利用低压燃气作燃料，燃气压力低到196～294Pa甚至更低都能使用

C. 缺点：燃烧强度低，火焰长，需要较大的燃烧室(炉膛)容积，过剩空气系数大，一般 $\alpha=1.2$ 左右才能保证完全燃烧

D. 缺点：在过剩空气系数较小或混合较差的情况下会产生不完全燃烧

79. 燃气燃烧器的类别有(ABCD)。

A. 按燃烧方式分为扩散式燃烧器，半预混式燃烧器，预混式燃烧器

B. 按火焰形式分为有焰燃烧器(长火焰、扁火焰、短火焰)，无焰燃烧器

C. 按助燃空气的供给方式分为自然供风燃烧器(自吸式)，强制供风燃烧器

D. 按燃气压力分为低压燃烧器和高压燃烧器

80. 燃油的火炬燃烧过程分为(ACD)几个阶段。

A. 燃油的雾化

B. 燃油的气化

C. 雾化的燃油滴蒸发、扩散和空气形成可燃混合物

D. 可燃混合物的着火和燃烧

81. 配风器是分配和输送燃烧空气的机构，其作用是(ABCD)。

A. 供给燃油燃烧时足够的空气

B. 形成有利的空气动力场

C. 使油雾能很好地与助燃空气互相配合

D. 在低过剩空气下，易于着火，火焰稳定，燃烧良好

82. 燃烧器是一种将燃料和空气按照所需混合比和流速在湍流条件下集中送人炉内，确保和维持点火及燃烧条件的部件，燃烧器由(ABC)组成。

A. 燃料喷嘴　　B. 配风器　　C. 燃烧道　　D. 油门

83. 燃烧道，简称火道，由耐火材料(粘土或高铝土)烧制而成，一般分上下两部分，因上部分较下部分大，俗称大火盆砖和小火盆砖。燃烧道的作用有(ABC)。

A. 蓄积一定的热量，加热燃料和燃烧空气，使之迅速达到着火温度，形成稳定的燃烧，在燃燃料油时，小火盆砖对燃料油的蒸发、着火和稳定燃烧有着重要的作用

B. 燃烧道能够约束燃烧空气，使燃烧空气与燃料充分混合而不散溢

C. 燃烧道和配风器一起使气流形成理想的流型，以得到符合要求的火焰形状

D. 以上都不对

84. 炉管结焦的主要原因有(ACD)。

A. 火焰不均匀，使炉膛温度不均匀，造成炉管局部过热

B. 排烟温度高

C. 进料量变化太大或突然中断等

D. 火焰偏斜烧炉管，造成局部过热

85. 强制送风燃烧器的优点有(ABD)。

A. 空气进入燃烧器的流速高，与燃料混合良好，过剩空气系数低

B. 燃烧器数量少，便于采用火焰调节及安全保护系统，易于控制火焰形状、改善传热

C. 提高了加热炉的热负荷

D. 有风罩，可以减少噪声，自然通风的噪声为100～110dB，而强制送风为85dB以下

86. 钢结构在以下部位的钢板最小厚度为(AD)。

A. 炉壁及弯头箱：4mm　　B. 炉壁及弯头箱：6mm

C. 炉顶及炉底：4mm　　D. 炉顶及炉底：6mm

87. 燃烧器按安装位置分为(ABCD)。

A. 底烧　　B. 侧烧　　C. 顶烧　　D. 附墙

88. 下面“三门一板”调节正确的是(ABD)。

A. 火焰过长：开大雾化蒸汽，关小油门，加大通风量

B. 火焰过短：关小雾化蒸汽，开大油门，关小通风量

C. 火焰颜色发红：开大雾化蒸汽，减少通风量

D. 火焰颜色发白：关小雾化蒸汽，开大油门，关小风门

89. 加热炉系统常用检测仪器是(ABCD)。

A. 热流计　　B. 光学高温计　　C. 红外热像仪　　D. 热效率仪

90. 加热炉开工，点火前的准备工作有(ABCD)。

A. 检查燃烧器尤其是喷枪的安装位置(高度、角度)，保证正确无误
B. 检查所有烟、风道挡板的开、关和开启方向，保证与设计相符
C. 先用空气或蒸汽将炉管和燃烧器管系清扫干净
D. 对新建或修理过炉衬的旧炉子需先进行烘炉作业

91. 影响炉出口温度变化的因素主要有(ABD)。
A. 瓦斯压力不稳，瓦斯带油
B. 进料量及进料温度变化
C. 氧含量偏高
D. 仪表失灵，造成烟囱冒黑烟，炉温升高或熄火

92. 为了检测炉膛负压值，一般在(BCD)安装导压管，利用一台压力计在集合管上进行负压测量，远传至控制室来监控。
A. 热管换热器中部　B. 对流段　C. 烟囱　D. 辐射室

93. 测定烟气中的氧含量，通常的方法有(ACD)。
A. 利用氧化锆分析仪直接插入烟气中进行在线分析
B. 利用便携式烟气分析仪直接插入烟气中进行在线分析
C. 将烟气抽出，用奥氏气体分析器进行分析
D. 利用便携式烟气分析仪直接插入烟气中进行离线测试

94. 测取数据处理的要求有(ABC)。
A. 排烟温度取 3 次测量数据的算术平均值
B. 烟气中一氧化碳含量应取对流段烟气出口处 3 组监测数据的算术平均值
C. 炉体外表而温度取各测点温度的算术平均值
D. 排烟温度取对流段烟气出口处 3 组监测数据的算术平均值

95. 燃烧用空气温度的测点要求是(ABD)。
A. 空气不预热时，应设在进燃烧器之前
B. 用自身热源预热空气时，应设在鼓风机前的冷风管线上
C. 用自身热源预热空气时，应设在预热器之后的热空气管线上
D. 用外界热源预热空气时，应设在预热器之后的热空气管线上

96. 为了保证联锁系统的高度可靠性，设计时应充分考虑(ABCD)。
A. 联锁系统应为事故安全性(失电动作)
B. 联锁系统的安全等级与装置的安全等级相匹配
C. 合理考虑输入/输出卡件的冗余配置和现场一次动作元件的冗余设置
D. 有足够的操作员接口，有自动/半自动(手动)灵活的操作手段，有足够的旁路维修开关

97. 门类设置条件是(AD)。
A. 人孔门应设在进入预热器出入口，挡板和各段烟风道的适当部位
B. 人孔门应设在进入预热器出口、挡板和各段烟风道等部位
C. 自然通风快开门应设在机械送风系统靠近燃烧器的集合风道上
D. 自然通风快开门应设在机械送风系统靠近燃烧器的蝶阀位置处

98. 在风速为零、环境温度为27℃的条件下，各段外壁温度不得超过(AC)。
A. 辐射段、对流段和热烟风管道的外壁温度为80℃

B. 辐射段、对流段和热烟风管道的外壁温度为50℃

C. 辐射段底部为90℃

D. 辐射段底部为80℃

99. 燃料气的主要热工性质有(ABCD)。

A. 发热量(热值)
B. 空气量和烟气量
C. 烟气组成
D. 烟气热焓

100. 在同样的过剩空气系数下，各种气体的传播速度为(ACD)。

A. 氢气最大，乙炔第二
B. 丙烷第三，乙烯第四
C. 乙烯第三，丙烷第四
D. 甲烷第五

101. 炉管环烷酸腐蚀与(ABC)。

A. 管内的介质温度有关
B. 管内的介质流速有关
C. 管内的介质硫含量有关
D. 管内的介质流速无关

塔、容器

102. 关于计算厚度、设计厚度、名义厚度、有效厚度之间的关系下列叙述正确的是(ABD)

A. 计算厚度：容器受压元件为满足强度及稳定性要求，按相应公式计算得到的不包括厚度附加量的厚度

B. 设计厚度：计算厚度与腐蚀裕量之和

C. 名义厚度：设计厚度加上材料厚度负偏差后的厚度

D. 有效厚度：名义厚度减去厚度附加量(腐蚀裕量与材料厚度负偏差之和)

103. 对中低压容器用的液面计，试验压力为(C)倍最高工作压力，高压容器的液面计为1.25倍最高工作压力。

A. 1　　B. 1.25　　C. 1.5　　D. 2

104. 按内件结构特点塔设备可分为(AD)。

A. 板式塔　　B. 筛板塔　　C. 浮阀塔　　D. 填料塔

105. 塔受液盘的厚度与塔径有关，当 $D=800\sim1000$mm 时，厚度取 $\delta=$(A)mm；$D=1600\sim2400$mm 时，厚度取 $\delta=$(B)mm。

A. 4　　B. 6　　C. 8　　D. 9

106. 泡罩塔盘的主要缺点是(ABCD)。

A. 结构复杂　　B. 造价高　　C. 安装维护麻烦　　D. 压降大

107. 填料塔内的辅助装置包括(ABCD)。

A. 喷淋装置　　B. 除沫器　　C. 液体再分布器　　D. 支承紧固装置

108. 塔盘安装质量要求，以下正确的是(BC)。

A. 塔体内径 $1600\text{mm}\leqslant D\leqslant4000\text{mm}$ 时，塔盘水平度允许偏差8mm

B. 塔盘面水平度测量时，应在与液流方向成垂直的直线上进行

C. 液流方向上的塔盘面倾斜时，应避免负偏差

D. 溢流堰顶的不平度必须小于5mm

常用炼油设备

109. 常、减压装置的主要容器设备包括(ABCD)。

A. 电脱盐罐　B. 初馏塔(闪蒸塔)

C. 常、减压塔　D. 汽提塔

110. 抑制原油蒸馏装置中设备和管线腐蚀的主要办法有(AD)。

A. 对低温塔顶以及塔顶油气线上的冷凝冷却系统采取化学(工艺)防腐措施，即脱盐、脱水、注碱、注中和剂、缓蚀剂和水等

B. 对低温塔顶以及塔顶油气线上的冷凝冷却系统采取阴极保护

C. 对温度大于250℃的塔体及塔底出口系统的设备和管线等高温部位加大壁厚

D. 对温度大于250℃的塔体及塔底出口系统的设备和管线等高温部位选用合适的耐蚀材料

111. 造成热壁加氢反应器堆焊层开裂的重要原因是(ACD)。

A. 氢损伤　B. 氢腐蚀　C. σ 相脆化　D. 存在残余应力

112. 关于在役加氢反应器的操作正确的是(AD)。

A. 开工时先升温后升压

B. 停工时先降温后降压

C. 第一次开工时器壁最低温度在达到50℃以前，操作压力不得超过设计压力的1/3

D. 停工过程中，在300~350℃应保持一段时间，进行脱氢处理

113. 焦炭塔塔壁鼓胀变形的处理方法有(ABD)。

A. 提高材料级别

B. 塔壁内外的焊缝应全部磨平，焊缝余高应为零

C. 不等厚壁板相焊时，应打磨成1∶4斜坡

D. 减少由热循环引起的峰值应力

114. 初馏塔、常压塔和减压塔可分为(ABC)。

A. 进料段　B. 提馏段　C. 精馏段　D. 初馏段

115. 常、减压装置的主要容器设备包括：电脱盐罐、初馏塔(闪蒸塔)、(ACD)及一些容器罐等。

A. 常压塔　B. 反应塔　C. 汽提塔　D. 减压塔

116. 初馏塔、常压塔、减压塔选材一般为(BD)。

A. 1Cr5Mo　B. Q245R+0Cr13Al(0Cr13)

C. 2.25Cr-1Mo　D. 316L(00Cr17Ni14Mo2)

117. 常减压装置腐蚀主要有(BCD)。

A. 氢腐蚀　B. 无机盐类腐蚀　C. 硫化物腐蚀　D. 环烷酸腐蚀

118. 催化装置反再系统包括(ABC)辅助燃烧室、外集气室、外取热器、三级旋风分离器、以及催化剂储罐等主要容器设备。

A. 反应器　B. 沉降器　C. 再生器　D. 分馏塔

119. 催化装置反再系统衬里形式有(ACD)。

A. 龟甲网隔热耐磨双层衬里　B. 橡胶衬里

C. 浇注料单层衬里　　D. 双层隔热耐磨衬里

120. 下列关于催化装置辅助燃烧室作用及其结构正确的是(ABCD)。

A. 用于开工时加热主风，提供再生器升温时所需的热量

B. 在正常生产两器热量平衡时，辅助燃烧室只作为主风的通道

C. 由带夹套的筒体组成，内筒是燃烧室，燃料在燃烧室燃烧

D. 主风分两路进入，一路称一次风直接进入燃烧室，另一路称二次风直接进入夹套，在夹套出口与燃烧室的高温烟气混合

121. 催化装置三级旋风分离器的作用及其形式，以下说法正确的是(ABC)。

A. 再生烟气经三旋进一步分离后，烟气的粉尘含量控制不大于200mg/m^3，方能进入烟气轮机回收其所含能量

B. 回收催化剂

C. 减轻烟气对烟机透平叶片的磨损，延长烟机的使用寿命

D. 减少热量损失

122. 催化装置三级旋风分离器形式主要有(ABD)。

A. 立管式多管三旋　　B. 卧管式多管三旋

C. 大旋分式三旋　　D. 小旋分式三旋

123. 加氢反应器按照工艺特点可分为哪几类？(ABC)

A. 固定床反应器　　B. 移动床反应器

C. 流化床反应器　　D. 沸腾床反应器

124. 固定床反应器有哪两种基本形式？(BC)。

A. 暖壁式反应器　　B. 冷壁式反应器

C. 热壁式反应器　　D. 流化床式反应器

125. 根据 Nelson 曲线哪些因素确定加氢反应器的选材？(BC)

A. 设计压力　　B. 设计温度　　C. 氢分压　　D. 介质

126. 反应器用八角垫圈技术要求为(ABCD)。

A. 采用 0Cr13 锻钢加工制造

B. 含碳量≤0.03%

C. 加工后硬度要求≤140HB

D. 与之匹配的法兰梯形槽密封面的表面硬度要求≥170HB

127. 2.25Cr－1Mo 钢的回火脆性是由于钢中存在微量杂质元素(ACD)。

A. 磷　　B. 硅　　C. 砷　　D. 锑

128. 依据《石油化工厂设备检修手册——容器》，炼油焦化装置焦炭塔操作温度 427～500℃，运行中可能出现的缺陷有(AC)。

A. 塔壁鼓胀变形　　B. 回火脆性

C. 裙座裂纹　　D. 硫化氢应力腐蚀

129. 焦炭塔的主要破坏形式有(ABD)。

A. 塔体局部变形　　B. 焊缝开裂　　C. 机械损伤　　D. 顶部腐蚀

130. 三位阀的 3 个启动步骤是(BCD)。

A. 20% 开度　　B. 关闭(回流)　　C. 预充　　D. 全开

131. 密闭输送带作为焦炭运输设备，其较传统车辆运输的优势有哪些？(ABCD)

A. 现场环境整洁　　B. 运输过程中无物料泄漏
C. 节省成本　　D. 高效、安全及可靠

132. 自动切换联合钻孔切焦器由阀体部分、防松法兰和(ABCD)组成。
A. 二位四通阀　　B. 钻孔喷嘴　　C. 切焦喷嘴　　D. 高压胶管

133. 除焦系统主要有(AB)。
A. 有井架式除焦系统　　B. 无井架式除焦系统
C. 悬空式除焦系统　　D. 软管式除焦系统

134. 除焦设备由哪几个部分组成?(ABC)
A. 塔底设备　　B. 塔中除焦设备
C. 塔顶设备　　D. 液位设备

135. 焦炭塔筒体与裙座的连接方式有哪几种?(ABCD)
A. 一般对接型式　　B. 搭接型式　　C. 堆焊型　　D. 整体型

136. 某厂需建造一台400m^3脱硫液化气球罐，则以下主体材质可以选用的有(AD)。
A. 07MnNiCrMoVDR　　B. 3Cr-1Mo　　C. Q235B　　D. 16MnR

137. 球罐整体热处理方法有(BCD)。
A. 电感加热法　　B. 电阻加热法　　C. 外部燃烧法　　D. 内部燃烧法

138. 储罐罐壁常见的故障缺陷有(ABCD)等轧制缺陷。
A. 腐蚀穿孔　　B. 裂纹　　C. 凹陷　　D. 夹灰

139. 湿式气柜运行中易出现的事故有(ABC)。
A. 倾斜　　B. 跑气　　C. 抽瘪　　D. 冲顶

工业管道

140. 管道系统试运时，高温或低温管道的连接螺栓，应按下列哪些规定进行热态紧固或冷态紧固?(ABCD)
A. 工作温度250~350℃，一次热紧温度：工作温度
B. 工作温度>350℃时，一次热紧温度：350℃，二次热紧温度：工作温度
C. 工作温度-70~29℃，一次冷紧温度：工作温度
D. 工作温度<-70℃，一次冷紧温度：-70℃，二次冷紧温度：工作温度

141. 紧固时，管道的最大内压力应符合下列哪些规定?(ABC)
A. 当设计压力≤6MPa时，热态紧固的最大内压力应<0.3MPa
B. 当设计压力>6MPa时，热态紧固的最大内压力应<0.5MPa
C. 冷态紧固应在卸压后进行
D. 以上都不对

142. GB/T 20801.5—2006规定，铬-钼合金钢和标准抗拉强度下限值大于或等于540MPa等易产生延迟裂纹、再热裂纹倾向材料，应(AB)。
A. 在焊接完成24h后进行无损检测
B. 在焊接及热处理后各进行一次表面无损检测，验收标准按JB 4730 Ⅰ级合格(PT或MT)
C. 无需无损检测

D. 以上都不对

143. GB 50517—2010《石油化工金属管道工程施工质量验收规范》规定管道焊接接头的检测比例应按下列哪些规定执行？（ABC）

A. 公称直径小于500mm时宜按焊接接头数量计算，抽查的焊缝受条件限制不能全部进行检测时，经检验人员确认可对该条焊缝按相应的检测比例进行局部检测

B. 公称直径大于或等于500mm时应按每个焊接接头焊缝的长度计算

C. 焊接接头的无损检测比例应按管道编号计

D. 以上都不对

144. GB 50517—2010规定，管道选定检测焊接接头的原则有（ABC）。

A. 应覆盖施焊的每名焊工

B. 按比例均衡各管道编号分配检测数量

C. 交叉焊缝部位应包括检查长度不小于38mm的相邻焊缝

D. 以上都不对

145. GB/T 20801.5—2006规定，焊接接头的射线照相检测和超声检测及验收标准为（ABCD）。

A. 抽样检查时，固定焊的焊接接头不得少于检测数量的40%

B. 管道的名义厚度小于或等于30mm的对接环峰应采用射线照相检测，名义厚度大于30mm的对接环峰可采用超声检测代替射线照相检测；当规定采用射线照相检测但由于条件限制需改用超声波检测代替时，应征得设计单位和建设单位的同意

C. 100%射线照相检测的焊接接头按JB 4730 Ⅱ级合格，抽样或局部进行射线照相检测的焊接接头按JB 4730 Ⅲ级合格

D. 100%超声检测的焊接接头按JB 4730 Ⅰ级合格，抽样或局部进行射线照相检测的焊接接头按JB 4730 Ⅱ级合格

146. GB 50517—2010要求管道消除应力热处理的焊接接头，热处理后应检测硬度值。焊接接头的硬度检测区域包括（BC）。

A. 母材　　B. 焊缝

C. 热影响区（紧邻熔合线）　　D. 熔合线

147. GB 50517—2010规定，管道焊接接头硬度检测的数量应满足下列哪些要求？（AB）

A. 在炉内热处理的每一热处理炉次应抽查焊接接头的10%进行硬度值测定

B. 进行局部热处理时应100%进行硬度值测定

C. 抽查焊接接头的100%进行硬度值测定

D. 抽查焊接接头的20%进行硬度值测定

148. GB 50517—2010要求铁素体检查的管道，焊缝和热影响区的铁素体含量规定为（AB）。

A. 含钼奥氏体不锈钢≤5%（体）　　B. 奥氏体－铁素体双相钢30%～60%（体）

C. 含钼奥氏体不锈钢≤15%（体）　　D. 奥氏体－铁素体双相钢50%（体）

149. 习惯上，工业管道按照设计压力可分为几级？（ABCD）

A. 真空管道，设计压力<0（低于绝对压力0.1MPa）

B. 低压管道，0MPa≤P≤1.6MPa

C. 中压管道，1.6MPa<P≤10MPa

D. 高压管道，$P>10$MPa

150. 习惯上，按工作温度，工业管道分为(ABCD)。

A. 低温管道，-40℃以下　　B. 常温管道，-40～120℃

C. 中温管道，121～450℃　　D. 高温管道，>450℃

151. 国际上管法兰主要有两大体系：以美国为代表的美洲体系，以德国为代表的欧洲体系，此外还有日本JIS管法兰，其压力等级分别以(ABC)表示。

A. Class　　B. PN　　C. K　　D. JIS

152. 管道组成件的公称压力是指(AB)。

A. 与其机械强度有关的设计给定压力

B. 它通常表示管道组成件在规定的基准温度下的最大允许工作压力

C. 管道最高工作压力

D. 介质最高温度确定的设计压力

153. 关于管子公称直径正确的说法是(ABCD)。

A. 表征管子、管件、阀门等口径的名义直径，是一个完整的尺寸数字

B. 通常它既不是内径也不是外径(<14in的)

C. 大于等于350mm(<14in)的钢管，公称直径是指其外径而不是内径

D. 螺纹连接的管子及其管件，其内径与公称直径接近，所以也称为公称口径

154. 根据GB 50316—2000《工业金属管道设计规范》(2008版)对钢管选用的规定(ABCD)。

A. Q235A、Q235B及Q235C宜用于C、D类流体管道，且设计压力不宜大于1.6MPa

B. Q235AF材料仅宜用于D类流体的管道及设计温度小于或等于250℃的管道支吊架

C. 奥氏体不锈钢使用温度高于525℃时，钢中的含碳量不应小于0.04%

D. 低温管道用钢应采用镇静钢

155. SH/T 3059规定：管道金属材料的耐腐蚀能力应根据介质对金属材料的腐蚀速率确定，其分类宜符合下列要求：(1)年腐蚀速率小于或等于0.05mm的材料为充分耐腐蚀材料；(2)年腐蚀速率大于0.05mm且小于或等于0.1mm的材料为耐腐蚀材料；还有尚耐腐蚀材料和不耐腐蚀材料，要求为(CD)，对于尚耐腐蚀材料可根据技术经济比较确定，按较大腐蚀裕量的条件选用或选用较高级别的耐腐蚀材料。

A. 年腐蚀速率小于0.1mm且小于或等于0.25mm的材料为尚耐腐蚀材料

B. 年腐蚀速率大于0.25mm的材料为不耐腐蚀材料

C. 年腐蚀速率小于0.1mm且小于或等于0.5mm的材料为尚耐腐蚀材料

D. 年腐蚀速率大于0.5mm的材料为不耐腐蚀材料

156. 根据SH/T 3059对钢管选用的规定，以下正确的是(ABCD)。

A. 长期使用在高温条件下，碳素钢、碳锰钢、低温用镍钢的使用温度不应超过425℃，碳钼钢不应超过470℃

B. 铁素体不锈钢受压元件的使用温度超过370℃时，应考虑室温下的材料脆性

C. 奥氏体不锈钢使用温度高于525℃时，对于铸件高于425℃时，钢中的含碳量不应小于0.04%，并在固溶状态下使用

D. 双相不锈钢、钛及钛合金的使用温度不宜高于300℃

157. SH/T 3059规定低温管道用钢应采用镇静钢，管道设计温度低于或等于-20℃的碳

素钢、低温碳钢、低合金钢、中合金钢和铁素体高合金钢，(ABC)应按现行国家标准的有关规定进行低温冲击试验。

A. 母材　　B. 焊缝金属　　C. 热影响区　　D. 熔合区

158. SH/T 3059 规定铬－镍奥氏体不锈钢母材在满足下列(ABC)各项要求时，可免做低温冲击试验。

A. 材料含碳量应小于或等于 0.1%　　B. 材料为固溶处状态

C. 设计温度等于或高于－196℃　　D. 设计温度等于或高于－101℃

159. SH/T 3059 规定以下哪种情况应按 GB/T 4334 进行晶间腐蚀倾向性试验？(AB)

A. 奥氏体不锈钢使用可能引起晶间腐蚀的环境时

B. 凡在制造和使用过程中需经历 400℃以上温度加热的奥氏体不锈钢

C. 所有奥氏体不锈钢

D. 以上都是

160. 根据 SH/T 3059，对操作温度大于或等于 240℃，介质中含活性硫化物腐蚀介质的管道，应根据(ABC)选用材料。

A. 介质中的含硫量　　B. 材料在不同温度下的腐蚀速率

C. 操作温度　　D. 操作压力

161. SH/T 3059 规定高温硫化物和环烷酸共存管道的材料选用应符合(AB)。

A. 对操作温度小于 240℃，材料可选用碳钢、15CrMo、12Cr5Mo(1Cr5Mo)或 06Cr13(0Cr13)

B. 对操作温度大于或等于 240℃，材料可选用 12Cr5Mo(1Cr5Mo)、Cr9Mo、06Cr19Ni10(0Cr18Ni9)、022Cr17Ni12Mo2(00Cr17Ni14Mo2)

C. 对操作温度大于或等于 240℃，材料可选用碳钢

D. 以上都不对

162. SH/T 3059 规定对管道介质流速大于或等于 30m/s，材料应选用(BCD)及其金属复合板制品。

A. 碳钢

B. 06Cr17Ni12Mo2(0Cr17Ni12Mo2)

C. 06Cr19Ni13Mo3(00Cr19Ni13Mo3)

D. 022Cr17Ni12Mo2(00Cr17Ni14Mo2)

163. SH/T 3059 规定在湿硫化氢应力腐蚀环境中，管道选用的材料应符合(ABCD)。

A. 材料标准规定的屈服强度 $\sigma_s \leqslant 355$MPa；材料实测的抗拉强度 $\sigma_b \leqslant 630$MPa

B. 材料适用状态应为正火、正火＋回火、退火或调质状态

C. 对于低碳钢和碳锰钢，碳当量 CE 应小于或等于 0.4%；对于低合金钢(包括低温镍钢)碳当量 CE 应小于或等于 0.45%

D. 管道需经焊后热处理，热处理后焊缝(含热影响区)的硬度不应大于 200HB

164. SH/T 3059 管子壁厚不应小于以下哪 3 项中的最大值？(ABC)

A. 按本规范 8.2 节规定计算的壁厚

B. 按 D_o/150 确定的管子壁厚，D_o 为外径，mm

C. 最小选用壁厚规定

D. 2mm

165. 按 SH/T 3059 除产品标准明确规定，并经设计确认可用于压力、温度参数较高或特定条件外，焊接钢管宜按下列规定选用(ABCD)。

A. 电阻焊碳钢直缝钢管，可用于设计温度不超过 200℃的无毒介质管道

B. 螺旋缝埋弧焊钢管主要用于设计温度不超过 300℃的非极度、高度危害介质管道

C. 电弧焊直缝钢管的使用温度，碳钢不宜超过 425℃，奥氏体不锈钢不宜超过 600℃

D. 焊接钢管应符合现行国家标准 GB/T 9711.1 和 GB/T 12771 的有关规定

166. 加工高硫低酸原油重点装置的主要管道材料的选用，一般规定(ABCD)。

A. 管道和管道元件的设计寿命应按 10 ~ 15 年考虑

B. 碳钢的腐蚀裕量≤6.0mm、低合金钢和铬 - 钼钢腐蚀裕量≤3.2mm 或高合金钢或有色金属腐蚀裕量≤1.6mm

C. 对于设备与管道直接焊接的元件，不宜选用异种钢；在可能引起严重电偶腐蚀的环境下不宜选用异种钢

D. 各种钢在高温硫中的腐蚀速率与温度的关系，可从 McConomy 曲线查取

167. 加工高硫高酸和高酸低硫原油重点装置的主要管道设计选材，一般规定：对常、减压装置、焦化装置焦炭塔之前的设备、管道和炉管以及加氢裂化、加氢精制和渣油加氢精制原料油侧的管道元件应按照以下哪些原则确定主材材质？(ABCD)。

A. 介质温度小于 240℃，选用碳钢

B. 介质温度大于等于 240℃ 小于 288℃，介质为液相且流速小于 3m/s 时，选用 12Cr5Mo、06Cr18Ni11Ti、06Cr19Ni10/022Cr19Ni10；流速高于 3m/s 时或介质为气液两相，选用 06Cr18Ni11Ti、06Cr19Ni10/022Cr19Ni10

C. 介质温度大于等于 240℃且流速大于等于 30m/s 时，选用 06Cr17Ni12Mo2/022Cr17Ni12Mo2

D. 介质温度大于等于 288℃，选用 06Cr18Ni11Ti、06Cr19Ni10/022Cr19Ni10 或 06Cr17Ni12Mo2/022Cr17Ni12Mo2

168. 加工高硫高酸和高酸低硫原油加氢裂化装置的主要管道设计选材有(AB)。

A. 介质温度大于或等于 288℃时，应选用 022Cr17Ni12Mo2

B. 流速大于等于 30m/s 时，应规定 022Cr17Ni12Mo2 的钼含量等于 2.5%

C. 介质温度小于 288℃时，应选用 022Cr17Ni12Mo2

D. 以上都不对

169. 管件的连接方法有(ABCD)。

A. 对焊连接　B. 螺纹连接　C. 承插焊连接　D. 法兰连接

170. SH/T 3059《石油化工管道设计器材选用规范》对管件选用的规定(ABCD)。

A. 弯头宜选用长半径弯头，当用短半径弯头时，其最高工作压力不宜超过同规格长半径弯头的 0.8 倍

B. 斜接弯头的曲率半径不宜小于其公称直径的 1.5 倍

C. 斜接角度大于 45°的斜接弯头，不宜用于极度危害介质、高度危害介质、可燃介质管道或可能承受由于机械振动、压力脉动及温度变化产生交变载荷的部位

D. 剧烈循环工况下的管道中采用斜接弯管时，其 1 条焊缝方向改变的角度不应大于 22.5°，设计压力应小于或等于 2.0MPa

171. 按 SH/T 3059 支管直接焊接在主管上的支管连接，除下列哪些情况下，应进行开孔补强校核，并根据校核结果采取相应的补强措施？(AB)

A. 支管通过加强管接头与主管连接
B. 支管连接处作为一个整体受压元件设计、制造并检验合格
C. 支管与主管直接连接
D. 以上都不对

172. 按 SH/T 3059 直接焊接在主管上的支管连接应符合下列哪些要求？（ABC）
A. 不应用于有机械振动、压力脉动和温度急剧变化的部位的管道
B. 不宜用于设计温度超过 425℃ 的管道
C. 当支管连接处承受由于支管热变形、外荷载及支架位移等引起的应力时，应对附加荷载在支管连接处产生的影响进行分析并采取必要的加强措施
D. 以上都不对

173. 按 SH/T 3059 下列哪些支管的连接应采用三通、45°斜三通或四通。（ABC）
A. 设计压力等于或大于 2.0MPa、设计温度超过 250℃
B. 支管与主管公称直径之比大于 0.8
C. 承受机械振动、压力脉动和温度急剧变化的管道分支
D. 以上都不对

174. GB 50316—2000《工业金属管道设计规范》（2008 版）对普通管件及非标准异径管的规定（ABCD）。
A. 选用对焊端的圆弧弯头时应采用长半径（弯曲半径为公称直径的 1.5 倍）的弯头，短半径弯头仅可在布置特殊需要时使用
B. 无特殊要求时，宜优先选用钢制管件
C. 螺纹连接的可锻铸铁定型管件，宜用于 D 类流体的地上管道中
D. 钢板卷焊的非标准异径管设计压力不宜超过 2.5MPa

175. 按 GB 50316—2000（2008 版）焊接支管及预制的支管连接件的选用规定（ABCD）。
A. 公称压力大于或等于 10MPa 的管道，主支管为异径时，不宜采用焊接支管，宜采用三通，或在主管上开孔并焊接支管台，当主支管为等径时，宜采用三通
B. 选用半管接头作为支管连接时，其公称直径不宜大于 50mm
C. 有振动的管道可采用三通或支管台或嵌入式支管，不应采用焊接支管
D. 主管外径与厚度之比大于或等于 100 时，支管外径应小于主管外径的 1/2

176. 按 GB 50316—2000（2008 版）采用圆弧弯管应符合下列规定（ABCD）。
A. 其外侧减薄厚度不应小于直管的计算厚度加上腐蚀附加量之和
B. 管道中不应使用折皱弯管
C. 受内压时，任一横截面上最大外径与最小外径之差不应超过名义外径的 8%
D. 受外压时，任一横截面上最大外径与最小外径之差不应超过名义外径的 3%

177. 按 GB 50316—2000（2008 版）采用斜接弯管应符合下列规定（ABCD）。
A. 斜接弯管的设计压力不宜超过 2.5MPa
B. 斜接弯管，其 1 条焊缝方向改变的角度 α 大于 45°者，仅可用于输送 D 类流体，不得输送其他类流体
C. 剧烈循环条件下的管道中采用斜接弯管时，其 1 条焊缝方向改变的角度不应大于 22.5°
D. 夹套管道的内管应采用圆弧弯头或弯管，不应采用斜接弯管

178. 10 种法兰形式包括(ABCD)、承插焊、螺纹、对焊环/板式松套、对焊环/带颈松套、法兰盖、衬里法兰盖。

A. 板式平焊　　B. 带颈平焊　　C. 带颈对焊　　D. 整体

179. 法兰密封面形式有(ABCD)。

A. 突面　　B. 全平面　　C. 凹凸面　　D. 榫槽面

180. GB 50316—2000《工业金属管道设计规范》(2008 版)规定下列任一情况的管道，应采用对焊法兰，不应采用平焊(活套)法兰。(AB)

A. 预计有频繁的大幅度温度循环条件下的管道

B. 剧烈循环条件下的管道

C. 高温管道

D. 以上都不对

181. SH/T 3059 对法兰的规定有(ABC)。

A. 法兰形式、结构尺寸应符合国家现行标准 SH/T 3406 或与其相当的标准规定

B. 法兰许用工作压力应根据法兰标准中所列的压力－温度额定值确定

C. 有毒、可燃介质管道不得采用板式平焊法兰

D. 以上都不对

182. GB 9948—2006《石油裂化用无缝钢管》关于 10#、20# 交货状态规定正确的说法是(ABC)。

A. 热轧管终轧

B. 冷拔管正火

C. 正火，热轧管终轧温度符合正火温度时，可代正火

D. 以上都不对

183. GB 5310—2008《高压锅炉用无缝钢管》有关 20G 正确的说法是(ABCD)。

A. 交货状态为正火

B. 热处理：正火温度为 880～940℃

C. 高压锅炉用管

D. 外径≥76mm，壁厚≥14mm 的钢管应做纵向冲击试验

184. GB 5310—2008《高压锅炉用无缝钢管》关于 12Cr1MoVG 正确的说法是(ABCD)。

A. 交货状态正火＋回火，壁厚≥40mm 调质处理

B. 壁厚 S≤30mm 的钢管正火＋回火，正火温度 980～1020℃，回火温度 720～760℃

C. S＞30mm 的钢管淬火＋回火，或正火＋回火；淬火温度 950～990℃，回火温度 720～760℃；正火温度 980～1020℃，回火温度 720～760℃，但正火后应快速冷却

D. 高压锅炉用管

185. GB/T 14976—2012《流体输送用不锈钢无缝钢管》中不锈钢无缝钢管的交货状态为热处理并酸洗，热处理制度是(ABCD)。

A. 1Cr17 铁素体型 780～850℃，空冷或缓冷

B. 0Cr13 马氏体型 800～900℃，缓冷或 750℃快冷

C. 0Cr26Ni5Mo2 双相型≥950℃，急冷

D. 00Cr18Ni15Mo3Si2 双相型 920～1150℃，急冷

186. GB/T 14976—2012《流体输送用不锈钢无缝钢管》有关 0Cr18Ni9 奥氏体型规定是

(AB)。

A. 交货状态热处理并酸洗

B. 推荐热处理制度 1010～1150℃，急冷

C. 交货状态正火处理

D. 以上都不对

187. 化工标准法兰可适用的钢管外径化工标准的欧洲体系公称压力 *PN*2.5～*PN*160 钢制管法兰可适用于 A、B 两系列钢管外径。以下关于 A、B 两系列正确的说法是(ABCD)。

A. 钢管外径 A 系列相当于化工部标准(HG/T 20553)IA 系列，是国家通用系列(俗称英制管

B. B 系列为国内沿用系列，俗称公制管，相当于化工部标准(HG/T 20553)Ⅱ系列

C. 化工标准的美洲体系公称压力 Class150(*PN*20)～Class2500(*PN*420)的钢制管法兰可适用于 A 系列钢管外径

D. *DN*100、*DN*150 的钢管，外径 A 系列为 114.3mm 和 168.3mm，外径 B 系列 108mm 和 159mm

188. 经常使用的法兰和密封面的组合是(AB)。

A. 带颈对焊法兰(WN)－突面(RF)

B. 整体法兰(IF)－突面(RF)

C. 带颈对焊法兰(WN)－全平面(FF)

D. 整体法兰(IF)－凹凸面(MFM)

189. 管法兰垫片按材质分类有(ABC)。

A. 非金属垫片

B. 半金属垫片(缠绕垫片和金属包垫片)

C. 金属垫片

D. 陶瓷垫片

190. 垫片性能参数有垫片的比压力(预紧比压)和垫片系数(剩余比压系数)。以下说法正确的是(ABCD)。

A. 预紧比压：作用到垫片上的单位压紧力

B. 垫片系数：垫片的有效压紧力与管系工作压力的比值

C. 预紧比压越大，需要的垫片最小宽度越小

D. 垫片系数越大，需要的最小垫片压紧力越大

191. 影响垫片密封性能的因素有(ABC)。

A. 介质操作压力　　B. 介质操作温度

C. 介质性质(渗透性、腐蚀性等)　　D. 以上都不对

192. 钢制管法兰用非金属平垫片包括(ABCD)。

A. 天然橡胶及合成橡胶　　B. 石棉橡胶板和耐油石棉橡胶板

C. 合成纤维的橡胶压制板　　D. 改性或填充的聚四氟乙烯板

193. SH/T 3059 规定六角头螺栓宜用于公称压力小于或等于 *PN*20 的法兰连接。公称压力大于 *PN*20 或高温条件下应采用(CD)。

A. 螺栓　　B. 螺柱　　C. 全螺纹螺柱　　D. 等长双头螺柱

194. GB/T 9125—2010 规定(AB)。

A. 碳钢和低合金钢制造的紧固件应进行表面氧化处理

B. 不锈钢紧固件应进行表面钝化处理

C. 低合金钢制造的紧固件应进行表面钝化处理

D. 不锈钢紧固件应进行表面渗碳处理

195. HG 标准规定在剧烈循环工况下应选用带颈对焊法兰或整体法兰，不应使用(ABCD)。

A. 板式平焊法兰　　B. 螺纹法兰

C. 对焊环松套法兰　　D. 平焊环松套法兰

196. (BD)不应用于可能发生缝隙腐蚀或严重腐蚀的场合。

A. 板式平焊法兰　　B. 螺纹法兰

C. 对焊环松套法兰　　D. 承插焊法兰

197. 石棉和非石棉垫片不应用于(AD)场合。

A. 极度或高度危害介质　　B. 中度危害介质

C. 轻度危害介质　　D. 高真空密封

198. 具有冷流倾向的聚四氟乙烯平垫片，其密封形式宜采用(ABC)。

A. 全平面　　B. 凹面/凸面　　C. 榫面/槽面　　D. 环连接面

199. HG/T 20606 和 HG/T 20610 所列非金属平垫片内径和缠绕垫内环内径可能大于相应法兰的内径，如使用上要求垫片(或内环)内径与法兰内径齐平时，用户应提出下列哪些要求？(AB)

A. 采用整体法兰、对焊法兰或承插焊法兰

B. 向垫片制造厂提供相应的法兰内径，作为垫片内径

C. 以垫片外径为准

D. 以上都不对

200. 石油化工通用阀门包括(ABC)节流阀、安全阀、球阀、蝶阀、隔膜阀、柱塞阀、旋塞阀、疏水阀、减压阀等类型。

A. 闸阀　　B. 截止阀　　C. 止回阀　　D. 快开阀

201. SH/T 3059 对阀门规定(ABCD)。

A. 用于工艺物料、极度危害介质、高度危害介质、可燃介质管道的软质密封球阀、旋塞阀、蝶阀及其他类似结构的特种阀门，应有防火和防静电结构

B. 软质密封阀门的密封件的压力 - 温度额定值应符合管道设计条件的要求

C. 除止回阀外，设计温度低于 -45℃的管道宜选用加长阀盖结构的阀门

D. 低温系统的弹性闸板闸阀应在高压侧的闸板上开一个泄压孔；低温系统的球阀在高压侧应有泄压结构或泄压孔

202. 阀门启闭件有 4 种运动方式有(ABCD)。

A. 闭合式　　B. 滑动式　　C. 旋转式　　D. 夹紧式

203. 疏水阀根据动作原理分类有(ABCD)。

A. 机械型　　B. 热静力型　　C. 热动力型　　D. 特殊型疏水阀

204. 输送不同介质的管道其最低法兰等级，一般规定(ABCD)。

A. 输送油品、油气的管道为 1.6MPa，设计温度 >200℃时为 2.5MPa

B. 输送液化烃的管道为 2.5MPa

C. 输送气氨或液氨的管道为2.5MPa

D. 输送氢气、有毒介质的管道为2.5MPa

205. 支吊架的种类有(ABCD)。

A. 承重支吊架　　B. 限制性支吊架

C. 恒力支吊架　　D. 防振支架

206. SH 3012—2011《石油化工金属管道布置设计规范》对管道设计的规定：管道支吊架应在管道的允许跨距内设置，并应符合下列哪些要求？(ABCD)

A. 靠近设备

B. 设在集中荷载附近

C. 设在弯管和大直径三通式分支管附近

D. 宜利用建筑物活构筑物的梁、柱等设置支吊架的生根构件

207. 有隔热层的管道，在管墩、管架处应设管托。无隔热层的管道，如无要求，可不设置管托。以下正确的说法是(ABCD)。

A. 当隔热层厚度小于或等于80mm时，选用高100mm的托管

B. 隔热层厚度大于80mm时，宜选用高150mm的管托

C. 隔热层厚度大于130mm时，宜选用200mm的管托

D. 保冷管道应选用保冷管托

208. 支吊架选用正确的是(ABC)。

A. 管道的支承点在垂直方向无位移时应采用刚性支吊架

B. 有位移时采用可变弹簧支吊架

C. 位移量大时宜采用恒力弹簧支吊架

D. 以上都不对

209. 水平敷设在支架上带管托的管道，当管道的位移量等于或大于100mm时，管托应选用(AD)。

A. 加长管托　　B. 缩短管托　　C. 中间设置　　D. 偏置设置

210. 下列管道支吊架不应采用焊接型的管托和管吊有(ABCD)。

A. 管内介质温度等于或高于400℃的碳素钢材质的管道

B. 输送冷冻介质的管道

C. 需要进行焊后热处理的管道

D. 合金钢或不锈钢材质的管道

G. 不易焊接施工的管道和不宜与管托和管吊直接焊接的管道

211. 下列哪些情况应设置导向架？(ABCD)

A. 安全阀出口管道和可能产生振动的两相流管道

B. 横向位移过大可能影响邻近管道的场合

C. 管道距离过长，可能产生横向不稳定的场合

D. 防止法兰和活接头泄漏要求的管道

212. 导向架不宜设置在(AB)。

A. 靠近弯头　　B. 支管的连接处

C. 阀门、法兰附近　　D. 活接头附近

213. 生根于建筑物、构筑物上的支吊架，支吊架的生根点宜设在(AB)等承重构件上。

当在钢结构上生根时，生根部位应有足够的强度。

A. 立柱　　B. 主梁　　C. 门窗　　D. 护栏

214. 管道支吊架不得生根在(ABC)上。

A. 高温介质管道　　B. 低温介质管道

C. 蒸汽管道　　D. 水管道

215. 低温介质管道的支架应符合(AB)。

A. 水平管道敷设时，管道的底部和支架的底部位垫置木块和硬质隔热材料块，以免管道中冷量损失

B. 垂直管道敷设时，支架若生根在低温介质设备上时，在设备和管道上均应垫置木块和硬质隔热材料块

C. 低温介质管道的支架敷设同高温介质管道

D. 以上都不对

216. 宜设置支吊架的位置是(ABC)。

A. 阀门、法兰或活接头的附近

B. 直接与设备管口相接的公称直径大于150mm的水平安装阀门

C. 靠近设备管口相接的公称直径大于150mm的水平安装阀门

D. 以上都不对

217. 沿直立设备布置的立管应设置(AB)。立管导向架间的最大间距应符合规定。承重支架应设置在靠近设备管口处，如果管道荷载过大，可增设可变弹簧支吊架。

A. 承重支架　　B. 导向架　　C. 固定支架　　D. 限位支架

218. 泵进出口管道支吊架应符合(ABC)。

A. 支吊架的位置应靠近泵进出口处

B. 泵的水平吸入管段宜布置可调支架或弹簧支架

C. 往复式泵的出口管道应选用合适的支吊架形式和合理的支吊架之间距离，第一个支架不应采用吊架

D. 以上都不对

219. 往复式压缩机的管道支架，宜设在靠近(ABCD)。

A. 集中荷载(如切断阀、安全阀、法兰等)　B. 管道拐弯

C. 分支　　D. 标高有变化处

220. 往复式压缩机进出口管道支架的形式和位置宜符合(ABCD)。

A. 采用卡箍型支架

B. 支架的间距宜通过计算确定，管道支架的位置和形式应满足柔性计算和或振动分析的要求

C. 第一个支架应靠近压缩机，但不得设置在机壳和底座上

D. 宜设置限位支架，并控制管道位移方向和承受管系热胀时对压缩机管口的推力或力矩

221. 管道固定点的位置应符合(ABCD)。

A. 满足管道柔性计算的要求

B. 在能充分利用管道自燃补偿处

C. “Ⅱ”型补偿器的两侧管道

D. 靠近需要限制分支管位移处

222. 以下哪些场合不得采用承插焊焊接？（ABC）。

A. 可能产生缝隙腐蚀或严重冲蚀的场合

B. 要求焊接部位及管道内壁光滑过渡的场合

C. 剧烈循环工况或 GC1 级管道的场合，且承插焊连接接头的公称直径大于 DN50

D. 以上都不对

223. GB 150.3—2011 规定，当支管与主管直接焊接、主管开孔不需补强时，要求（ABCD）。

A. 开孔不得位于 A、B 类焊接接头上

B. 钢材的标准抗拉强度下限值 $R_m \geq 540$MPa 时，接管与壳体的连接宜采用全焊透的结构形式

C. 接管外径为 25mm、32mm、38mm，壁厚≥3.5mm；接管外径为 45mm、48mm，壁厚≥4.0mm

D. 接管外径为 57mm、65mm，壁厚≥5.0mm；接管外径为 76mm、89mm，壁厚≥6.0mm

224. 目前炼油厂中常用呼吸阀可分为（AB）两种基本类型。

A. 阀盘式　B. 先导式　C. 弹簧式　D. 杠杆式

225. 管道保温设计的基本原则有（ABC）。

A. 减少散热损失、节约能源

B. 满足工艺要求

C. 改善工作环境、防止烫伤

D. 减少冷量损失、防止表面凝露

226. 常用伴热介质有（ABCD）。

A. 热水　B. 蒸汽　C. 热载体　D. 电能

227. 伴热方式有：（ABCD）。

A. 外伴热管伴热　B. 内伴热管伴热　C. 夹套管伴热　D. 电伴热

228. GB 50316 规定管道的设计温度（AD），均应为柔性计算的范围。

A. 小于或等于 -50℃　B. 大于或等于 150℃

C. 小于或等于 -20℃　D. 大于或等于 100℃

229. 增加管道柔性方法有（BD）。

A. 直线连接　B. 少量弯头改变方向

C. 多个弯头　D. 采用膨胀节

230. 钢材表面除锈质量等级分 St2、St3、Sa1、Sa2，各自定义为（ABCD）。

A. St2：彻底的手工和动力工具除锈　B. St3：非常彻底的手工和动力工具除锈

C. Sa1：轻度的喷射或抛射除锈　D. Sa2：彻底的喷射或抛射除锈

231. 碳钢、碳锰钢管道组成件应焊前预热要求有（ABC）。

A. 名义厚度 <25mm，规定的母材抗拉强度≤490MPa，预热温度 10℃

B. 名义厚度≥25mm，全部，预热温度 80℃

C. 名义厚度全部，规定的母材抗拉强度 >490MPa，预热温度 80℃

D. 以上都不对

232. 碳钢、碳锰钢管道焊接接头的热处理制度正确的说法是（ABCD）。

A. 名义厚度 >19mm 时，热处理温度 600 ~650℃

B. 热处理恒温时间 2.4min/mm，最短恒温时间 1h

C. 热处理后布氏硬度≤200

D. 名义厚度<19mm，不热处理

233. 铬－钼合金钢(3%≤Cr≤100%或C>0.15%)管道焊接接头的热处理制度有(ABC)。

A. 热处理温度 700～760℃

B. 热处理恒温时间 2.4min/mm，最短恒温时间 2h

C. 热处理后布氏硬度≤241

D. 不热处理

234. 马氏体不锈钢管道焊接接头的热处理制度正确的说法是(ABC)。

A. 热处理温度 730～790℃，

B. 热处理恒温时间 2.4min/mm，最短恒温时间 2h

C. 热处理后布氏硬度≤241

D. 不热处理

235. 管道焊接接头焊后如不能立即进行热处理，铬－钼合金钢和标准抗拉强度下限值应大于或等于 540MPa，所以(AB)。

A. 焊后应立即后热缓冷

B. 后热温度应为 300～350℃，保温时间不应少于 0.5h

C. 焊后应空冷

D. 焊后应水冷

236. 有关热处理的做法正确的是(ABC)。

A. 加热范围为焊缝两侧各不少于焊缝宽度的 3 倍，且不少于 50mm

B. 加热区以外 100mm 范围内应予以保温

C. 管道端口应封闭

D. 以上都不对

237. 管道热处理的加热速度、恒温时间及冷却速度，宜符合(ABC)。

A. 加热升温至 300℃后，加热速度应按 5125/δ ℃/h(205×25t ℃/h)计算，且不大于 220℃/h

B. 恒温时间开按碳钢 2.5min/mm、合金钢 3min/mm 计算，在恒温期间，各测点的温度应在热处理温度规定的范围内，其差值不得大于 50℃

C. 恒温后的冷却速度应按 6500/δ ℃/h(260×25t ℃/h)计算，且不大于 260℃/h，冷却至 300℃后可自然冷却

D. 以上都不对

(五)特种设备及附件部分

1.《特种设备安全法》第十六条规定，特种设备采用(ABC)，与安全技术规范的要求不一致，或者安全技术规范未作要求、可能对安全性能有重大影响的，应当向国务院负责特种设备安全监督管理的部门申报，由国务院负责特种设备安全监督管理的部门及时委托安全技术咨询机构或者相关专业机构进行技术评审，评审结果经国务院负责特种设备安全监督管理

的部门批准，方可投入生产、使用。

A. 新材料　　B. 新技术　　C. 新工艺　　D. 新结构

2. 根据《特种设备安全法》第二十三条规定，特种设备(ACD)的施工单位应当在施工前将拟进行的相关工作情况书面告知直辖市或者设区的市级人民政府负责特种设备安全监督管理的部门。

A. 安装　　B. 重大修理　　C. 改造　　D. 修理

3.《特种设备安全法》第二十五条规定，锅炉的(ABCD)过程，应当经特种设备检验机构按照安全技术规范的要求进行监督检验；未经监督检验或者监督检验不合格的，不得出厂或者交付使用。

A. 制造　　B. 安装　　C. 改造　　D. 重大修理

4. 根据《特种设备安全技术规范》的规定，以下情况属于电站锅炉立即停炉的有(ABD)。

A. 锅炉严重缺水时　　B. 锅炉严重满水时

C. 锅炉安全阀失效时　　D. 炉膛熄火时

5. 根据《特种设备安全技术规范》的规定，电站锅炉安装监督检验的内容包括(ACD)。

A. 锅炉建设单位与安装单位安装技术协议的核查

B. 安装单位在施工现场资源配置的检查

C. 锅炉产品出厂资料与产品实物的抽查

D. 锅炉安装过程中质量保证体系运转情况的监督见证及抽查

6. 按照《压力容器使用管理规则》的规定，使用单位每年对所使用的压力容器至少进行1次年度检查，年度检查的内容至少应包括(ABCD)。

A. 压力容器安全管理情况检查　　B. 压力容器本体检查

C. 压力容器运行状况检查　　D. 压力容器安全附件检查

7. 按照《压力容器使用管理规则》的规定，属于(ABC)情况的压力容器，相关单位应当向登记机关申请变更登记。

A. 改造　　B. 长期停用　　C. 移装　　D. 重大维修

8. 按照《压力容器使用管理规则》的规定，属于下列哪些情况的压力容器，不得申请变更登记？(ABCD)

A. 在原使用地未按照规定进行定期检验的

B. 无技术资料的

C. 擅自变更使用条件进行过非法修理改造的

D. 安全状况等级为4级、5级的压力容器

9.《压力容器定期检验规则》适用于《特种设备安全监察条例》范围内的下列(ABC)在用设备的定期检验。

A. 固定式压力容器　　B. 移动式压力容器

C. 医用氧舱　　D. 气瓶

10. 根据《压力容器定期检验规则》的规定，真空绝热压力容器除进行外部宏观检验外，还应当进行(AB)补充检验。

A. 夹层的真空度　　B. 日蒸发率测量

C. 耐压试验　　D. 无损检测

11. 根据《压力容器定期检验规则》的规定，对于无法进行内部检验的压力容器，应当采

用可靠的检测技术从外部检测内部缺陷，下列(ABC)是可靠有效的检测技术。

A. 内窥镜　B. 声发射　C. 超声检测　D. 脉冲涡流检测

12.《特种设备安全监察条例》制定的目的是(ABCD)。

A. 加强特种设备的安全监察　B. 防止和减少事故

C. 保障人民群众生命和财产安全　D. 促进经济发展

13.《特种设备安全监察条例》第三条规定：特种设备的(ABCD)，应当遵守本条例，但本条例另有规定的除外。

A. 生产　B. 使用　C. 检验检测　D. 监督检查

14.《特种设备安全监察条例》中特种设备的生产含(ABCD)、维修。

A. 设计　B. 制造　C. 安装　D. 改造

15.《特种设备安全监察条例》第五条规定：特种设备生产、使用单位应当建立健全(ABCD)等相关制度。

A. 安全管理制度　B. 节能管理制度

C. 岗位安全责任制度　D. 节能责任制度

16.《特种设备安全监察条例》第二十一条规定：(ABD)按照安全技术规范的要求进行监督检验，未经监督检验合格的不得出厂或者交付使用。

A. 锅炉　B. 压力容器　C. 压力管道　D. 起重机械

17.《特种设备安全监察条例》第二十七条规定：特种设备使用单位应当对在用特种设备的(ABCD)进行定期校验、检修，并作出记录。

A. 安全附件　B. 安全保护装置　C. 测量调控装置　D. 附属仪器仪表

18. 按照《特种设备安全监察条例》第四十三条，特种设备的(ABCD)应当由依照本条例经核准的特种设备检验检测机构进行。

A. 监督检验　B. 定期检验　C. 型式试验　D. 无损检测

19. 按照《特种设备安全监察条例》第六十一条，有下列情形(ABCD)之一的，为特别重大事故。

A. 特种设备事故造成30人以上死亡，或者100人以上重伤(包括急性工业中毒)，或者1亿元以上直接经济损失的

B. 600MW以上锅炉爆炸的

C. 压力容器、压力管道有毒介质泄漏，造成15万人以上转移的

D. 客运索道、大型游乐设施高空滞留100人以上并且时间在48h以上的

20.《压力管道安全技术监察规程》适用范围内的管道按照(ABCD)和火灾危险性划分为GC1、GC2、GC3三个等级。

A. 设计压力　B. 设计温度　C. 介质毒性程度　D. 腐蚀性

21. 压力容器检验分为(AC)。

A. 年度检查　B. 耐压试验　C. 全面检验　D. 内外部检验

22. 依据TSG R7001—2013《压力容器定期检验规则》规定，有下列哪些情况之一的压力容器，全面检验周期应适当缩短？(ACD)

A. 改变使用介质并且可能造成腐蚀现象恶化的

B. 搪玻璃设备

C. 检验中对其他影响安全的因素有怀疑的

D. 使用单位没有按照规定进行年度检查的

23. 依据 TSG R5002—2013《压力容器使用管理规则》规定，压力容器年度检查工作完成后，检验人员根据实际检查情况出具检查报告，可做出的结论意见有以下哪些？（CD）

A. 允许运行　B. 监督运行　C. 符合要求　D. 基本符合要求

24. 压力容器的耐压试验，以下说法正确的是？（BCD）

A. 每两次全面检验期间内，原则上至少进行一次耐压试验

B. 停止使用两年后重新复用的

C. 用焊接方法更换受压元件的

D. 从外单位拆来移装或本单位移装的

25. 压力容器存在下列那些情况时，应进行强度校核？（ABCD）

A. 腐蚀深度超过腐蚀裕量

B. 设计参数与实际情况不符

C. 名义厚度不明

D. 结构不合理，且已发现严重缺陷

26. 压力容器泄漏性试验包括以下哪几种？（ABCD）

A. 气密性试验　B. 氨检漏试验

C. 卤素检漏试验　D. 氦检漏试验

27. TSG R0004—2009《固定式压力容器安全技术监察规程》规定，对于由结构原因不能进行内部检验的压力容器，需注明使用中定期检验的要求，不需注明（ACD）。

A. 设计厚度　B. 计算厚度　C. 最小厚度　D. 名义厚度

28. 下列关于需要进行气密试验容器的叙述，哪些是正确的？（ABD）

A. 储存介质毒性程度为极度、高度危害的容器

B. 设计上不允许有微量泄漏的压力容器

C. 储存介质为易燃、可燃介质的压力容器

D. 图样规定必须进行气密试验的容器

29. 下述有关压力容器角焊缝强度的叙述中，哪几项符合《压力容器安全技术监察规程》规定要求？（ABD）

A. 角焊缝的强度依靠角焊缝处的结构尺寸来保证

B. 国内还没有成熟的角焊缝强度核算公式

C. 必须通过强度核算后，才能确定角焊缝的结构尺寸

D. 设计者在对角焊缝的强度进行了核算后，应将其强度验算结果列入设计文件

30. 按照 TSG R0004—2009《固定式压力容器安全技术监察规程》规定，以下哪些情况焊接接头应当采用全焊透结构？（ABC）

A. 第Ⅲ类压力容器　B. 设计图样规定的压力容器

C. 进行疲劳分析的压力容器　D. 高温压力容器

31. 压力容器是根据（ACD）并按照压力容器类别划分图划分类别的。

A. 介质特性　B. 最高工作压力　C. 设计压力　D. 容积

32. 下列哪些容器属于反应压力容器？（ABCD）

A. 聚合釜　B. 合成塔　C. 变换炉　D. 煤气发生炉

33. 下列哪些牌号的钢材可用于在 500 ~ 550℃温度下工作的压力容器？（BD）

A. 07MnMoVR　　B. 12Cr2Mo1R

C. 13MnNiMoR　　D. 15CrMoR

34. GB 150 规定，允许通过哪些方法确定元件的金属温度？（ABC）

A. 传热计算求得

B. 在已使用的同类容器上测定

C. 根据容器内部介质温度并结合外部条件确定

D. 直接测量取得

35. 下列哪些受压元件之间的焊接接头属于 A 类焊接接头？（ABC）

A. 平封头中所有拼接焊接接头

B. 凸缘与壳体对接连接的接头

C. 球形封头与圆筒连接的环向接头

D. 椭圆形封头与圆筒连接的环向接头

36. 下列哪些元件不属于《固定式压力容器安全技术监察规程》定义的主要受压元件？（BD）

A. 膨胀节

B. 规格为 M24 的设备主螺柱

C. 公称直径等于 250mm 的接管和管法兰

D. 补强圈

37.《特种设备安全监察条例》第二十一条规定：（ABD）按照安全技术规范的要求进行监督检验，未经监督检验合格的不得出厂或者交付使用。

A. 锅炉　　B. 压力容器　　C. 压力管道　　D. 起重机械

38. 根据《压力管道安全技术监察规程》中管道改造的有关规定，对于（AC）的管道，应当实施监督检验，检验机构应提供监督检验报告。

A. GC1 级　　B. GC1 和 GC2 级　　C. 长度大于 500m　　D. 长度大于 1000m

39. 根据新版《压力容器定期检验规程》中有关规定，对于安全等级为 1、2 级的压力容器，符合下列（ABD）条件，检验周期可适当延长，且最长可延至 12 年

A. 介质腐蚀速率每年低于 0.1mm

B. 有可靠的耐腐蚀金属衬里或热喷涂金属涂层的；

C. 实施了 RBI 评估的

D. 通过 1 ~2 次定期检验，确认腐蚀轻微或衬里完好的

40. 压力容器本体中的主要受压元件，不包括（BC）。

A. 膨胀节　　B. 开孔补偿圈　　C. 地脚螺栓　　D. 人孔法兰

41. 根据《特种设备安全监察条例》，下列哪些特种设备的设计文件应当经国务院特种设备安全监督管理部门核准的检验检测机构鉴定，方可用于制造。（ACD）

A. 锅炉　　B. 压力容器

C. 压力容器中的气瓶　　D. 氧舱

42. 下列叙述哪些符合《特种设备安全监察条例》的规定（ABD）。

A. 县级以上地方人民政府应当督促、支持特种设备安全监督管理部门依法履行安全监察职责，对特种设备安全监察中存在的重大问题及时予以协调、解决

B. 国家鼓励推行科学的管理方法，采用先进技术，提高特种设备安全性能和管理水平，

增强特种设备生产、使用单位防范事故的能力

C. 只有特种设备安全监督管理部门才受理有关违反《特种设备安全监察条例》行为的举报

D. 特种设备安全监督管理部门应当建立特种设备安全监察举报制度，公布举报电话、信箱或者电子邮件地址，受理对特种设备生产、使用和检验检测违法行为的举报、并及时予以处理

43. 有关锅炉压力表的选用和校验，以下说法正确的有(ABC)。

A. 压力表装用前应作校验，并在刻度盘上划出红线，指出该测压点允许的最高工作压力

B. 压力表盘面刻度极限值应为正常指示值的1.5～2.0倍

C. 压力表刻度应考虑传压管液柱高度的修正值

D. 弹簧压力表应有存水弯管，压力表与存水弯管之间不得装阀门或旋塞

44. 解决炉管内介质偏流采取的措施有(BCD)。

A. 提高管内介质压力　　B. 提高管内介质流速

C. 采用节流孔板等结构　　D. 合理布置管路

45. 按照《压力容器使用管理规则》的规定，使用单位每年对所使用的压力容器至少进行1次年度检查，年度检查的内容至少应包括(ABCD)。

A. 压力容器安全管理情况检查　　B. 压力容器本体检查

C. 压力容器运行状况检查　　D. 压力容器安全附件检查

46.《固定式压力容器安全技术监察规程》适用于同时具备下列哪些条件的压力容器。(ABD)

A. 工作压力≥0.1MPa

B. 工作压力与容积的乘积≥2.5MPa·L

C. 内直径≥150mm，且容积≥25L

D. 盛装介质为气体、液化气体以及介质最高工作温度高于或者等于其标准沸点的液体

47. 压力容器检验时，常用的无损检测手段有(ABC)。

A. 目视检查　　B. 渗透检测和磁粉检测

C. 超声检测和射线检测　　D. 夏比试验

(六)管 理 部 分

1. 属于设备管理基本任务和内容的有(ABD)。

A. 设备的技术管理　B. 设备的经济管理　C. 设备的安全管理　D. 能源管理

2. 以下活动属于设备前期管理活动的有(ABCD)。

A. 设备的规划决策　　B. 外购设备的选型采购

C. 设备的安装调试　　D. 设备使用的初期管理

3. 高效率设备的主要特点是(ABD)。

A. 大型化　B. 高速化　C. 节能化　D. 自动化

4. 设备诊断技术能定量地检测和评价设备的以下哪些状态？(ABCD)

A. 设备所承受的应力　B. 强度和性能　C. 故障和劣化　D. 预测设备的可靠性

5. 下列指标中属于设备技术状态指标的有(AC)。

A. 设备完好率　B. 设备闲置率　C. 故障停机率　D. 设备效率

6. 下列描述中属于常用的设备剩余寿命预测理论方法的有(ABCD)。

A. 基于神经网络方法的疲劳剩余寿命预测

B. 考虑维修影响的机械设备剩余寿命模型

C. 基于状态监测的设备寿命预测

D. 从经济角度考虑设备寿命周期预测

7. 以下内容属于生产维修体制的有(ABCD)。

A. 事后维修　B. 预防维修　C. 改善维修　D. 维修预防

三、简答题

（一）金属材料部分

1. 在简化后的铁碳合金相图中标出各部位金相组织、Ac_1线、Ac_3线、Acm 线；以及工业纯铁、亚共析钢、共析钢、过共析钢、生铁或铸铁含碳量范围。

答：如图 3－1－1。

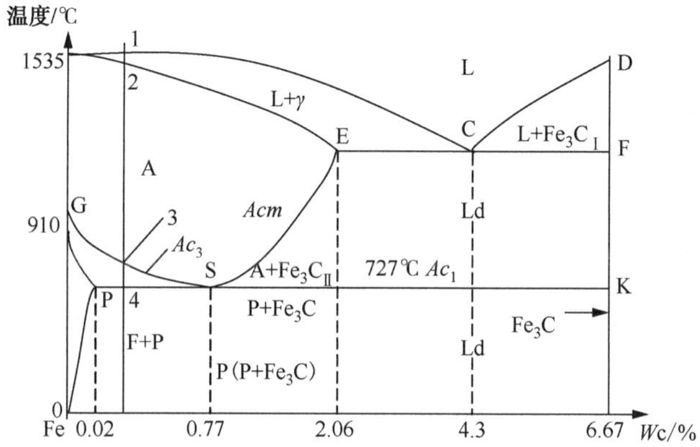

图 3－1－1　铁碳合金相图

2. 简述铁碳合金的分类。

答：(1)含碳量少于 0.02% 的铁碳合金称为工业纯铁。

(2)0.02% ~2.06% 含碳量称为钢。

(3)2.06% ~6.67% 含碳量称为生铁或铸铁。

3. 根据拉伸曲线图，在图中标出低碳钢弹性极限 σ_e、屈服极限 σ_s、强度极限(抗拉强度)σ_b。

答：如图 3－1－2。

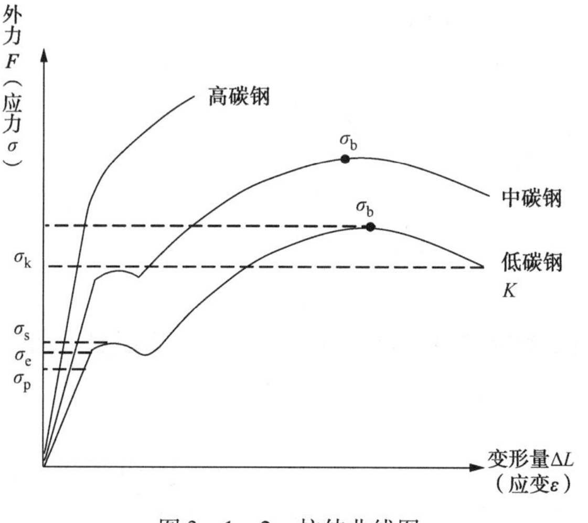

图 3－1－2　拉伸曲线图

σ_e：弹性极限，表示材料最大弹性的指标称为弹性极限。由于检测精度，国标规定以残余变形量为0.01%时的应力为弹性极限。

σ_s：屈服极限，材料承受的载荷不再增加而仍继续发生塑性变形即开始产生明显塑性变形时的最低应力值称为屈服极限，又称屈服点。实际上，刚开始屈服的应力难测准确，所以工程上规定以残余塑性变形为0.2%时的应力值作为材料的屈服极限，称为条件屈服极限，用$\sigma_{0.2}$来表示。

σ_b：强度极限，抗拉强度，材料抵抗拉力破坏作用的最大应力称为强度极限，又称抗拉强度。即产生最大的均匀塑性变形的抗力。当外力为拉力时，$\sigma_b(R_m)$称为抗拉强度极限。

σ_p：比例极限。

σ_k：断裂强度。

4. 根据共析钢的等温转变C曲线，图3-1-3（过冷奥氏体等温冷却转变图TTT图），标出$V_{淬火}$、$V_{临界}$、V_1、$V_{正火}$、$V_{退火}$组织并写出马氏体开始及终了温度。

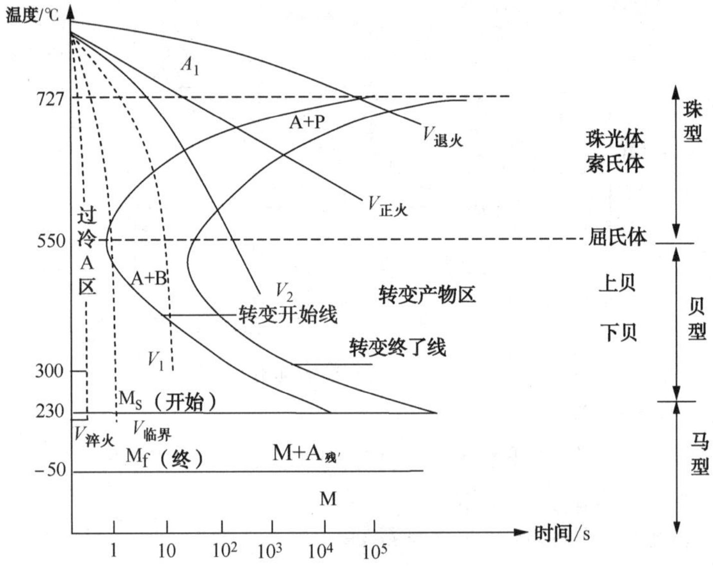

图3-1-3　共析钢的等温转变C曲线

答：$V_{淬火}$：水冷（水淬）—马氏体M。

$V_{临界}$：在鼻尖与C曲线相切叫临界冷却速度，马氏体M。

V_1：油冷（油淬火）—部分转变为极细珠光体P，部分为马氏体M。

V_2：上贝氏体或下贝氏体。

$V_{正火}$：空冷（正火）—细珠光体（或者叫索氏体S或屈氏体T）。

$V_{退火}$：随炉缓冷（退火）—珠光体P。

马氏体开始温度约230℃，终了温度约-50℃。

5. 钢中的硫、磷杂质对钢的性质带来什么危害，其原因是什么？

答：（1）硫：硫在钢中可低熔点的FeS共晶体，使钢具有红脆性（热脆性），焊接过程中容易形成热裂纹。

（2）磷：磷能使钢在室温下的脆性明显增加，塑性、韧性显著下降，强度、硬度增加。尤其是在低温时，使钢的韧性大幅度降低，即“冷脆”现象。

6. 什么是材料的硬度？硬度指标主要包括哪4种？

答：硬度：指金属材料抵抗硬物压入表面的能力。硬度指标包括：布氏硬度HB；洛氏硬度HR；维氏硬度HV；里氏硬度HL。

7. 锅炉压力容器为何广泛应用低合金结构钢制造？

答：低合金结构钢即有较高的强度，又有较好的塑性和韧性。使用低合金结构钢代替碳素结构钢，可在相同承载条件下，使得结构重量减轻20%～30%，低合金结构钢的合金含量较少，价格较低，冷、热成型及焊接工艺性能良好，因此在锅炉压力容器制造中广泛应用低合金结构钢。

8. 简述奥氏体钢表面处理方法。

答：奥氏体钢表面越光洁，耐蚀能力越好，因此要进行酸洗和抛光。小工件用浸洗法；大工件用刷洗法（盐酸50%＋水50%）。

酸洗后再放入钝化液内进行钝化处理，使表面形成均匀的氧化膜。钝化液：硝酸50%＋水50%。

9. 何为σ相脆化？

答：Cr含量17%以上，就可得铁素体单相组织，但在450～520℃间长期工作后，高铬铁素体钢在室温下要变脆。将它在700～800℃间短时间退火，又可恢复原来的性能。在650～850℃间长期工作后，铁素体钢会析出FeCr化合物（称σ相），使钢材在热态时就变脆。在850℃以上退火，也可使σ相重新溶入铁素体而消除脆性。在950℃以上长期加热后，铁素体钢的晶粒会急剧长大，使钢材在冷态下变脆，而且无法消除。

Cr含量16.5%以上（17%～30%）的铁素体不锈钢和奥氏体不锈钢、奥氏体－铁素体不锈钢在590～930℃区间长期受热时，会生成Fe－Cr化合物（称σ相），这种化合物又硬又脆，无磁性。由于σ相析出，产生σ脆性。

奥氏体不锈钢在650～850℃间析出σ相，只是原来韧性较高，这种现象引起的脆化还不很危险，通过一次淬火处理可全部消除。更高温度下，晶粒也会长大，但并不影响其韧性。

10. 什么是475℃脆化？主要预防措施是什么？

答：铁素体含量较高的不锈钢焊缝，在350～500℃温度范围长期加热后，脆性金属间化合物析出，并逐渐累积，导致材料产生脆化的过程，尤其在475℃附近时脆化最为敏感。

含铬量大于15%的铬不锈钢，长期在400～550℃范围停留，会出现475℃脆性，室温下材料变脆，韧性和塑性值接近零。

主要预防措施：

① 选用铁素体含量低的合金、无铁素体合金，或避免敏感材料在脆化温度范围内服役；

② 在593℃或更高温度下进行脱脆热处理，并快速冷却，但须充分预计到其后在相同服役条件下，脱脆后的部件脆化速率比未脱脆部件更快。

11. 什么是热裂？

答：高铬－镍奥氏体钢焊接过程中存在的问题，这种裂纹产生在晶粒之间，并且是在焊接过程中温度不低于1000℃下形成的。原因柱状晶有明显的方向性，易导致杂质偏析及晶格缺陷聚集，同时奥氏体钢的导热系数小，因而冷却时收缩应力大，故易出现热裂纹。

12. 什么是回火脆性和热脆性？

答：碳钢和合金结构钢在250～400℃范围内回火后，会产生常温冲击韧性下降的第一回火脆性（又称不可逆回火脆性）；铬钢，铬－镍钢、锰钢及碳钢等加热到600℃左右进行回火，若缓慢冷却，常温下也会变脆，出现第二回火脆性（可逆回火脆性），使韧性下降。

另外几乎所有钢材（其中以低合金铬－镍钢、锰钢较明显）在400～500℃范围内长期工作后，冷却下来时，常温冲击韧性会明显降低，产生热脆性。16MoV及螺柱用钢40MoVB等都有这种热脆现象，需较长时间才出现，属沉淀时效现象。

13. 什么是耐蚀不锈钢？

答：耐蚀不锈钢按金相组织特征，分为奥氏体型、奥氏体－铁素体型（双相型）、铁素体型、马氏体型及沉淀硬化型五类。耐蚀不锈钢主要用于抗硫化氢腐蚀、抗氢腐蚀及抗酸腐蚀场合。

常压塔顶冷凝区为低温 $H_2S-HCl-H_2O$ 环境，不宜采用0Cr13及0Cr18Ni9耐蚀不锈钢，因其不耐氯离子腐蚀，可使用00Cr18Ni5Mo3Si2奥氏体－铁素体型耐蚀不锈钢。

14. 什么是奥氏体钢？

答：奥氏体钢的加工硬化倾向较大，使厚板的冷卷很困难，要采用分阶段弯卷中间热处理。奥氏体钢是单相组织，淬火时没有相变，只是使析出的碳化物重新溶入 γ 铁内，使钢的塑性提高，这种处理称为固溶处理。冷作变硬的奥氏体钢可用这种固溶处理来恢复原有的高塑性和高韧性。

奥氏体型不锈钢：增加了铬、镍含量，加入钼、钛、铜等元素。不能淬火强化，无磁性，不含稳定化元素的钢种，经450～850℃间停留易引起晶间腐蚀，一般经固溶处理后使用。含钼、铜的钢在硫酸介质中具有优良耐蚀性。碳含量在0.03%以下，耐晶间腐蚀更好，加入N后强度提高，如1Cr18Ni9Ti、0Cr18Ni10Ti、00Cr17Ni14Mo2、00Cr17Ni13Mo2N、00Cr18Ni14Mo2Cu2.

15. 什么是马氏体型不锈钢？

答：马氏体型不锈钢中增加了铬、碳含量，含碳量高，有磁性。要求高温或低温回火，但应避免在370～560℃之间回火，用于要求较高强度和硬度而腐蚀性不太强的场合，如0Cr13、1Cr13、2Cr13、3Cr13等。

16. 什么是铁素体型不锈钢？

答：铁素体型不锈钢中增加了铬含量，降低了碳含量，加入钼、钛等元素，具有3种脆性，即475℃脆性、σ 相析出脆性和晶粒长大引起的脆性。退火温度不应低于525℃和高于900℃，保温终了应空冷或水冷，主要用于氧化型的腐蚀介质，如0Cr13Al、1Cr17等。

17. 什么是奥氏体－铁素体型（双相型）？

答：奥氏体－铁素体型（双相型）中增加了铬含量，加入Mn、Mo、Si等元素，有磁性，与奥氏体型不锈钢比在醋酸、尿素中更耐蚀，更抗点蚀、应力腐蚀开裂及晶间腐蚀。热加工性能比奥氏体型不锈钢差，如0Cr26Ni5Mo2、1Cr18Ni11Si4AlTi、00Cr18Ni5Mo3Si2。

18. 什么是沉淀硬化型不锈钢？

答：沉淀硬化型不锈钢中加入了铜、铝等元素。固溶处理后具有奥氏体或马氏体组织，强化处理后有很高的强度和硬度，耐蚀性与18－8相近。用于高强度容器、零件及结构件，如0Cr17Ni4Cu4Nb、0Cr15Ni7Mo2Al等。

19. 热轧、正火状态供货的20#钢中存在的金相组织是什么？

答：铁素体和珠光体。

20. 在碳素钢中按照钢中含硫磷杂质的多少划分为哪些？

答：普通碳素钢、优质碳素钢和高级优质碳素钢。

21. 热处理三大工艺参数包括哪些？

答：加热温度、保温时间和冷却速度。

（二）焊接部分

1. 压力容器焊接时，哪些焊缝必须进行焊接工艺评定？

答：NB/T 47015—2011《压力容器焊接规程》规定，施焊下列焊缝的焊接工艺应按 NB/T 47014 评定合格。

① 受压元件焊接；

② 与受压元件相焊的焊缝；

③ 上述焊缝的定位焊缝；

④ 受压元件母材表面堆焊、补焊。

2. 简述气孔产生的原因？

答：(1)焊材受潮，未按要求烘干(烘干温度过高、过低)，焊条药皮开裂、脱落、变质等。

(2) 焊芯或焊丝生锈，焊件坡口清理不干净。

(3) 焊接规范不当，电流过大或过小、焊接速度过快等、电弧过长、电弧偏吹。

(4) 操作技术不熟练，焊条角度不当等使熔池保护不好，引弧及收弧方法不对。

3. 壁厚为 8mm、外径为 60mm 的 20# 钢管对接焊缝水平固定试件，背面不加衬垫，用手工钨极氩弧焊打底，背面没有保护气体，填充金属为实芯焊丝，采用直流电源，正接施焊，焊缝金属厚度为 3mm，然后采用 J427 焊条手工焊填满坡口，请写出项目代号。

答：项目代号为：GTAW－FeⅠ－5G－3/60－FefS－02/11/12 和 SMAW－FeⅠ－5G(K)－5/60－Fef3J。

4. 简述焊接工艺评定的一般过程。

答：根据金属材料的焊接性能，按照设计文件规定和制造工艺，拟定预焊接工艺规程，施焊试件，制取试样，检测焊接接头性能，并形成焊接工艺评定报告对预焊接工艺规程进行评价。

5. 试述焊条电弧焊的特点。

答：优点：

① 使用的设备比较简单，价格相对便宜并且轻便；

② 不需要辅助气体防护；

③ 操作灵活，适应性强；

④ 应用范围广。

缺点：

① 对焊工操作技术要求高；

② 劳动条件差；

③ 生产效率低；

④ 不适于特殊金属以及薄板的焊接。

6. 什么是焊接性？主要焊接性试验方法有哪些？

答：金属焊接性是说明材料对焊接加工的适应性，是指材料在一定的焊接工艺条件下

(包括焊接方法、焊接材料、焊接工艺参数和结构形式等)，能否获得优质焊接接头的难易程度和该接头能否在使用条件下可靠运行。

主要焊接性试验方法：

(1) 碳当量估算法。

(2) 冷裂纹敏感性试验方法，包括：①斜Y和直Y坡口对接裂纹试验；②十字接头裂纹试验；③插销试验。

(3) 热裂纹敏感性试验方法。

(4) 焊接接头使用性能试验，包括：①焊接接头的塑性试验，其中包括纵向焊道弯曲试验和T型弯曲试验；②焊接接头的韧性试验，其中包括低温冲击试验、落锤试验和COD试验。

7. 热影响区组织如何分布？影响热影响区韧性的主要因素是什么？

答：对于低碳钢或其他不易淬火钢的HAZ，分为熔合区、过热区、正火区和不完全结晶区；对于易淬火钢的HAZ，焊前为退火(或正火状态)状态的分为淬火区、不完全淬火区；焊前为调质状态的包括淬火区、不完全淬火区和回火区。

焊接HAZ的韧性受许多因素的影响，而焊接又往往引起该区不同程度的脆化。如不均匀加热和冷却，致使HAZ的组织性能不均匀，产生残余应力和拘束应力，甚至出现焊接缺陷，焊趾、焊根处有缺口效应而引起应力集中，这些都会影响HAZ的韧性。

8. 控制焊缝金属氢含量的方法有几种？

答：(1) 限制氢的来源。选用低氢焊法(如CO_2焊)，清除工件与焊丝表面的油、锈，以及正确地烘干焊条和焊剂。

(2) 除氢的冶金措施。利用焊条药皮或焊剂的冶金作用，改变弧柱气氛中的气相成分，以抑制原子氢的形成。

(3) 控制焊接电流的种类和极性对焊缝含氢量。

(4) 焊后脱氢处理。利用氢的易扩散性，可在焊后未出现缺陷之前，尽快地对接头进行脱氢处理，以促使氢扩散逸出。

9. 低碳调质钢焊接的特点有哪些？

答：(1) 这类钢由于含碳量较低且合金成分较多，调质后的组织是低碳马氏体或低碳贝氏体，保证了钢的高强度、高韧性和较好的焊接性。焊后一般不要求热处理，必要时进行消除应力处理。

(2) 低碳调质钢由于含碳量较低，且硫、磷含量限制得较严格，Mn/S比值较低时，有液化裂纹倾向。

(3) 低碳调质钢的淬透性相当大，本应有较大的冷裂倾向，但由于马氏体“自回火”现象的发生，冷裂倾向并不大。

(4) 焊接含V、Mo、Cr(特别是Cr、Mo同时加入)低碳调质钢时，不存在再热裂纹的倾向。在接头使用性能方面存在过热区脆化和HAZ软化两个问题，因此焊接低碳调质钢时采用小线能量及热源集中的焊接方法。

(5) 低碳调质钢焊接时的基本问题有两个，一是要求马氏体转变时的冷却速度不能太快，以免产生冷裂纹；二是要求在800～500℃之间的冷却速度大于产生脆性混合组织的临界速度，以免过热区脆化。

(6) 低碳调质钢因焊后一般不再进行热处理，故按等强原则选择焊接材料，一般情况下这类刚焊后不必进行消除应力处理。

10. 埋弧焊的优点和缺点是什么?

答:埋弧焊的主要优点:

(1)焊接生产率高。埋弧焊电源由导电嘴导入焊丝,焊丝伸出长度短而稳定,不会造成焊条过热、药皮剥落与分解等问题,故可使用大的焊接电流,这样熔深和焊丝熔化速度都增大。

(2)焊缝质量高。埋弧焊时由于电弧及熔池始终处在一个稳定的渣相保护之下,其保护效果比手工电弧焊好。

(3)劳动条件好。这是由于埋弧焊无弧辐射之故。

埋弧焊的缺点:

(1)由于使用颗粒状焊剂,因此只使用平焊及倾斜度不大的焊接位置。

(2)不能直接观察电弧与坡口的相对位置,因此往往需要焊缝跟踪装置,以免焊偏。

(3)弧柱的电位梯度大,电流小于100A时电弧不稳,因此不适宜焊接1mm以下的薄板。

11. TIG焊的优点和缺点是什么?

答:TIG焊的优点:保护效果好,即使在很小电流时电弧也极为稳定,没有飞溅,因此焊缝内在质量高,成型也美观。

TIG的缺点:熔深浅,熔敷速度小(钨极承载电流能力差),因此生产率低,惰性气体贵,因此生产成本高于其他电弧焊。

12. 焊接变形的分类,产生焊接应力和变形的原因是什么?

答:焊接变形的分类:①收缩变形,分为纵向收缩和横向收缩两种;②角变形;③挠曲变形;④扭曲变形;⑤波浪变形。

产生焊接应力和变形的原因:在焊接过程中,由于焊接热源的特点(热量集中且不断运动),工件中温度的分布是不均匀的,且在焊接过程中还要发生变化。通常焊缝及其邻近区域的母材温度要比未受焊接热影响的母材高出很多。因此加热时焊缝及近缝区金属受周围"冷"金属制约而不能自由膨胀,必然会产生不可恢复的压缩塑性变形。高温时产生压缩塑性变形的焊缝及近缝区金属在冷却到常温后,它们的长度必然要缩短,这时金属已处于弹性状态,因此不仅引起金属构件的变形,且还产生了内应力。由此可知,焊接时局部不均匀的加热和冷却是焊接应力和变形产生的根本原因。

13. 影响焊接结构抗脆断性能的主要因素是什么?

答:(1)材料的选用。

(2)焊接结构的设计。焊接结构设计不合理会造成应力集中,具体来说:①焊接结构为刚性连接,比铆接结构的刚度大,对应力集中特别敏感;②焊接结构具有整体性,给裂纹的扩展创造了十分有利的条件。

(3)焊接结构制造工艺的特点:①两类应变失效引起的局部脆性(静应变失效和动应变失效);②焊接接头金相组织转变,改变了接头部位的缺口韧性。

(4)焊接缺陷的影响,这些缺陷会产生应力集中,降低有效承载面积,从而引发脆断。

(5)焊接残余应力的影响,会造成低应力破坏。

14. 简述控制焊接变形的主要措施。

答:(1)设计措施,包括:①选用合理的焊缝尺寸和形状;②尽可能减少焊缝的数量;

③合理安排焊缝位置。

（2）工艺措施，包括：①反变形法；②刚性固定法；③选择合理的装焊顺序；④选用合理的焊接方法和规范。

（3）矫正变形的方法，包括：①机械矫正法；②火焰矫正法。

15. 焊接残余应力对结构哪些使用性能有影响？

答：（1）对静载强度的影响。对于塑性材料无影响，但对于脆性材料，由于不能通过塑性变形使应力均匀化，因而使承载能力降低。

（2）对疲劳强度的影响。内应力的存在使交变载荷的应力循环发生偏移，这种偏移只改变其平均值，不改变其幅值。结构的疲劳强度与应力循环的特征有关。当应力循环的平均值增加时，其极限幅值就降低，反之则提高。因此，如应力集中处存在着拉伸内应力，疲劳强度将降低。

（3）对刚度的影响。如果构件中存在着与外力方向一致的内应力，且内应力的数值又达到 σ_s，则在外力作用下刚度将降低，同时卸载后构件也不能恢复原来的尺寸。

（4）对受压杆件稳定性影响。焊接内应力在构件中是平衡的，构件横截面上的压缩内应力将与外载所引起的压应力叠加，使压应力区到达 σ_s，该区应力不再增加，导致该区丧失进一步承受外力的能力。

（5）对机械加工精度的影响。如果工件中存在内应力，机加工会破坏工件中的应力平衡，使工件变形，影响加工精度。

（6）对应力腐蚀开裂的影响。应力腐蚀开裂所需的时间与应力大小有关。拉应力越大，应力腐蚀开裂的时间越短。

16. 什么是焊接缺陷？列出不少于 5 种焊接缺陷。

答：焊接缺陷指的是在焊接生产中经常产生的焊缝的不连续性缺陷和成型缺陷。

主要的焊接缺陷有：裂纹、夹渣、未熔合、未焊透、气孔、咬边、烧穿等。

17. 简述合金结构钢的定义和分类。

答：定义：合金结构钢是在碳素钢的基础上加入少量一种或多种合金元素，以获得一般碳素钢所没有的特殊性能，分别具有强度高、耐腐蚀、耐磨、耐高温、耐低温等特点，适于制造各种设备和工程结构。

分类：合金元素总量不超过 3% ~5% 的为低合金结构钢；合金元素总量为 5% ~10% 的是中合金结构钢。

18. 奥氏体不锈钢焊接前后的处理事项有哪些？

答：（1）钢材的贮存及运输应与一般结构钢分开，以免被铁锈等污染。

（2）避免碰撞或摩擦损伤。划线下料不要打冲眼和划针。

（3）尽可能用机械加工或等离子弧切割下料和加工坡口，避免采用碳弧切割和碳弧气刨。

（4）焊接变形的矫正不得用锤击和火焰。

（5）封头类零件最好冷压成形。

（6）焊接前后热处理时，加热前必须将钢材表面油脂洗净，以免加热时产生渗碳现象。

（7）磨平、抛光、酸洗、钝化等表面处理时严格遵守操作规程，表面呈均匀的银白色为宜。

19. 减小焊接残余应力的措施有哪些？

答：① 采用合理的焊接顺序和方向；

② 利用反变形增加焊缝的自由度；

③ 开缓和槽；

④ 采用冷焊方法；

⑤ 锤击或碾压焊缝；

⑥ 加热“减应区”；

⑦ 正确设计焊接结构，注意尽量减小焊接应力。

20. 焊接 Cr5Mo 钢管为什么仅在受高温硫腐蚀的重油部位及无热处理条件下才使用奥氏体焊条？

答：因由于在炼油化工厂的安装检修施工中，不具备热处理条件，故一般可用奥氏体焊条焊接 Cr5Mo 钢管，焊后不必进行热处理。焊缝的常温和高温强度及耐蚀能力均不低于母材，且长期在高温下工作无变脆现象。

18－8 型奥氏体焊条焊接 Cr5Mo 钢管时，根部焊缝会出现淬硬的马氏体组织，严重时引起根部裂纹，或者碳向焊缝扩散，近熔合线的管材上形成脱碳层而软化，焊缝增碳韧性下降。同时因电极电位不同，近缝区的电极电位低，易遭受电化学腐蚀。以上均为造成接头易在熔合区破坏的原因。因此选用奥氏体焊条时，管材中的含碳量应严格限制，焊接时限制线能量不能过高，所接触的介质应尽可能不含水分和盐类物质。

用奥氏体焊条焊接 Cr5Mo 钢管具有现场施工方便的特点，但焊条成本高，检验工作困难，因为异质接头不便进行超声探伤，给检验工作增加了难度。因此仅在受高温硫腐蚀的重油部位及无热处理条件下才使用奥氏体焊条。

21. 什么是焊接工艺评定？哪些情况需要重新进行焊接工艺评定？

答：焊接工艺评定是从焊接工艺角度，确保钢制压力容器焊接接头使用性能的重要措施。它是按照所拟定的焊接工艺(包括焊接前准备；焊接材料；设备；方法；顺序；操作的最佳选择；焊接后热处理)，根据标准所规定的焊接试件、检验试样测定焊接接头是否具备所要求的性能。

凡属下列情况之一者，需要重新进行焊接工艺评定：

① 改变焊接方法；

② 新材料或施工单位首次焊接的钢种；

③ 改变焊接后热处理类别；

④ 对焊接缝评定合格的焊接工艺，超出适用有效范围。

22. GTAW－FeⅢ－6G－3/60－FefS－02/11/13，此项目代号表示的意义是什么？

答：钨极氩弧焊；Cr5％钢、铁素体、马氏体钢；45°固定管对接；厚度为3mm，外径为25mm；FefS 表示焊丝；02/表示实芯；11/表示无气体保护；13 表示直流反接。

23. 某设计单位设计一台奥氏体不锈钢容器时，图纸上要求进行 650℃/h 焊后消除应力热处理。该设备 1 年后有技术人员对此提出异议，认为在此温度下进行热处理有害无益，你同意该观点吗？为什么？

答：不应在该温度下进行热处理，焊接残余应力得不到有效消除，母材会产生敏化现象，焊缝金属中的部分δ铁素体会转变为σ相，导致焊缝发生脆化，耐蚀性能降低。

24. 哪些压力容器的接管与壳体之间的接头应当采用全焊透结构?

答：钢制压力容器的接管(凸缘)与壳体之间的接头设计以及夹套压力容器的接头设计，可参照相关规程引用标准进行。有下列情况之一的，应当采用全焊透结构：

① 介质为易爆或者介质毒性为极度危害和高度危害的压力容器；

② 要求气压试验或者气液组合压力试验的压力容器；

③ 第Ⅲ类压力容器；

④ 低温压力容器；

⑤ 进行疲劳分析的压力容器；

⑥ 直接受火焰加热的压力容器；

⑦ 设计图样规定的压力容器。

25. 简述焊接气孔产生的原因。

答：(1) 焊材受潮，未按要求烘干(烘干温度过高、过低)，焊条药皮开裂、脱落、变质等。

(2) 焊芯或焊丝生锈，焊件坡口清理不干净。

(3) 焊接规范不当，电流过大或过小、焊接速度过快等、电弧过长、电弧偏吹。

(4) 操作技术不熟练，焊条角度不当等使熔池保护不好，引弧及收弧方法不对。

26. 焊条的选用原则是什么?

答：(1)保证焊缝金属的使用性能；(2)有良好的焊接工艺性能；(3)在保证使用和工艺性能前提下，应选择成本低、效率高的焊条。

27. 焊前准备主要包括什么?

答：焊前准备主要包括焊条烘干、工件清理、组对和预热等环节。

28. 焊接操作要点有什么?

答：定位焊时，要用合格的正式焊条焊接；引弧应在焊接部位上进行；运条的目的是为了稳定弧长，保持熔池形状，获得均匀一致的焊缝；收弧时不应造成凹陷的弧坑，以免减弱焊缝强度和产生应力集中，从而导致弧坑裂纹；单面焊双面成型技术的关键是第一层焊道的熔孔成形操作，它有连弧法和断弧法两种操作方法。

29. 钨极氩弧焊的主要优点有哪些?

答：保护效果好，即使在很小电流时电弧也极为稳定，没有飞溅，因此焊缝内在质量高，成形也美观。

30. 钎焊的优点有哪些?

答：(1)钎焊加热温度较低，因此对母材组织和性能的影响较小；(2)某些钎焊方法一次可焊成几十条或成百条钎缝，生产率高；(3)可以钎焊任意组合的金属材料或钎焊金属与非金属，可以钎焊极细、极薄的零件以及厚度和粗细差别极大的零件；(4)钎焊接头平整、光滑、外形美观。

31. 冷裂纹的预防措施有哪些?

答：(1) 选用碱性焊条，减少焊缝金属中氢含量、提高焊缝金属塑性。

(2) 减少氢来源，焊材要烘干，接头要清洁(无油、无锈、无水)。

(3) 避免产生淬硬组织，焊前预热、焊后缓冷(可以降低焊后冷却速度)。

(4) 降低焊接应力，采用合理的工艺规范，焊后热处理等。

（5）焊后立即进行消氢处理（即加热到250℃，保温2～6h左右，使焊缝金属中的扩散氢逸出金属表面）。

32. 焊件夹渣产生的原因有哪些？

答：焊接过程中的层间清渣不干净；焊接电流太小；焊接速度太快；焊接过程中操作不当；焊接材料与母材化学成分匹配不当；坡口设计加工不合适等。

33. 什么是使用焊接性？

答：是指焊接接头或整体结构满足技术条件要求所规定的各种使用性能的程度。

34. 减小焊接残余应力的措施有哪些？

答：采用合理的焊接顺序和方向；利用反变形增加焊缝的自由度；开缓和槽；利用“冷焊”方法；锤击或辗压焊缝；加热“减应区”法；正确设计焊接结构，注意尽量减小焊接应力，防止脆断倾向。

35. 消除焊接残余应力的方法有哪些？

答：整体高温回火；局部高温回火；机械拉伸法；温差拉伸法。

36. 影响混合气体保护焊接薄板的质量因素有哪些？

答：混合气体的比例；气体流量；焊接电流和电弧电压；焊接速度；焊丝直径；焊丝干伸长；电源极性；工件准备。

37. 奥氏体不锈钢有耐蚀性要求时，焊接时应严格控制哪些内容？

答：（1）避免飞溅，在坡口两侧100mm范围涂上白垩粉。

（2）禁止随处任意打弧。

（3）焊接薄板时必须用卡具，以防变形。

（4）焊缝表面成形光整，无凹凸不平，彻底除净残渣。

（5）面向腐蚀介质的焊缝尽可能最后施焊。

（7）焊接电缆卡头在工件上应卡紧，以免发生打弧或过烧现象。

（7）必要时采取水冷（焊后马上喷水）方式降低层间温度。

（三）腐蚀与防护部分

1. 单独的普通钢材质构件为什么会发生腐蚀？

答：普通钢是铁碳合金，钢中含有Fe_3C和其他杂质，这样就形成了无数个微电池，其中铁为阳极，Fe_3C为阴极，当与潮湿的空气相接触时，就产生了引起钢铁腐蚀的电流。当这些微电池中有盐类和氧存在时，增加了溶液的导电性和去极化作用，加速了金属的腐蚀。

2. 喷砂除锈的原理是什么？

答：喷砂除锈是防腐工程中最常用的方法，除锈效率高、速度快、质量好。喷砂除锈主要是利用0.4～0.6MPa的压缩空气为动力，砂子或钢丸通过喷砂嘴高速喷射到金属表面，依靠砂子颗粒棱角冲击和摩擦，将金属表面的铁锈和其他的油污、杂物彻底清除，以得到一个粗糙的显露出金属本色的表面。

3. 酸洗后不能用碱液中和的理由及处理方法是什么？

答：酸洗后最好不用碱中和，因为金属表面的碱比酸更难除净，而残存在金属表面上的碱比酸危害更大，它不但降低防腐层与金属的结合力，而且能与许多涂料和黏结剂发生化学反应（如皂化反应），从而使防腐层遭到破坏。

酸洗后应立即用水将工件冲洗至 pH 为中性为止，迅速烘干或吹干。为了防止酸洗后的钢铁表面重新生锈，最好在冲洗后进行钝化和磷化处理。

4. 简述水玻璃模数调整方法。

答：水玻璃模数如果低于或高于衬里使用胶泥要求的模数，均应调整。调整的原则如下：

（1）模数低于要求的水玻璃，可加入硅胶熬煮，以提高水玻璃中二氧化硅含量，增加模数。

（2）模数高于要求的水玻璃，可加入氢氧化钠，提高水玻璃中氧化钠含量，降低模数。

（3）可用两种不同模数的水玻璃混合配制，但此法在实际中很少使用。

5. 耐酸砖板检查的技术指标是什么?

答：（1）形状：正确，无弯曲和凹凸状，应烧到碎片烧结。

（2）声音：用小锤轻敲时声音清脆，无哗啦声。

（3）表面：应有沟纹。

（4）其他：耐酸度大于98%；吸水率小于0.5%；耐热性20～250℃，二次不裂。

6. 如何对涂层的耐腐蚀性能进行测定?

用 ϕ10mm×120mm 钢棒，一端磨成圆弧状，除去锈涂上涂料，实干后在腐蚀介质中进行实验。长期观察漆膜外观、硬度、溶解、起泡、脱落或返锈等现象，以此来评定抗蚀性能。

7. 如何根据漆用溶剂的闪点来划分涂料产品的危险等级?

答：（1）闪点在28℃以下为一级易燃品。

（2）闪点在28～45℃（或65℃）为二级易燃品。

（3）闪点在45℃（或65℃）以上为三级易燃品。

8. 爆炸性混合气体的场所，按其危险程度的大小分为哪三级?

答：（1）1－0级爆炸危险场所：在正常情况下，爆炸性混合气体连续地或经常地长时间存在的场所。

（2）1－1级爆炸性危险场所：在正常情况下，有可能积聚形成爆炸性混合气体的场所。

（3）1－2级爆炸危险场所：在不正常情况下，有可能短时间形成爆炸性混合气体的场所。

9. 涂装现场的火种来源是什么?

答：涂装现场的火种来源是自燃、明火、撞击火花、电气火花、静电等。

10. 涂装防火防爆注意事项是什么?

答：当燃烧物质与明火接触开始燃烧时，可用扑盖物罩上以隔绝空气，亦能消除灾患。在涂料或有机溶剂着火时，千万不能用水扑灭，只能用砂子或泡沫灭火器扑灭。在施工中洒在地板上或工作台上的汽油，严禁用拖布或棉纱擦洗。

11. 涂料的特点是什么?

答：（1）施工和维修方便，适应性强，可现场施工，一般不受设备的形状和大小的限制。

（2）涂料品种多，选择的范围广。

（3）可与其他防腐蚀措施配合使用，取长补短。如果与玻璃钢、砖板衬里、阴极保护联合使用，其防腐蚀效果更好。

（4）与其他防腐措施比，施工费用和成本较低。

12. 金属颜料银粉的特点及用途是什么？

答：银粉又称为铝粉，具有独特的银色光泽，是应用最广的金属光泽颜料。它具有非常高的遮盖力，反光率达75%～80%。可增强漆膜的抗水性能，阻热性能。用于化工设备外面涂漆，如减少汽油槽外表吸热，减少汽油的挥发损失。用于水箱内部船底外部阻止水分的腐蚀。耐候性强，耐含硫气体，但易受空气氧化而失光。

13. 根据涂料的配套性能选择配套涂料时，应满足哪些要求？

答：（1）底漆对基层表面无腐蚀作用，并有良好的附着力。

（2）底漆与面漆有良好的黏合力，互相不发生不良作用，不咬底漆。

14. 长输管道防腐蚀涂装的检查包括哪些内容？

答：（1）外观检查，玻璃布拉紧，无皱折。涂衬层均匀，漆量饱满，表面呈光亮漆膜。补口防腐应搭接10cm以上。

（2）粘接力检查。在涂衬层实干之后，对焊缝部位用小刀割开，拉开舌形切口，用力撕开，观察涂料对钢管粘接情况，一般很难撕开，撕开后表面上仍盖有漆涂层者为合格。

（3）厚度检查。管道的防腐蚀寿命，除了涂膜的致密完整程度以外，厚度是重要因素之一，在涂装时必须达到根据管道铺设线路设计要求的厚度，以保证防腐蚀质量。

（4）绝缘检查。涂衬层完全固化以后，用电火花检漏仪检查，发现有漏涂处立即涂漆补上。

（5）按环氧沥青涂衬层设计要求，一般涂衬层要求耐压不低于2500V。

15. 涂层破坏的形式及其原因是什么？

涂层的破坏大致可分为两类，一类是涂层本身的破坏，另一类是溶层与金属界面的附着破坏。常见涂层破坏形式及其原因有以下几种：

（1）涂层软化或液化：涂层在有机溶剂或碱性介质作用下，涂层发生溶胀、溶解或分解引起的破坏。

（2）涂层变色：涂层在氧化性介质或长期受光照的环境中，容易发生涂层表面分解变色。

（3）涂层表面粉化：钢铁表面的涂层存在于温度变化、大气腐蚀和阳光照射的环境中，漆膜老化分解变脆，出现粉化现象。

（4）溶层开裂和脱落：涂层存在内应力，在长期使用中由于老化及物理膨胀因素引起涂层开裂和脱落，一般是韧性涂层裂纹粗大，脆性涂层裂纹细小。韧性涂层将大片脱落，而脆性涂层为小块碎落。

（5）涂层起泡：这是最常见的涂层破坏形式。起泡的原因很多，例如，由于涂层吸收介质而膨胀起泡；由于基体表面存在水溶性污染物和水膜，或由于涂层的抗渗性不好，介质渗入涂层，腐蚀基体使涂层起泡破坏；并可能不断向周围扩散，最后使涂层大面积破坏；涂层的抗渗性能好，对基体附着力强，则泡的形成就困难，扩大也慢。如果涂层的韧性好，则能形成大泡，相反，如果涂层脆性大，则泡在未长大之前就破裂了。

（6）外力作用下的破坏：由于涂层的机械强度较低，漆膜性脆，当受外力冲击、弯曲或摩擦时，容易产生开裂、脱落或磨损等破坏现象。

（7）涂层施工的质量不好，引起涂层的破坏：如表面处理不好，表面残存酸、碱、盐及氧化皮则易引起漆膜的破坏。有碱的存在使涂层的附着力差，还会使耐碱的红丹皂化，受到破坏。有氧化皮存在时介质渗透到基层表面，氧化皮与基体金属形成电池腐蚀，金属腐蚀使漆膜脱落。

16. 物理防锈涂料的种类和特点是什么？

答：（1）铁红防锈漆：铁红防锈底漆是由铁红及少量锌黄、磷酸锌、氧化锌等化学防锈颜料和油基、醇酸树脂、环氧酯、乙烯树脂等漆基组成的。铁红的性质稳定、遮盖力强，颗粒细，在涂层中能起到很好的封闭作用，但其本身不能起到化学防锈的作用。锌黄等少量化学防锈颜料的加入，可提高其防锈能力。

（2）云母氧化铁防锈底漆：云母氧化铁是稳定的 $\alpha-Fe_2O_3$，在矿物学上叫做云母状赤铁矿。是由左右相反、正负对称的两个晶体构成的类似六角形的片状双晶。磷片状云母氧化铁颜料在涂膜中采取与底材平行的方向重叠排列，可有效地防止水、汽的渗透，同时云母氧化铁本身的化学稳定性好，对阳光的反射力很强，还能吸收紫外光，减缓涂膜的老化。因此，由云母氧化铁和油基性酚醛树脂配制的防锈底漆，不仅具有很好的防锈性，而且具有很好的耐候性。

（3）铝粉防锈底漆：铝粉俗称银粉，是具有银色金属光泽的片状颜料。它的遮盖力强，稳定性好，又能反射光和热。但铝粉质轻，易在空气中飞扬，遇火发生爆炸，为安全计常在铝粉中加3%以上200#溶剂汽油调成浆状，然后再与氧茚树脂和沥青漆料等配成漆。涂膜耐水、耐化学腐蚀，但不能与酸性介质接触，常用于水下防锈底漆。

（4）氧化锌防锈底漆：氧化锌又名锌白，是一种白色粉末，由不定形或针状的小颗粒组成、具有耐热、耐光、耐侯、抗粉化的特点。漆用锌白中还含有35%～50%的碱式硫酸铅，其防锈力较纯氧化锌好，且不易变稠。氧化锌防锈底漆是由锌白、铅白和油基性漆料等制成的。

（5）石墨防锈底漆：石墨是六方晶系的结晶形碳，成叶片状、鳞片状和致密块状，具有金属光泽。化学性质不活泼，与酸、碱等药品不易起作用，耐化学腐蚀。由它和炭黑、滑石粉、油料（生亚麻油或厚亚麻油）等调制成的石墨防锈底漆，具有良好的耐酸、碱、化学药品、溶剂腐蚀的性能，同时耐高温和耐光。若在其组成中加入锌黄等化学防锈颜料，其防锈效果更好。

17. 底漆的选择一般有哪些要求？

答：（1）具有优良的粘附性能；

（2）漆膜有较好的不透水性；

（3）有较好的耐老化性和防锈性；

（4）不含有引起锈蚀的物质；

（5）有电化学保护作用。

18. 物理防锈涂料有哪几种类型？

答：（1）铁红防锈漆；

（2）云母氧化铁防锈底漆；

（3）铝粉防锈底漆；

（4）氧化锌防锈底漆；

（5）石墨防锈底漆。

19. 过氯乙烯与聚氯乙烯性能的区别是什么?

答：过氯乙烯是由聚氯乙烯经氯化处理而得的产物，大约每3个聚氯乙烯链的结构上引入了一个氯原子，过氯乙烯树脂中的氯含量以64% ~65%为宜，这时的溶解性、热塑性、附着力、耐化学药品性等都比聚氯乙烯要好得多。

涂料用过氯乙烯树脂都是低黏度的产品。随着黏度的减小，溶解性增大。黏度增加、深层的耐久性增加，硬度和柔韧性也增大，但附着力下降。

过氯乙烯涂料是以过氯乙烯树脂为主，加有颜料、填料、增塑剂和光热稳定剂而制得的单组分热塑性涂料。常用的增塑剂有邻苯二甲酸二甲酸二丁酯、磷酸三甲苯酯、氯化石蜡、五氯联苯。氯化松节油、氯化橡胶、不干性油醇酸树脂等。其用量常在树脂量的20% ~30%，可使涂膜的拉伸强度提高到23.3 ~44.1MN/m^2(238 ~450kgf/cm^2)，但降低了涂层的附着力和耐腐蚀性能。

20. 过氯乙烯涂料的组成成分和特点是什么?

答：过氯乙烯涂料是以过氯乙烯树脂为主要成膜物质，溶于有机溶剂中形成过氯乙烯清漆。其他过氯乙烯涂料是由过氯乙烯树脂、增塑剂、合成树脂、助剂、颜料所组成。它具有良好的耐工业大气、耐酸、耐碱、耐盐雾、耐海水、耐油、耐醇、防霉等性能，但不耐酚类、酮类、酯类、苯类等有机溶剂的腐蚀。这种涂料中过氯乙烯树脂含量越高，耐腐蚀性能越好，过氯乙烯涂料一般用于防化工大气腐蚀方面。

21. 简述聚氨酯防腐蚀涂料的性能。

答：聚氨酯涂料是聚氨基甲酸酯涂料的简称，它是以聚氨基甲酸酯树脂为主要成膜物的涂料。它具有良好的耐腐蚀性、耐油性、耐磨性和漆膜韧性，附着力强，最高耐热度可达155℃。聚氨酯涂料分单缸和双缸两种包装。一般单缸装涂料启盖即可使用；双缸装涂料中，一缸为有颜料的聚酯漆浆，另一缸为甲苯二异氰酸酯预聚液，使用时应将两种组分按产品说明规定的比例混合均匀。混合后，如有气泡，可静置片刻，待气泡逸出后，即可施工。

22. 聚氨酯涂料的使用的要求有哪些?

答：使用聚氯酯涂料时，水泥砂浆、混凝土基层施工完后，一般需放置3个月左右，经充分干燥后，才能进行涂料施工。如急需涂料时，可用0.3%的盐酸将基层中和一次，再用清水洗净，干燥后再涂漆。在水泥砂浆、混凝土及木质基层上，应先用聚氯酯稀清漆打底，然后涂铁红聚氯酯底漆，再涂过渡漆和清漆；在钢铁基层上，可直接用棕黄聚氨酯底漆打底，再涂过渡漆和清漆。

23. 聚氨酯涂料的涂层有哪些要求?

答：聚氨酯涂料的溶层数一般不少于4层。在水泥砂浆和平整的混凝土表面一般涂4层：1道铁红底漆，2道渡漆，1道清漆；在不平整的混凝土表面一般涂5层：1道清漆，1道腻子，1道底漆，1道过渡漆，1道清漆；在钢铁表面一般涂4层：1道棕黄底漆，1道过渡漆，2道清漆。

24. 聚氨酯涂料的涂刷方法及要求是什么?

答：聚氨酯涂料施工以刷涂法为宜，也可采用喷涂法。这类涂料一般能常温自然干燥，在25℃左右强度下，1 ~2h表干，10 ~20h实干，5 ~7天充分固化。不论底漆、磁漆和清漆，一般每天涂一层，全部涂完后，再养护一周使用。涂层若加热固化，性能更好，加热应在涂后0.5 ~1h进行，加热温度一般为80℃，持续2h。

聚氨酯涂料有毒性，施工时应有防止中毒的安全措施，施工人员必须戴好口罩及乳胶手套，面部和手部涂上防护油膏。

25. 环氧树脂防腐蚀涂料特性是什么？

答：环氧树脂防腐蚀涂料是以各种环氧树脂为成膜物质，加入适当的辅助材料（如颜料、填料、固化剂、溶剂等）而配成的一类防腐蚀涂料。常用的环氧树脂是由环氧氯化烷和双酚A在碱催化下缩合而成的产物。

具有：①极好的附着力；②优异的耐腐蚀性能；③良好的机械性能；④高度的稳定性。此外，环氧树脂固化涂层还具有极好的电绝缘性。

26. 环氧树脂涂料有哪些主要类型？

答：（1）环氧酯防腐浊涂料。

（2）胺固化环氧防腐蚀涂料，常用品种有多元胺固化、聚酰胺固化和胺加成物固化环氧防腐蚀涂料。

（3）树脂改性环氧防腐蚀涂料。其中以环氧—酚醛防腐蚀涂料，环氧—沥青防腐蚀涂料，环氧—聚氨酯防腐蚀涂料和环氧一氨基防腐蚀涂料最为常见。

（4）新型环氧树脂防腐蚀涂料，包括无溶剂环氧树脂防腐蚀涂料、线性环氧树脂防腐蚀涂料和环氧粉末防腐蚀涂料。

（5）呋喃改性环氧防腐蚀涂料。

27. 环氧树脂涂料有哪些用途？

答：（1）环氧酯防腐浊涂料用途：化工大气防腐蚀及海洋防腐蚀底漆，用在铝及铝镁合金表面，作飞机底漆等。

（2）胺固化环氧防腐蚀涂料用途：化工设备、贮罐、槽车。硫酸厂的混凝土水槽、铁路运输的油槽或加油车、贮油罐等防腐蚀涂装。

（3）树脂改性环氧防腐蚀涂料用途：环氧酚醛，石油化工管道及机电贮槽打底。化工仪器仪表，食品工业，罐头，酸碱贮槽、低温反应器等的内壁涂层。

（4）环氧沥青用途：石油化工设备、管道、海上装置和设备、构筑物、钢铁表面、混凝土表面的防腐蚀涂装。

（5）环氧煤沥青防腐蚀涂料的特性与用途：主要应用于石油管道、水管道、气体管道、淡水、海水港口及港岸设备、化工贮池、废水池、凉水塔、地坪防腐隔离层、曝光池等。

（6）环氧一氨基涂料用途：石油化工水冷器。

（7）新型环氧树脂防腐蚀涂料用途：无溶剂环氧防腐蚀涂料：槽车管道、海上采油设备、装载石油的船舱、地下贮油罐、地下混凝土贮罐、啤酒或果汁池、饮水仓内壁。

（8）环氧粉末涂料：石油化工管道、汽车的防腐蚀涂装。

（9）呋喃改性环氧防腐蚀涂料用途：石油化工防腐蚀涂装。

28. 环氧粉末涂料有哪些特点？

答：（1）一次喷涂可得很厚漆膜，缩短生产周期；

（2）不用溶剂漆，减少了着火危险，避免了操作者的溶剂中毒，减少污染；

（3）漆膜致密性好，耐腐蚀性高；

（4）施工工艺复杂，要在高温140～150℃下固化。

29. 酚醛树脂防腐涂料的类型和性能是什么？

答：酚醛树脂是用酚和醛按不同摩尔比在酸或碱催化下缩合而得的产物。酚醛树脂涂料包括醇溶性酚醛树脂、油溶性酚醛树脂和改性酚醛树脂三类。

（1）醇溶性酚醛树脂分为热塑性和热固性两种，热塑性不存在活性羟甲基，呈线性结构，即使加热250℃时仍然呈热塑性，涂层耐水。附着力差，性脆和使用温度低，防腐涂料中少用。热固性结构复杂，分子量分布广，常为含活性羟甲基的分支链，线性结构，受热后交联成体型结构，防腐蚀涂料中广泛应用。

（2）油溶性酚醛树脂分为反应型和非反应型两种，反应型含有活性羟甲基，能热溶于油中，与油反应剧烈，难以控制。非反应型不含有活性羟甲基，和油反应平稳而易于控制，涂料中多应用此种。涂料坚硬而柔韧，干燥快，耐水性好。

（3）改性酚醛树脂分为松香改性和丁醇改性两种，松香改性涂层干燥快，耐酸、除广泛用于作木器家具、建筑机械等涂装之外，也用于配制耐酸涂料。丁醇改性涂层耐水、耐酸、但性脆，需高温烘烤，常和油或其他树脂并用，以制备热固性防腐蚀涂料。

30. 酚醛涂料有哪些特点及应用？

答：酚醛树脂具有突出的耐酸性，容易和碱反应生成酚钠，使涂层遭到破坏。因弹性差，附着力不理想。在工作条件下受应力作用大时，不宜单独使用，常与其他树脂底漆配套使用。

因酚醛涂料附着力差，一般多采用复合涂层。底漆选用环氧涂料，面漆用酚醛涂料，允许使用温度100～120℃。酚醛涂料也可作玻璃钢衬里用。

酚醛涂料具有绝缘、耐酸、耐水、耐烃类溶剂的性能，但比较脆硬。一般用于接触硫化氢、二氧化硫的金属设备，以及人造丝工业等接触酸气的设备中钢铁、铝、木质部分，电器线圈及电转子等，又可耐变压器油、汽油及水的作用，可涂于容器内部，以防止腐蚀。

31. 耐油、耐水酚醛树脂防腐蚀涂料的特性是什么？

答：因漆基中含有较多的铝粉和锌粉，鳞片状的铝粉可能采取与底材平行的方向重叠排列，水汽和氧难于透过，水也不易渗过。正是由于铝粉的屏蔽作用和锌粉的阴极保护作用，使固化涂层获得了良好的耐水性、耐水蒸气性和耐油性、耐腐蚀性等。铝和锌的加入使涂层的热传导系数发生变化，而和金属底材趋于一致，所以使涂层具有良好的耐热性。试验表明可在130℃长期使用，宜作换热器的防护涂层。

32. 耐温、耐强酸的酚醛树脂防腐蚀涂料有哪些特性？

答：瓷粉、石墨粉等惰性填料的加入，不仅提高了涂层的抗腐蚀性能，而且提高了涂层的耐热性和机械性能。试验表明：该涂层可耐100℃的60%硫酸、32%盐酸、处于沸点的苯和乙醇等。然而，涂层的耐碱性不佳。值得注意的是，使用热固性醇榕性酚醛树脂防腐蚀涂料时常需喷涂4～5道。为了保证每道涂层之间具有良好的层间附着力，每喷涂一道漆需要在室温下放置一定时间，待其大部分溶剂挥发后，再在较低温度下加热，使涂层部分交联，每喷完一道漆，逐步提高其加热温度，直到最后一道漆的加热温度为130～150℃。

33. 什么是中国大漆？

答：中国大漆又名生漆，是从漆树上采割下的汁液，呈灰褐色的黏稠液体，为我国特产，特称中国大漆。漆酚是大漆的主要成分(即是主要成膜物质)，漆酚含量越高，耐腐蚀性能越好。

34. 中国大漆有哪些特性？

答：生漆能耐一切浓度的盐酸，稀硫酸、稀硝酸、磷酸、醋酸等非氧化性酸和各种盐类溶液、海水和常温下的溶剂等，不耐强氧化剂和强碱。生漆在我国防腐蚀工程上的应用已有30年左右历史，如水煤气塔、水槽、原油储罐、海水冷却器、工业大气、防酸设备等。

35. 漆酚清漆的性能及用途是什么?

答：漆酚清漆是将生漆经常温脱水、活化、缩聚后用有机溶剂稀释而成。减少了生漆的毒性，改变了生漆的干燥慢、施工不便、含水过多等缺点。漆酚清漆和一般油漆一样，易于施工、可浸涂，可喷可刷，还具有良好的物理机械性能，适用于大型快速施工需要。

可以广泛应用于化工设备、矿井内用机械设备、农业机械、石油贮罐和运输管道、水槽、防化工大气腐蚀、地下管道以及其他耐酸、抗水、防潮、耐土壤腐蚀等一切金属、木材的表面涂装，但它不耐阳光紫外线照射。

36. 利用合成橡胶制造的防腐材料主要包括哪几类?

答：常用的有丁苯橡胶、聚硫橡胶、丁腈橡胶、氯磺化聚乙烯橡胶和氯丁橡胶等。

37. 氯磺化聚乙烯涂料的特点是什么?

答：(1) 对金属非金属附着力强，干燥快，施工方便；

(2) 具有高度饱和结构，因此耐候性好，防紫外线照射；

(3) 耐酸碱、耐溶剂、耐油、耐水性好；

(4) 耐寒性、耐温性好，使用温度 -50 ~ +120℃；

(5) 抗臭氧、耐老化；

(6) 保持色泽好、耐污染；

(7) 具有弹性，抗冲抗磨；

(8) 防潮防盐雾防霉菌。

氯磺化聚乙烯涂料是一种新型长寿涂料，在化工酸碱设备、反应塔、容器等中应用极为广泛，使用寿命长达10年之久。

38. 聚硫橡胶涂料的特点是什么?

答：聚硫橡胶涂料的特点是：高度抗水、抗溶剂、耐候，具有弹性、抗摩擦、抗腐蚀，可制成50%不挥发的涂料，可涂刷厚层漆层，垂直不流挂，由空气氧化聚合干燥。

39. 什么是重防腐蚀涂料?

答：一般涂料只能使用2~3年，而重防腐蚀涂料可使用7~15年以上。石油化工设备在严酷腐蚀环境下，若7~15年涂层不准备大面积维修，便要求采用重防腐蚀涂料，重防腐蚀涂料由含锌底漆和重防腐蚀涂料面漆结合起来应用。重防腐涂层一般由底漆、中间漆及面漆组成。

底漆常选用富锌底漆、环氧富锌底漆、无机富锌底漆或环氧云铁底漆。

中间漆及面漆有：氯化橡胶漆、氯磺化聚乙烯漆、环氧沥青漆、聚氨酯漆、环氧聚氨酯漆、乙烯系树脂漆等。

40. 玻璃鳞片树脂胶泥、涂料的特点是什么?

答：玻璃鳞片树脂胶泥、涂料，是以一定片径、厚度的鳞片与树脂、固化剂组成胶泥、涂料，施工后形成保护层。

(1) 抗渗性能优于玻璃钢，不易产生介质扩散作用，可有效避免底层腐蚀、鼓包及剥离等破坏作用。

(2) 固化后收缩率小，由于玻璃鳞片分散应力，各接触面的残余应力小，热膨胀系数小。

(3) 耐磨性能好，抗物料磨蚀。

(4) 修复性好，坏了可随时修补。

（5）施工方便，可常温固化。

41. 橡胶防腐衬里特性是什么？

答：橡胶具有较好的耐酸、耐碱和防渗性能，所以被广泛地应用于金属设备衬里和其他衬里层的防渗层。

用于衬里施工的胶板，大部分是未经硫化处理的生胶板，必须按施工工艺要求，在一定温度下进行硫化处理，使橡胶发生化学变化，形成交联的网状结构。这样硫化的橡胶性能稳定，具有良好的防腐性能和机械性能。

要使生胶硫化成熟胶，必须在胶料中加入适量的硫化剂、硫化促进剂、硫化促助剂、增强剂、软化剂、填充剂、防老剂和增塑剂等，才能制得各方面性能较好的熟胶，天然橡胶通常用的硫化剂是硫黄。

橡胶衬里的硫化技术，常用方法是蒸汽加热直接硫化法。近几年又出现溢水低温硫化和室温硫化技术在生产中得到应用。

42. 贴衬胶板的方法有哪些？

答：贴衬胶板的方法分为冷贴热烙法、热贴法、压轮滚压法。

43. 胶板硫化方法如何分类？

答：胶板硫化是橡胶衬里最后一道关键工序，硫化后的橡胶板呈不可塑状态，硬度、强度最高。胶板硫化的方法分为直接硫化、间接硫化和敞口硫化。

44. 目前在防腐工程上用得较多的合成橡胶有哪些？

答：目前在防腐工程上用得较多的合成橡胶是氯丁橡胶、聚异丁烯胶和丁腈橡胶。

45. 氯丁橡胶应用范围是什么？

答：氯丁橡胶的耐热性、耐氧和臭氧性、耐光热性、耐磨性和耐油性都比天然橡胶好，但耐油性不及丁腈橡胶。氯丁橡胶不耐氧化性酸、酮类、醚、酯类、卤代烃和芳烃等介质的腐蚀。氯丁橡胶有优良的耐老化性，适用于做室外设备衬里和涂料。

46. 丁腈－聚氯乙烯胶板用途有哪些？

答：丁腈－聚氯乙烯胶板可做油罐的防腐防渗层，可做混凝土油罐的防渗层、防水层。

47. 硬聚氯乙烯塑料的性能有哪些？

答：硬聚氯乙烯塑料具有较高的机械强度，焊接和成形性能好，易于加工和修补，特别是由于它具有优异的耐腐蚀性能，在50℃以下广泛地用于石油、化工防腐蚀工程。硬聚氯乙烯的最大缺点是耐热性能比较差，因而限制了它的广泛应用。

48. 硬聚氯乙烯衬里的方法分为哪3种？

答：（1）松套衬里；（2）螺栓固定衬里；（3）粘贴衬里。

49. 软聚氯乙烯与硬聚氯乙烯相比的性能差异有哪些？

答：（1）耐热性能低；（2）抗拉强度低；（3）柔韧性增大；（4）抗老化性变坏。

软聚氯乙烯衬里设备在湿法冶金系统防腐蚀中用得比较多，时间也比较久，而在石油化工系统用得比较少。

50. 简述聚乙烯塑料的性能。

答：聚乙烯具有优良的耐腐蚀性能，在室温下计划任何有机溶剂都不能使它溶解；但在70～80℃时，脂肪烃、芳香烃、卤代烃等能使它溶胀，当除去溶剂后又恢复原来状态。当温度超过70℃时，聚氯乙烯能少量的溶解在甲苯、醋酸戊酯、二氯乙烯、松节油、氯化烃、石油醚、矿物油及石蜡中，在60℃以下耐50%的硫酸、40%的硝酸、浓盐酸、各种浓度的盐酸和碱类溶液的腐蚀。

聚乙烯最主要的缺点是较易氧化，在室温下可被氯磺酸破坏，超过60℃被硝酸氧化。聚乙烯塑料由于刚性小，因而不适宜制造大型整体设备，只宜模制零件及小型化工容器。大部分用于设备衬里以及粉末喷涂。聚乙烯的绝缘性能好，作为水底高频电缆或一般电缆的包皮，已得到广泛应用。

51. 聚丙烯衬里的性能及适用范围？

答：聚丙烯在物理机械性能、加工性能、耐腐蚀性能等方面具有优良的综合性能。在化工生产中用聚丙烯制电解槽、酸洗槽、各种腐蚀介质贮槽等。

52. 硬质聚氨酯泡沫塑料的施工方法是什么？

答：(1)预制泡沫塑料法；(2)直接喷涂法；(3)一次灌注成型法。

53. 玻璃钢材料的特点是什么？

答：玻璃钢是一种新型的防腐蚀工程材料，具有重量轻、强度高、耐腐蚀、成型性好和适用性强的优异性能。

54. 玻璃钢品种有什么？

答：(1)化工容器贮槽类；(2)化工管件及附件类；(3)三废处理装置类；(4)玻璃钢衬里等。

55. 玻璃钢整体设备的层间结构有哪些？

答：玻璃钢整体设备的层间结构分内层、中间层、强度层和外层。

内层又称表面耐腐蚀层，主要抵抗介质的腐蚀。树脂占玻璃布含量的70%，厚度为0.5～1.5mm，树脂胶料中含有少量填料。

中间层又称中间防渗层，是由与内层或强度层同类的树脂胶液黏结玻璃布所组成的复合结构，含胶量一般控制在50%～70%。厚度为2～2.5mm。

强度层是设备上全部负荷的主要承载层，由树脂胶液黏结多层玻璃纤维布或带、或无捻粗纱布与短切玻璃纤维毡所组成，其厚度由强度设计决定。一般玻璃纤维含量应控制在50%～70%。对于大型设备，此层可采用玻璃钢蜂窝板作为刚度层。

外层由树脂液加入少量填料或黏结玻璃布组成，以提高设备外表面防老化、防腐蚀性能，使表面美观。含胶量一般为80%～90%。厚度为1～2mm。

56. 玻璃钢衬里层由哪4部分构成？

答：(1)底层；(2)腻子层；(3)玻璃钢增强层；(4)面层。

底层：设备处理后涂环氧底漆。

腻子层：用与底漆相同的树脂加填料配成胶泥，通过腻子找平。

玻璃钢增强层：主要起增强作用，使衬里层构成一个整体。为了提高抗渗性，每一层玻璃布浸透好树脂，并有足够的树脂含量。

面层：主要是富树脂层。由于它直接与介质接触，要求有良好的耐腐蚀性能和耐磨能力，致密抗渗能力高。

57. 砖板衬里的优点与缺点有哪些？

答：砖板衬里用于化工设备重防腐条件下，它与其他防腐方法如徐料、玻璃钢相比，具有下列优点：

(1) 选用不同材料和性能的砖板、胶泥，采用合理的衬里结构，可以有效地防止多种强腐蚀介质的腐蚀(如大部分的酸、碱、盐及有机介质)；可以作为容器、贮槽、塔器、反应罐等设备衬里。此外还可用来衬地面、作地沟的防腐层。广泛采用砖板可以代替和节约大量的铅、铜和不锈钢。

（2）可用于高温设备防腐，使用温度可达380～420℃（如导热水玻璃胶泥衬水玻璃浸渍石墨板）。

（3）能承受腐蚀性物料的冲刷磨损作用，效果比一般防腐方法强得多，如衬辉绿岩板。

（4）可在较高的压力下使用，最高使用压力为2MPa，也可适用于0.08MPa真空度。

（5）不透性石墨板衬里适用于防腐蚀传热设备。

（6）施工方法简单、成熟。

砖板衬里的缺点：

（1）整体性差，衬层缝多，易渗漏和腐蚀穿孔。

（2）抗冲击抗振动性差，耐温度急变性差，往往因温度剧变而产生龟裂。

（3）衬里后重量增大，不便运输吊装，大型设备需现场施工。

（4）手工操作，劳动强度大，在大面积施工中，往往因个别操作者违反操作规程而使质量难于保证，造成设备过早损坏。

58. 砖板衬里层结构有哪些？

答：砖板衬里层结构分为单层衬里、双层衬里、复合层衬里。

59. 砖板衬里的质量检查应注意哪些内容？

答：（1）设备表面喷砂后外观应无锈斑、焊渣、油垢、尘土等杂物。

（2）底漆无漏刷、均匀。

（3）砖板衬里层平直3mm偏差±(2～5)mm，局部砖板凸凹偏差小于±2mm。

（4）用锤轻敲是否有空声。

（5）法兰、接管衬里是否正确，有无浅漏的可能。

（6）用棉球蘸丙酮检查胶泥是否变色，不变色为合格。

（7）建立施工档案原始记录，积累资料。

60. 砖板衬里的修复，一般分设备使用前修复和使用后修复，其各修复方法都有哪些？

答：（1）衬里设备使用前的损坏修补。应在砖板衬里施工完毕、热处理前进行修补。对于龟裂的胶泥缝，先凿去表面裂缝；对于不饱和的胶泥缝，先进行表面清理，然后嵌满胶泥，进行干燥、热处理或酸洗处理等；对于裂板或敲击砖板呈空声的部位，先凿去损坏部位的整块砖板，然后清理四周砖缝与衬里层底面胶泥，重新衬里的砖板修平胶缝饱满，固化后可应用。

（2）衬里设备使用后的损坏修补。将损坏的衬里层打掉，用锉刀除去胶泥层，用砂纸除去锈。涂刷一层底漆，再用胶泥重新衬二层砖板、固化后可使用。

61. 衬铅设备的适用范围有哪些？

答：（1）适用于常压或内压不高。

（2）使用温度不大于140℃，实际应用温度100～120℃，温度再高，强度耐腐蚀性能下降。

（3）静载荷作用下的设备。

（4）不适用于真空设备。

（5）不适用于受到振动冲击和介质含有颗粒的摩擦中使用。因为衬铅在高温下受到冲击载荷时，会发生裂纹和鼓起。

62. 衬铅设备的外壳要求是什么?

答:(1)外壳表面平整、无毛刺,焊缝要光滑平直,没有气孔。焊缝过高应磨平,铆接需用埋头铆钉。

(2)壳体转角处避免锐角,需加工成圆角,其半径不小于5mm,特殊部位不小于3mm。衬铅前设备在外壳底部钻直径6~10mm小孔数个,衬铅层检查漏用。外壳上的电焊、气焊焊接工作,尽量在衬铅前进行。有时为了衬铅施工方便,外壳的两端封头与筒体暂不进行组对焊接,待筒体、封头分别衬铅后再组装焊接,但必须把筒体封头连接处的铅板撬起,以防焊接时烧坏。

(3)在混凝土或木结构的设备上衬铅时,应先在它的表面上涂刷沥青或贴一层石棉板。

63. 衬铅层的固定方法有哪几种?

答:铆钉固定法、夹板固定法、焊接固定法、搪钉固定法、螺钉固定法和拉条固定法。

64. 搪铅方法有哪几种?

答:搪铅方法有焊接方法,即用铅焊条堆焊在金属表面上;浇铸方法,即将熔铅浇铸在金属表面上。

铅不能直接与碳钢熔焊,需要有中间层。过去在设备内壁先搪一层锡,现在用搪铅焊剂,节约锡。

搪铅层总厚度一般为3~6mm,一般搪2~3层,不可少于2层。第一层焊后表面必须刮光,再焊第二层。

65. 搪铅对设备壳体的要求是什么?

答:(1)搪铅前对设备本体进行检验,合格后方可搪铅施工。

(2)搪铅设备表面喷砂处理或酸洗除锈。

(3)喷砂后立即搪铅以防止生锈。平焊保证质量、铅层厚度均匀。

(4)搪铅设备易变形,特别是平盖底设备与矩形贮槽设备刚性加固构件,应在搪铅前焊好。

(5)在焊铅时防止铅中毒、设备设计时至少应有2个人孔。搪铅设备的封头与筒体不要先焊好,以便封头、筒体分别搪铅,组装后再补搪。

66. 衬铅设备质量检验内容有哪些?

答:(1)用目力或放大镜对衬铅层上每条焊缝进行外观检查,不得有未焊透、裂纹、夹渣、砂眼,气孔等缺陷。

(2)常压设备盛水试漏;受压设备按要求进行水压试验。

67. 简述搪铅设备质量检查内容。

答:(1)用目力或放大镜对搪铅层表面进行外观检查,是否有裂纹、夹渣、砂眼、气孔、缩孔等。

(2)用锤击壳壁,检查搪铅层与壳体是否结合紧密;或用超声波探伤器检查结合情况。

68. 不锈钢衬里的试验与检验需要注意哪些问题?

答:由于衬层与基层膨胀系数不同,一般不进行热处理,对衬层表面必须进行酸化、钝化处理。衬里完毕后,除进行外观检查外,必须进行泄漏检验和水压试验。水压试验后,再进行一次泄漏检验。

69. 不锈复合钢板设计与加工特点有哪些?

答:(1)最大使用压力按基层板最大使用压力上限。使用温度上、下限一般同基层材料，但复层为奥氏体钢时，温度上限为400℃。

（2）基层材料按设备的工作条件和加工性能确定。复层材料，按耐腐蚀和经济效果等决定，在采用不锈钢复层时，最好采用超低碳不锈钢。

（3）复层厚度应根据使用年限和加工要求而定。一般最小厚度，筒体不小于1 mm，封头不小于1.5mm，换热器管板不小于2mm，内径小于600mm的设备不用复合钢板制造。

（4）设计时应考虑基层表面不得接触腐蚀介质，结构形式和焊缝布置应尽量使加工简便。

（5）基层之间的焊接应选用与基层材质相近的焊条，复层之间的焊接选用与复层相近的焊条，过渡层焊接推荐采用较复层材质高一级别的合金焊条。

（6）在设备能力允许时，尽量采用冷成型，原则上按基层情况进行冲压和弯曲。如热压成型，加热气氛应为中性，防止复层表面增碳，并应尽量缩短加热时间和减少重复加热次数。应避免在550～880℃下长时间加热．以防止晶间腐蚀。加工后为提高复层耐蚀性，应进行消除应力退火，但退火温度应避开敏化温度。

（7）设备制作特别是焊缝有时需要磨光和抛光，最后应进行酸洗和钝化。

70. 钛衬里的方法有哪些？

答：（1）松衬法：即把衬层壳体预先焊好，经检验合格后放入外壳内，再焊上接管等附件。这样焊缝质量易保证，但只适合于小尺寸及温度小于175℃，压力小于0.7 MPa的场合，不适用于真空设备和传热设备，而且衬里破坏时难以修复。

（2）胀紧法：制作方法开始时与松衬一样，只是最后通过外壳加热或对内体热压胀，使衬层与外壳箍紧连接。使用较松衬法可靠。

（3）钎焊法：可用惰性气体保护的电弧、电阻热进行钎焊，钎焊料为含锰的银基合金。

（4）机械法：采用钛螺钉将衬层固定，再用钛盖板焊死，用该法衬里施工复杂，且不经济。

（5）同不锈钢的爆炸衬里，可制作封头和筒体。

（6）复合钛板：近年来引进的阿英柯法聚醋装置的许多钛设备采用复合钛板制造，钛－碳钢通过爆炸复合。钛复层厚度一般为2～3mm。

71. 复合钛板衬里设备的焊接接头必须开“试验孔”的原因是什么？

答：焊接接头处必须开试验孔，一是为了保证接头的抗腐蚀性能和机械性能，在衬层和基体间要通入氢气保护；二是焊毕后，可对焊缝进行检漏，操作过程中又可迅速发现泄漏处。

72. 搪瓷设备的优点有哪些？

答：化工搪瓷设备是将含硅量高的瓷釉通过900℃左右的高温搪烧，使金属和瓷釉形成复合材料。

它具有金属设备的力学性能和瓷釉的耐腐蚀性能，除氧氟酸和含氟离子介质、高温磷酸及强碱之外，能耐各种浓度的无机酸、有机酸、盐类、有机溶剂和弱碱的腐蚀。表面光滑易清洗，并有防止金属离子干扰化学反应和污染产品的作用。由于搪瓷层很薄，它的导热性比不锈钢、非金属衬里设备高、可以应用于加热或冷却的场合。此外，化工搪瓷设备还能耐一定压力和较高的温度，耐温－30～270℃，有良好的电绝缘性能，表面光滑，不容易挂料，适用于清净的场合。因此，化工搪瓷设备广泛应用于化工、有机合成、制药、食品等工业部门，不可缺少的化工设备中。

73. 搪瓷设备的维护一般应注意哪些问题?

答:(1)化工搪瓷设备的瓷釉层是一种在钢材上的玻璃质脆性材料,必须很好维护才能延长使用寿命。搪瓷设备不能用金属锤或其他的硬物锤击敲打,搬运安装等要避免碰撞。化工搪瓷设备要妥善保管,如在室外放置时,要遮盖好,防止雨淋,特别是温度计套管要盖好,防止灌水,防止冬季结冰将瓷层胀裂。

(2)化工搪瓷设备在使用时应注意温度、压力不要超过规定范围,要缓慢升降,避免振动,避免酸碱交替使用。

74. 搪瓷设备的修补方法有哪几种?

答:利用金属材料修补及利用非金属材料修补;利用金属材料修补有耐腐蚀金属材料修补法,耐腐蚀金属垫片修补法;利用非金属材料修补有氯化聚醚喷涂修补法;衬玻璃钢或涂抹胶泥修补法。

75. 化工陶瓷如何分类?

答:化工陶瓷按配方和烧结温度的不同,可分为耐酸陶瓷、耐酸耐温陶瓷、工业瓷三类。

76. 化工陶瓷适用条件有哪些?

答:化工陶瓷是脆性材料,在大多数情况下化工陶瓷设备与管道适合于在常压或微真空条件下使用。使用内压不大于0.01MPa,真空度不大于600mmHg。

耐酸陶瓷设备与管道可在90℃以下使用;耐酸、耐温陶瓷设备与管道可在150℃以下使用。

77. 化工陶瓷性能及应用范围有哪些?

答:性能:化工陶瓷具有优良的耐腐蚀性(除氢氟酸、热磷酸、浓碱之外),具有良好的耐磨、不粘性、不污染物料、不老化等特点。

应用范围:化工陶瓷可制成容器、塔、管道、风机、阀门、砖、板等。随着耐酸耐温陶瓷热稳定性能的提高,在化工防腐蚀工程中得到广泛应用。例如:双氧水工业、硝硫混酸的电镀工业、硫酸、氯磺酸和造纸工业等。

78. 钢衬玻璃管道的性能及使用范围是什么?

答:性能:钢衬玻璃管道具有玻璃的耐腐蚀性能,内表面光滑、洁净,流体阻力小,不易结垢,耐磨性好。由于衬钢管内部耐压、抗冲击、抗弯、抗扭曲,制造简单,使用方便,价格低廉,是石油、化工、医药、食品等工业生产过程中防腐蚀、防堵塞、隔绝铁离子的新型输送管道。发挥了玻璃材料的作用,不仅可代替不锈钢、铜、铅等金属材料,而且保证生产,保证产品质量,减少维修时间费用。现已有专业生产厂家生产钢衬玻璃管道、阀门及其他防腐设备。

使用范围:钢衬玻璃管道适用除氢氟酸、热磷酸、热浓碱之外,其他所有的无机酸、有机酸、各种盐溶液及有机溶剂等介质。

79. 钢衬玻璃管道的衬里材料有哪些?

答:玻璃衬里的材料有3种:玻璃、密着剂和金属材料(钢和铸铁)。

80. 钢衬玻璃管道的衬里衬制方法有哪些?

答:钢衬玻璃管道一般有3种方法:吹制法、膨胀法、喷涂法。

81. 钢衬玻璃管道制品一般有哪些?

答:钢衬玻璃管道、管件:直管、膨胀法衬玻璃直管、弯头、三通、四通、大小头。其他钢衬玻璃防腐蚀制品：玻璃隔膜阀、玻璃泵、有反应塔、反应器、热交换器以及旋风分离器、气冲泵等。

82. 衬里用玻璃目前常用硼硅酸盐玻璃，又称耐热玻璃或硬质玻璃，以满足耐腐蚀介质的要求。硼硅酸盐材料的主要成分及化学性能是什么？

答：主要成分：78% ~79% SiO_2、1% ~2% Al_2O_3、12.5% ~14.6% B_2O_3、5.4% ~5.9% Na_2O、0.6% CaO；化学稳定性能除氢氟酸、高温磷酸及热浓碱外，几乎耐所有的无机酸、有机酸、盐溶液及有机溶剂等介质的腐蚀。

83. 天然耐酸石材应满足哪些条件？

答：具有均匀的化学组成、不得夹有杂质；耐酸度在 95% 以上；浸酸后的抗压强度不应低于浸酸前的 85%；结构致密，不应有明显的气孔。

84. 天然耐酸石材在防腐蚀工程中的用途是什么？

答：（1）可作设备衬里，也可单独用来砌筑各种酸贮槽、反应器、塔等设备。

（2）可作为建筑物或设备基础防腐蚀材料，铺砌耐酸地坪等。

（3）加工各种粒度的粗细骨料及粉料做耐酸填料。

（4）国内各石料加工厂可加工各种规格的石砖石板。

85. 天然耐酸材料组成成分是什么？

答：天然耐酸材料在化学工业中，特别是在硫酸和硝酸工业中被广泛采用。它们大都是由有高度耐酸性的多种矿物所组成的复成岩石。按化学成分，是由多种硅酸盐混有其他氧化物的二氧化硅等所组成。

86. 天然耐酸石材都有哪几种？

答：花岗岩、石英岩、石英砂（石英粉）、中性长石、文石、玄武石、安山岩、石棉等。这些材料中二氧化硅的含量在 55% 以上。

天然耐酸材料的耐腐蚀性能，决定于其中二氧化硅的含量及岩石本身的结构和紧密度。

87. 人造耐酸材料一般有哪些？

答：砖、缸砖、铸石等。

88. 无机材料有哪些？

答：耐碱的无机材料的主要成分中含碱性氧化物（氧化钙、氧化镁）的材料，均具有耐碱性能：①硅酸盐水泥；②矿渣硅酸盐水泥；③碱性高炉矿渣；④沥青浸渍普通砖。

89. 如何选择常用的防腐蚀地坪面层材料？

答：（1）水玻璃胶合剂衬磁板、磁砖，主要适用于 90% ~98% 硫酸、75% 磷酸和 60% 硝酸的地面。

（2）在大于 60% 浓酸部位的地坪，地面荷载较小的泵室地面，用水玻璃胶泥衬瓷板。地面荷载较大的槽和罐压地面，用耐酸胶泥衬耐酸砖。

（3）环氧玻璃钢和环氧树脂砂浆复合整体防腐面层；环氧煤焦油玻璃钢和环氧树脂砂浆复合整体防腐面层，主要适用干 60% 以下稀酸部位。有溶剂的选用环氧玻璃钢，无溶剂的选用环氧煤焦油玻璃钢。

（4）环氧玻璃钢面层和环氧煤焦油玻璃钢面层，主要适用于小于等于 60% 稀酸的地坑、池壁和底板，这些部位受冲击和摩擦荷载小，所以只作玻璃钢而不加砂浆面层。环氧玻璃钢，主要用于不装水而放泵或设备的干坑的坑壁（干坑的坑底因有操作荷载用复合面层）。环氧煤焦油玻璃钢耐酸碱抗腐蚀性能好，在潮湿基础上黏结力不受影响，造价便宜。它的缺点在于耐温低耐溶剂性差。

由于石油化工生产中高温高压强酸强碱及新型混合介质很多，经实践证明单一层地面防腐蚀性能不如复合层地面，其理由是单一层（树脂砂浆或玻璃钢），如单一树脂砂浆防腐面层在抗压、耐磨、抗冲方面效果好，但整体性抗裂抗折方面差，容易脱层起壳；单一玻璃钢防腐浊地面面层整体性好，抗折抗渗方面效果好，而耐磨、抗锐器冲击方面又较差：故取复合面层而取长补短。复合面层如瓷板或瓷砖 + 玻璃钢，或树脂砂浆 + 玻璃钢等。作为面层，要求其抗腐蚀性能好、稳定、强度高、抗冲抗磨、抗渗裂、施工简便。

90. 防腐蚀地面由哪些部分构成？

答：防腐蚀地面由地面面层、隔离层、黏合层、垫层、地面基础、地面坡度、伸缩缝构成。

91. 石油化工建筑的腐蚀分哪几类？特点是什么？

答：根据腐蚀介质的形态及其对建筑结构的腐蚀特征腐蚀可将石油化工建筑的腐蚀分为液相腐蚀和气相腐蚀两大类。液体介质的腐蚀与浓度关系极大，一般在一定范围内，浓度愈高，腐蚀愈剧烈。气体介质的腐蚀作用与大气湿度关系极大，一般是湿度愈大，在相同浓度的气体腐蚀介质作用下，腐蚀愈剧烈。

针对石油化工建筑的不同腐蚀类型，可采用不同方法进行保护，常用防护材料有如下 6 类：树脂类材料、沥青类材料、水玻璃类材料、硫黄类材料、花岗岩类材料和防腐蚀涂料。

92. 建筑防腐蚀施工应注意的事项有哪些？

答：（1）基层要有足够的强度。

（2）基础表面必须经打毛处理。

（3）施工的温度、湿度、基层含水率、原材料的质量等都要按要求施工验收。

（4）防腐蚀地坪必须在设备安装完毕后才能施工。

（5）对施工人员要事先培训，使之充分了解所用防腐蚀材料的性能及施工方法。

93. 防腐树脂胶泥的组成部分有哪些？各自作用是什么？

答：防腐树脂胶泥中的基本物料有：黏结剂（树脂）、填料（耐酸粉料）和固化剂。此外还有辅助料如稀释剂、增塑剂等。

黏结剂是胶泥中的主要成分，起黏结作用。

填料的作用是增加机械强度，提高黏结性能，降低线膨胀系数和收缩率，提高耐热性能，增加强度和耐磨性，降低成本。

固化剂主要为树脂，是黏稠状液体，加入固化剂配成胶泥后成为不溶不熔的固体，才能发挥其耐腐蚀性能和物理机械性能。

稀释剂在胶泥中是辅助材料，树脂黏度大时加入，反之不应加入。

增塑剂和增韧剂是为了增加胶泥的韧性，改变脆性。

94. 改性树脂胶泥有哪些？

答：改性树脂胶泥有：环氧呋喃、环氧酚醛、环氧沥青、酚醛呋喃。

95. 简述环氧酚醛胶泥的特点和适用范围。

答：环氧酚醛胶泥是以环氧酚醛复合树脂为黏结剂，加固化剂及填料所组成。特点是耐酸碱、耐水、耐溶剂、常温固化，耐温 100 ~ 120℃。强度高，黏结力高，韧性好，抗渗透性好。适宜作耐酸块板材的胶泥，衬环氧酚醛玻璃钢等。用于酸碱交替的中和池、容器及地面等建筑结构的防腐层面。

96. 什么是油毡？其作用是什么？

答：油毡是一种用沥青材料特制的卷材，通常用来作建筑物和构筑物的防腐蚀材料。在化工建筑防腐蚀工程中主要作用作隔离层、屋面材料、防水材料。同时还用做地面、基础和其他建筑结构及设备防水层。

97. 沥青材料的性能是什么？

答：沥青是一种有机胶结材料，具有良好的不透水性、耐腐蚀性、黏结力、塑性和一定的弹性，在常温下呈固体、半固体，颜色为灰亮褐色或黑色。

在防腐蚀工程中常用的有石油沥青和焦油沥青。石油沥青配制的胶合剂，适在较高的温度下使用；焦油沥青配制的胶合剂，适在常温下使用。

沥青耐酸、耐碱、耐盐、耐水，特别耐土壤、地下水的腐蚀，不耐氧化剂和有机溶剂的腐蚀，耐候性不强。最高使用温度为 50 ~ 70℃。沥青在阳光照射下受热受空气中氧的作用下易老化、性质变成脆裂，在腐蚀介质中危险。沥青材料广泛用于地下管道、地下设备、地基基础、地坪、地沟等。

98. 碎石灌沥青的施工工序有哪些？

答：(1)熔化沥青：先将软化点低于 90℃ 的沥青打成粒径不大于 100mm 的小块，投入锅中用小火逐渐升温加热熔化，加热温度一般控制在 140 ~ 160℃，冬季温度要高一些。(2)铺筑碎石：先在地基上铺一层粒径 30 ~ 60mm 的碎石层。这层厚度一般为垫层设计厚度的 4/5，碎石最大粒径不得超过实际厚度的 2/3。(3)浇灌沥青：将已脱水溶解的沥青，装在油壶、油勺或机械喷射器内，立即浇灌在碎石层上。沥青浇灌要均匀，随即散布一层粒径 5 ~ 10mm 的石屑，经拍实粘牢即可，然后再浇一层热沥青。

99. 沥青隔离层施工的作用和分类有哪些？

答：隔离层的作用是防止腐蚀介质通过隔离层与钢筋混凝土结构发生化学破坏作用。沥青隔离层有两种：涂抹式隔离层、沥青油毡隔离层。

100. 什么是沥青浸渍砖？其适用范围是什么？

答：沥青浸渍砖又称沥青砖、黑砖，是用普通标号黏土砖放入熔化的石油沥青或焦油沥青中熬煮而得。沥青浸渍砖可铺砌室内外地坪面层，砌筑废水排水沟道、阴井以及中和池槽用。

101. 何为水玻璃模数？

答：水玻璃又名泡花碱，是一种青灰色或黄灰色黏稠液体。水玻璃分为钾水玻璃和钠水玻璃，工业上常用钠水玻璃。水玻璃模数是指水玻璃成分中氧化硅含量与氧化钠含量的比值。模数高表示氧化硅含量多，耐酸性好。模数低于 2.60 的水玻璃耐酸性差，不宜采用。

102. 什么是水玻璃防腐蚀工程，其主要应用在哪方面，优缺点有哪些？

答：水玻璃类防腐蚀工程是指以水玻璃为胶结材料，氟硅酸钠为固化剂的耐酸不耐碱的防腐蚀工程。如水玻璃胶泥、水玻璃砂浆铺砌耐酸板块材的楼面面层和贮槽衬里层，水玻璃砂浆涂抹整体面层；水玻璃混凝土整体浇捣的地坪面层、贮槽衬里层及设备基础。这类工程主要应用在高浓度强氧化性酸作用部位，材料来源方便，价格低，应用普遍。这类材料的缺点有抗水性能差、抗渗、耐稀酸性能差。

103. 什么是改性水玻璃？常用的改性水玻璃溶液有哪些？

答：水玻璃改性的目的是提高密实性，它是由水玻璃和一定量的密实剂配制而成的。常用的改性水玻璃溶液有：NNO 改性水玻璃溶液、糠醇改性水玻璃溶液、六羟树脂改性水玻璃溶液和木钙改性水玻璃溶液。

104. 水玻璃耐酸混凝土的组成、特点与应用范围是什么?

答：水玻璃耐酸混凝土是由水玻璃、氟硅酸钠、耐酸粉料和粗细骨料配制成的一种人造石材。它具有耐酸性强、整体性好、成本低、抗冲击性能好等优点，能耐各种有机酸无机酸，使用温度可达800℃。在石油化工防腐蚀工程中广泛用于楼地面面层、池槽、排酸沟、化工设备衬里和设备基础等工程。由于水玻璃主要成分是二氧化硅，所以水玻璃类耐酸材料不适用于酸碱交替、碱性介质、氢氟酸和含氟化合物的部位。

105. 硫黄类防腐蚀材料包括哪几类? 其各自应用在哪些方面?

答：硫黄类材料包括硫黄胶泥、硫黄砂浆及硫黄混凝土。硫黄胶泥、硫黄砂浆是由硫黄、耐酸粉料、耐酸细骨料和增韧剂按一定比例配合，经加热熬制而成的一种热塑性材料。硫黄是硫黄耐酸材料中的黏结剂。

硫黄胶泥、硫黄砂浆常用来砌筑耐酸砖板、地坪(或浇缝)，铺贴板型耐酸瓷砖墙裙、踢脚板，浇灌耐酸陶管下水管道的接缝，以及铺覆设备基础面层；硫黄混凝土则可用来浇捣整体防腐蚀设备基础、储槽等。

106. 硫黄胶泥常用的填料有哪些?

答：硫黄胶泥常用的填料有辉绿岩粉、石英粉、瓷粉、石墨粉。

107. 硫黄原材料的性能有哪些?

答：硫黄类耐酸材料具有优良的耐腐蚀性能，常温下能耐大多数无机酸和有机酸，对有机溶剂及盐类也有一定的耐蚀能力。用石墨粉作填料可耐氢氟酸和氟硅酸。同时还具有防水、防渗、快硬、高强度等物理机械性能。硫黄材料浇注成型后，马上硬化不需养护，可直接投入使用。硫黄类耐酸材料的缺点有：性脆，耐腐蚀性差，收缩率大，易出现裂纹和起鼓现象，不耐硝酸强碱和极性有机溶剂。

108. 简述硫黄胶泥、硫黄砂浆的制作过程。

答：将称量的硫黄打成小块放在铁锅中，用煤气或煤火加热熔化，搅拌，温度控制在130~150℃，脱水。加入烘干的粉料、细骨料、聚硫橡胶或石棉等，并加入锅中。熬制温度为140~170℃，不得高于分解温度。熬制时宜采用沙浴加热和机械搅拌，防止局部过热引起增韧剂分解变质。硫黄胶泥和硫黄砂浆熬制4h完全脱水至液面无水泡为止，检查质量。检查合格后使用或浇灌成锭备用，从锅中取出硫黄胶泥或硫黄砂浆时，必须搅拌均匀防止填料沉淀。

109. 硫黄砂浆、胶泥的外观检查方法是什么?

答：将硫黄胶泥或硫黄砂浆在140℃下浇灌“8”型抗拉试模中，应无起鼓现象，将试件打断，断面可见孔不大于5个。

110. 简述硫黄混凝土预制块法施工过程。

答：(1)将活动模板放置平整的钢板上，钢板表面薄涂一层矿物油作脱模剂；(2)模板底部应先浇灌一层厚度为3mm的硫黄胶泥或硫黄砂浆，作为预制块的面层；(3)将干燥的粗骨料按规定厚度浮铺在硫黄胶泥或硫黄砂浆层上，随之浇灌硫黄胶泥或硫黄砂浆，待冷却可拆模；(4)使用时将平整面向上。

111. 花岗岩的特点是什么?

答：(1) 具有均匀化学组成，杂质少、耐酸度大于97%。

(2) 强度高，抗压强度可达117.72~245.25MPa。

(3) 耐酸、碱、盐、溶剂、水、油，耐磨，抗冲击。

(4) 结构紧密、孔隙度小、抗渗性能好。

(5) 使用寿命长，耐风雨侵蚀。

(6) 耐热性能好，因温差不同膨胀系数不同，耐温不高于200~250℃。

112. 简述花岗岩制品的应用范围。

答：由于花岗岩具有优异的耐腐蚀性能，造价低，材料来源方便，使用寿命长，得到人们的重视。花岗岩制品可作各种规格型号的储酸池、槽。可用于储藏盐酸、硫酸、硝酸、碱、氨水、汽油、酱油、酒类等各种腐蚀介质。可用于各种反应塔、吸收塔、反应槽、浓缩锅、漂洗池、过滤池、排气池、溶解池、电解槽、酸洗槽、拉丝槽、石碾；可用于各种废液池、中和池、排水沟、上下水道、排气管、除尘器等；还可用于设备基础、泵基础、低位槽基础、耐酸碱地面、地沟等。

113. 简述花岗岩的性能。

答：花岗岩是一种天然耐酸石材，外观呈灰白色，杂质少结晶颗粒细而均匀，结构致密，有较低的孔率和吸水率，机械强度高。

114. 花岗岩的破坏因素是什么？在设计施工时应注意哪些事项？

答：花岗岩的破坏是由化学或物理机械的因素引起的，而不是电化学过程，因此在设计施工时应注意以下问题：①花岗岩池、槽多数是由长方形花岗岩用防腐胶泥砌成，为了减少胶缝，保证整体性，设计尺寸尽可能要长一点；②花岗岩板材加工表面要达到中细平，胶泥粘接效果好，否则因加工面粗糙凸凹不平、胶缝大，浪费胶泥，而且胶结质量差，一般要求误差在±5mm以下即可。

115. 花岗岩板的连接型式有哪些？

答：有平面连接、凸凹式连接、底面结构、直角部位为整体式、接管封接。

116. 对于炼油企业来说，应加强哪几方面的腐蚀管理？

答：(1) 建立健全全厂腐蚀管理网络。

(2) 设备防腐要从设计和管理入手。

(3) 腐蚀监检测是炼油厂防腐工作的重点。

(4) 加强防腐攻关，包括腐蚀失效案例分析和腐蚀规律研究，以建立相应的腐蚀数据模型，为腐蚀预测和监测提供理论依据。

(5) 加强防腐新技术的考察和应用管理工作。

(6) 加强装置运行过程中的腐蚀控制。

(7) 加强国外同行业的腐蚀资料调研，跟踪国外最新防腐动态，总结先进的腐蚀防护经验，为企业更好地采取防腐措施提供思路。

(8) 加强企业员工的腐蚀防护教育。

117. 为什么硫的腐蚀问题贯穿于整个炼油过程？

答：硫的腐蚀不仅存在于一次加工装置，也使二次加工装置遭受硫的腐蚀，甚至延伸到下游化工装置，因此，可以说硫的腐蚀问题贯穿于整个炼油过程。

118. 什么是工艺防腐？

答：工艺防腐蚀是指为解决常减压装置“三顶”(初馏塔塔顶、常压塔塔顶、减压塔塔顶)系统，以及催化裂化、焦化、重整、加氢精制、加氢裂化等装置分馏系统中低温轻油部位设备、管道腐蚀所采取的以电脱盐、注中和剂、注水、注缓蚀剂等为主要内容的工艺防腐

蚀措施

119. 高硫、高酸原油和低硫、高酸原油哪种腐蚀性更强，为什么？

答：低硫高酸原油腐蚀性更强。

两者的腐蚀作用同时进行，若含硫量低于某一临界值，其腐蚀情况加重，即环烷酸破坏了硫化氢腐蚀产物，生成可溶于油的环烷酸铁和硫化氢，使腐蚀继续进行；若硫含量高于某临界值时，硫化氢在金属表面生成稳定的 FeS 保护膜，则减缓了环烷酸的腐蚀作用。

120. 简述高温硫腐蚀机理及其化学反应式。

答：在高温条件下，活性硫与金属直接反应，它出现在与物流接触的各个部位，表现为均匀腐蚀，其中硫化氢的腐蚀性很强。化学反应如下：

$$H_2S + Fe \longrightarrow FeS + H$$

$$S + Fe \longrightarrow FeS$$

$$RSH + Fe \longrightarrow FeS + \text{不饱和烃}$$

121. 硫化物在各温度段对设备的腐蚀状况如何？

答：$t \leqslant 120℃$，硫化物未分解，在无水情况下对设备无腐蚀，但当含水时，则形成轻油部位的 H_2S-H_2O 型腐蚀。

$120℃ < t \leqslant 240℃$，原油中活性硫未分解，故对设备无腐蚀。

$240℃ < t \leqslant 340℃$，硫化物开始分解，生成 H_2S，对设备腐蚀开始，且随着温度的升高腐蚀加重。

$340℃ < t \leqslant 400℃$，H_2S 开始分解为 H_2 和 S，所生成的 FeS 膜具有防止进一步腐蚀的作用，但在酸存在时，破坏保护膜，使腐蚀进一步加剧。

$426℃ < t \leqslant 430℃$，高温硫对设备腐蚀最快。

$t > 480℃$，硫化氢近于完全分解，腐蚀率下降。

$t > 500℃$，不是硫化物的腐蚀范围，此时为高温氧化腐蚀。

122. 低温硫腐蚀环境包括哪几种？

答：(1) $HCl + H_2S + H_2O$ 型腐蚀环境；

(2) $HCN + H_2S + H_2O$ 型腐蚀环境；

(3) RNH_2(乙醇胺) $+ CO_2 + H_2S + H_2O$ 型腐蚀环境；

(4) $NH_4Cl + NH_4HS$ 结垢腐蚀；

(5) $CO_2 + H_2S + H_2O$ 型腐蚀环境；

(6) $H_2S + H_2O$ 型腐蚀环境。

123. 简述 6 种低温硫腐蚀环境。

答：(1) $HCl + H_2S + H_2O$ 型腐蚀环境；

(2) $HCN + H_2S + H_2O$ 型腐蚀环境；

(3) RNH_2(乙醇胺) $+ CO_2 + H_2S + H_2O$ 型腐蚀环境；

(4) $NH_4Cl + NH_4HS$ 结垢腐蚀；

(5) $CO_2 + H_2S + H_2O$ 型腐蚀环境；

(6) $H_2S + H_2O$ 型腐蚀环境。

124. 简述高温氢腐蚀。

答：高温氢腐蚀是在高温高压条件下扩散侵入钢中的氢与不稳定的碳化物发生化学反应，生成甲烷气泡(它包含甲烷的成核过程和成长)，即：$Fe_3C + 2H_2 \longrightarrow CH_4 + 3Fe$，并在晶间空穴和非金属夹杂部位聚集，引起钢的强度、延性和韧性下降与劣化，同时发生晶间断裂。由于这种脆化现象是发生化学反应的结果，所以它具有不可逆的性质，也称永久脆化现象。

125. 腐蚀监测的主要目的有哪些?

答:(1)判断腐蚀发生的程度和腐蚀形态。

(2)监测腐蚀控制方法的使用效果(如选材、工艺防腐等)。

(3)对腐蚀隐患进行预警。

(4)判断是否需要采取工艺措施进行防腐。

(5)评价设备管道使用状态，预测设备管道的使用寿命。

(6)帮助制定设备管道检维修计划。

126. 炼油厂常采用的腐蚀监检测方法有哪些?

答:炼油厂常采用的腐蚀监检测方法有定点测厚、腐蚀在线监测、腐蚀介质监测分析、腐蚀产物分析、装置停工腐蚀检查、腐蚀挂片监测、无损检测、氢通量腐蚀监测、烟气露点监测和内窥镜检查等。

127. 定点测厚布点原则应参考 SY/T 6553—2003《管道检验规范在用管道系统检验、修理、改造和再定级》和《加工高含硫原油装置设备及管道测厚管理规定》进行，具体布点原则是什么?

答:(1)对于易腐蚀和冲刷部位应优先考虑布点，如加氢反应产物馏出物系统在注水点以后的管线、常减压高低速转油线等。

(2)输送腐蚀性较强介质的管道，直管段长度大于 20m 时，一般纵向安排 3 处测厚点，长度为 10 ~ 20m 时，一般安排 2 处，小于 10m 时布点位置可参考《加工高含硫原油装置设备及管道测厚管理规定》。

(3)介质腐蚀性较轻的管道一般在直管段(两个弯头间的连接管)安排一处测厚点，在弯头处安排一处测厚点。

(4)管线上的弯头、大小头及三通等易腐蚀、冲蚀部位应尽可能布置测厚点。

(5)考虑现场实际，一般不要将在线测厚点选在测厚人员不易操作的位置(腐蚀特别严重，需特别重视的部位除外)。

(6)对大小头、弯头、三通管、调节阀或节流阀后、集合管等有关管道常见结构的布点位置可参考《加工高含硫原油装置设备及管道测厚管理规定》。

(7)管道上同一截面处原则上应安排 4 个测厚点，至少在管道底部(或冲刷面)及两侧测设置 3 个。一般布置在冲刷腐蚀可能严重的部位和焊缝的附近(主要在介质流向的下游侧)安排一处。

128. 对于易腐蚀和冲刷部位应优先考虑布点部位包括哪些?

答:(1)管线腐蚀冲刷严重的部位:弯头、大小头、三通及喷嘴、阀门、调节阀、减压阀、孔板附近的管段等。

(2)流速大(大于 30m/s)的部位，如:常减压转油线、加热炉炉管出口处、机泵出口阀后等。

(3)环烷酸腐蚀环境下的气液相交界处和液相部位。

(4)硫腐蚀环境下气相和气液相交界处。

(5)流体的下游端(包括焊缝、直管)容易引起严重冲刷的部位。

(6)同一管线的热端。

(7)换热器、空冷器的流体入口管端。

(8)塔、容器和重沸器、蒸发器的气液相交界处。

(9)换热器、冷凝器壳程的入口处。

(10)流速小于1m/s的管线(包括水冷却器管束),有沉积物存在易发生垢下腐蚀的部位。

(11)盲肠、死角部位,如:排凝管、采样口、调节阀副线、开停工旁路、扫线头等。

129. 对中高温条件下(100~500℃)的测厚,在测量过程中要注意哪些问题?

答:(1)要选择合适的高温测厚仪,并采用配套探头和耦合剂。

(2)中高温条件下测厚数据数据比实际值偏大,应注意进行修正。

(3)高温探头通常采用双晶探头或延迟线探头,当采用双晶探头时,要注意零点校准。

(4)在高温测量时,探头与高温表面长时间接触会导致明显的热量堆积。

(5)高温测厚时耦合剂使用的方法是将一滴耦合剂滴在探头表面,然后将探头稳稳地压在被测表面。

130. 简述现场腐蚀挂片监测方法。

答:利用装置停工检修,在装置设备内部重点腐蚀部位挂入腐蚀挂片,待运行一个生产周期,装置再次停工检修时取出,测量挂片腐蚀失重情况,计算腐蚀速度,这种方法被称为现场腐蚀挂片监测。主要用于设备选材研究,也可作为其他腐蚀监测数据比较的基础。

131. 常用的腐蚀介质分析技术有哪些?

答:常用的腐蚀介质分析技术包括常减顶冷凝水分析、催化装置酸性水分析、加氢装置酸性水分析、脱硫装置再生塔顶酸性水分析、进装置原油硫和酸值分析、电脱盐前后原油含盐含水分析、常减压侧线油活性硫及总硫分析、常减压侧线油酸值(度)分析、减压侧线油铁离子或铁镍比分析等项目。

132. 常用的腐蚀产物分析方法有哪些?

答:常用的腐蚀产物分析方法有显微镜法(包括光学显微镜、电子显微镜、扫描电镜等)、X射线衍射法、火焰光谱法、化学分析、电子探针、红外光谱、紫外/可见光谱、质谱分析等方法。

133. 加强工艺防腐管理主要从哪几方面入手?

答:① 各管理部门充分发挥作用,强化职责和相互协调;

② 加强药剂管理;

③ 工艺防腐蚀措施的运行管理;

④ 改变工艺时要考虑设备的承受能力;

⑤ 通过本厂和其他工厂的腐蚀案例发现存在工艺问题时,应尽快分析,必要时制定相应措施;

⑥ 检查与考核。

134. 什么是电偶腐蚀?

答:当两种电极电位不同的金属或合金相接触并放入电解质溶液中时,可发现电位较低的金属腐蚀加速,而电位较高的金属腐蚀减慢(得到了保护)。这种在一定条件(如电解质溶液或大气)下产生的电化学腐蚀,即由于同电极电位较高的金属接触而引起腐蚀速度增大的现象,成为电偶腐蚀或双金属腐蚀,也叫接触腐蚀。

135. 什么是缝隙腐蚀？简述缝隙腐蚀机理。

答：缝隙腐蚀：金属部件在介质中，由于金属与金属或金属与非金属之间形成特别小的缝隙，足以使介质进入缝隙内而又使这些介质处于停滞状态，引起缝内金属的加速腐蚀。缝隙腐蚀的机理是由于缝隙内外氧的浓度差引起的氧浓差电池作用，从而引发的腐蚀（有的认为缝隙内金属离子发生浓缩，在内外离子浓度差所形成的浓差电池作用下，产生缝隙腐蚀）。

136. 生产装置常见的腐蚀介质有哪些？

答：生产装置常见的腐蚀介质有：硫化物、环烷酸、无机盐、氮化物、氢、氨、碱、有机溶剂等。

137. 装置停工期间腐蚀调查的依据是什么？

答：(1)《关于加强炼油装置腐蚀检查工作的管理规定》；

(2)《加工高含硫原油装置设备及管道测厚管理规定》；

(3) 装置设备台账；

(4) 装置运行台账；

(5) 装置工艺台账。

138. 金属腐蚀受哪些因素影响？

答：影响金属腐蚀速度的因素可归纳为3个方面：

① 材料因素——包括材料成分、组织、热处理状态、表面处理状态、工件结构状态等；

② 介质因素——包括介质组成、腐蚀性介质含量、pH值、介质状态等；

③ 运行因素——包括温度、压力、流速、相态等。

139. 原油中存在哪种腐蚀介质？

答：原油中除存在碳、氢元素外，还存在硫、氮、氧、氯以及重金属和杂质等，这些非碳氢元素在石油加工过程中的高温、高压、催化剂作用下转化为各种各样的腐蚀性介质，并与石油加工过程中加入的化学物质一起形成复杂多变的腐蚀环境。

140. 为什么说原油中的总含硫量与腐蚀性之间并无精确的对应关系？

答：一方面石油和石油产品中硫含量和硫化合物的类型并不完全相同。即使是硫含量相同的原油，其硫化合物的类型分布可能差别很大。尤其是当原油中热稳定性较差的硫化合物较多时，由于在加热的讨程中这些硫化合物易分解成低沸点的低分子硫化合物，低馏分段的硫含量将会增加很多。从腐蚀的角度来讲，了解石油和石油馏分中硫化合物的类型比了解石油和石油馏分中总硫含量更重要。

另一方面原油的腐蚀性主要取决于单质硫化物的种类、含量和稳定性，如果原油中的非活性硫化物易于转化为活性硫，即使含硫量很低的原油，也将对设备造成严重的腐蚀。因此说原油中的总含硫量与原油腐蚀性之间并无精确的对应关系。

141. 简述不锈钢的点蚀机理及减少点蚀倾向的措施。

答：不锈钢的点蚀机理是在中性溶液中的离子（如氯离子）作用于表面钝化膜，使其遭受破坏，因而发生点蚀。组织、夹杂物的金属构造上的不均匀部分易成为点蚀源。

减少点蚀倾向的措施有：

① 选择抗点蚀性能的材料，如含钼的不锈钢；

② 焊接表面进行酸洗钝化；

③ 结构设计中要避免死角，尽量使介质不处在静止状态。

142. 外加电流阴极保护和牺牲阳极阴极保护的优缺点是什么？

答：外加电流阴极保护法的优点是可以调节电流和电压，使用范围广，可用于要求大电流的情况，在使用不溶性阳极时装置耐久；其缺点是需要经常操作使用，必须经常维护检修，要有直流电源设备，当附近有其他结构时可能产生干扰腐蚀。

牺牲阳极保护的优点是不用外加电流，故适用于电源困难的场合，施工简单，管理方便，对附近设备没有干扰，且适用于需要局部保护的场合，其缺点是能产生的有效电位及输出电流量都是有限的，只适用于需要小电流的场合，调节电流困难，阳极消耗大，需定期更换。

143. 什么是露点腐蚀？影响烟气露点温度的因素有哪些？

答：随着管式炉热效率的提高，排烟温度也会相应降低。当排烟温度下降到使换热器壁温达到烟气露点温度时，烟气中的水蒸气会与烟气中的 SO_2 在换热面上形成硫酸冷凝液。这种冷凝液会使金属换热面遭受严重腐蚀的现象称露点腐蚀，还会粘附烟灰，加大烟气流动阻力，影响正常生产。

露点温度就主要随 SO_3 量的增加而升高，而由 SO_2 转为 SO_3 的量，与过剩气系数及燃料含硫量有很大关系。含硫量越多，过剩空气系数越大，SO_3 的生成量就越多。此外，露点温度还随烟气中水蒸气的含量增多而升高。

144. 简述钢材在高温氢腐蚀环境下发生内部脱碳的原因。

答：内部脱碳是由于氢扩散侵入到钢中发生反应生成了甲烷，而甲烷又不能扩散出钢外，就聚集于晶界空穴和夹杂物附近，形成了很高的局部应力，使钢产生龟裂、裂纹或鼓包，其力学性能发生显著的劣化。

145. 防腐层施工前，金属表面处理内容有哪些？

答：金属表面处理包括：除油、除锈、清除旧防腐层。此外，为了提高金属的防锈能力，对金属表面进行氧化、磷化和钝化处理，也是金属表面处理的内容。

146. 简述避免奥氏体不锈钢设备停工期间发生连多硫酸应力腐蚀开裂的主要措施及其原理。

答：(1) 在打开设备前，将设备中的 FeS 清除或转化，即在停工期间进行清洗。

(2) 在停工后，避免设备接触空气或保持设备表面干燥；氮气吹扫和密封——避免与潮湿空气接触。

(3) 停工后，碱洗中和——降低 pH 值。用 2% 纯碱 +0.2% 表面活性剂 +0.4% 硝酸钠的稀碱液清洗设备表面，或 5% NaOH 溶液，以清除生成的连多硫酸。

(4) 碱液用水冲净，不留积液，防止碱脆。

(5) 选用稳定化奥氏体不锈钢并降低碳含量——降低敏化趋势

147. 金属腐蚀控制的方法有哪些？

答：合理选材、阴极保护、阳极保护、介质处理、添加缓蚀剂、金属表面覆盖层、合理的防腐设计及改进生产工艺流程。

148. 根据加氢裂化反应器材质及操作条件特点，决定其具有哪些腐蚀损伤机理？开停工时具体升降压操作是什么？为什么？

答：加氢反应器主体材质为 1.25Cr-0.5Mo-Si 或 2.25Cr-1Mo 钢，操作条件为高温高压(操作温度 350~450℃，操作压力 15~27MPa)，烃 + H_2S + H_2 环境。腐蚀损伤机理有：氢腐蚀；氢脆；奥氏体不锈钢堆焊层的氢致剥离；硫化氢及连多硫酸诱发不锈钢焊接金属材料应力腐蚀开裂；2.25Cr－1Mo 钢的回火脆性和高温蠕变脆性。

停工时，先降压，后降温。将氢气赶出，防止氢脆。开工时，先升温，后升压。防止常温时回火脆性。

第一次开工时，在任何阶段，如气密、干燥、硫化以及正常运转等的升压过程中，器壁最低温度(由表面热电偶测出)在达到50℃以前，操作压力不得超过设计压力的1/4。50℃以后，才允许逐渐升高到正常操作压力。升压速率不宜大于2.8MPa/h；第一次停工时，器壁最低温度在达到50℃以前，操作压力必须降至设计压力的1/4 以下。

操作一个周期后，升压过程中，器壁最低温度在达到93℃以前，操作压力不得超过设计压力的1/4，器壁最低温度在达到93℃以后，才允许逐渐升高到正常操作压力。升压速率不宜大于2.8MPa/h。

一个周期后再停工，器壁最低温度在达到93℃以前，操作压力必须降至设计压力的1/4 以下。

149. 某厂一台奥氏体不锈钢设备停工检修后再次开车时发生焊缝开裂现象，经金相检查发现开裂部位为热影响区，裂纹有内部向外扩张并具有典型的沿晶特征。该设备操作条件如下：压力3.6MPa，温度375℃，介质中含有约2.5%H_2S，停工后用水进行了冲洗。请判断焊缝开裂的机理。

答：高温硫腐蚀在不锈钢表面形成 FeS，停工期间水洗导致 FeS 与水反应生成连多硫酸，焊接热影响区存在敏化现象，最终发生沿晶应力腐蚀开裂。

150. 某常减压装置常顶油气线材质为20#钢，规格为ϕ426mm×10mm。自2008 年运行3 年后检测发现壁厚从10mm 减薄到8.6mm，2008 年后原油品质发生变化，脱后含盐量经常处于超标状态(大于3mg/L)。试分析该管线的主导损伤机理及主要影响因素。

答：该管线的主要损伤机理为 $HCl + H_2S + H_2O$ 环境下的腐蚀减薄，这类腐蚀常见于常减压装置的“三顶”(初顶、常顶和减顶)系统设备和管线，主要腐蚀介质为 HCl 溶于水后形成的稀盐酸，脱后含盐量超标会导致 HCl 含量增加，从而加剧腐蚀，保证电脱盐达标是预防“三顶”异常腐蚀的关键因素。

151. 列举工程上常采用防止晶间腐蚀的方法。

答：(1) 降低钢中的碳含量，使钢中含碳量低于平衡状态下在奥氏体内的饱和溶解度，即从根本上解决了铬的碳化物($Cr_{23}C_6$)在晶界上析出的可能。

(2) 加入 Ti、Nb 等能形成稳定碳化物(TiC 或 NbC)的元素，避免在晶界上析出 $Cr_{23}C_6$。

(3) 通过调整钢中奥氏体形成元素与铁素体额形成元素的比例，使其具有奥氏体＋铁素体双相组织，其中铁素体占5%～12%。

(4) 采用适当热处理工艺，可以防止晶间腐蚀，获得最佳的耐蚀性。

152. 何谓高硫低酸原油？

答：总硫含量(质)大于或等于1.0%，且酸值按照 GB/T 264—1983 方法测定小于0.5mgKOH/g。

153. 循环冷却水系统腐蚀类型有哪些？

答：异种金属接触导致的电偶腐蚀 、溶解氧导致的腐蚀、氯离子导致的腐蚀、微生物导致的腐蚀 、其他腐蚀因素。

154. 循环冷却水系统微生物的控制方法有哪些?

答：(1)做好水质清洁工作；(2)采用杀生涂料；(3)阴极保护；(4)清洗；(5)防止阳光照射；(6)噬菌体法；(7)添加杀生剂。

155. 简述热处理对钢材高温氢腐蚀的影响。

答：钢的抗氢腐蚀性能与钢的显微组织有密切关系。对于淬火状态，只需经很短时间加热就出现了氢腐蚀。但是一施行回火，且回火温度越高，由于可形成稳定的碳化物，抗氢腐蚀性能就得到改善。另外，对于在氢环境下使用的铬－钼钢设备，施行了焊后热处理同样具有可提高抗氢腐蚀能力的效果。

156. 简述应力对钢材高温氢腐蚀的影响。

答：在高温氢腐蚀中，应力的存在肯定会产生不利的影响。在高温氢气中蠕变强度会下降。特别是由于二次应力(如热应力或由冷作加工所引起的应力)的存在会加速高温氢腐蚀。当没有变形时，氢腐蚀具有较长的"孕育期"；随着冷变形量的增大，"孕育期"逐渐缩短，当变形量达一定程度时，则无论在任何试验温度下都无"孕育期"，只要暴露到此条件的氢气中，裂纹立刻就发生。

157. 炼油厂常用腐蚀介质分析方法有哪些?

答：(1) 石油产品和润滑剂酸值测定法(电位滴定法)；

(2) 深色石油产品硫含量测定法(管式炉法)；

(3) 石油产品硫含量测定法(能量色散 X 射线荧光光谱法)；

(4) 轻质石油产品中总硫含量测定法(电量法)；

(5) 油品中总活性硫测定法；

(6) 侧线油中铁离子，原油中铁、镍、钠、钒含量的测定(原子吸收光谱法)；

(7) 硫氢酸钾分光光度法；

(8) $AgNO_3$ 滴定法；

(9) 碘量法；

(10) 蒸馏滴定法。

158. 简述高温缓蚀剂的作用。

答：高温缓蚀剂一般为两类，一类是含有活性硫组分的非磷系缓蚀剂，一类是磷系缓蚀剂。非磷系缓蚀剂的活性硫组分在高温下能产生硫化物作用，从而形成一层硫化物的膜以阻止环烷酸的腐蚀，但是随着温度的升高和酸值的增加。硫化物膜会与具有活性的环烷酸亚铁反应而失去保护作用。磷系缓蚀剂在高温下具有一定程度的热裂解作用，从而形成具有活性组分的物质，其与金属能形成一层很质密的膜，达到保护金属外壁的作用。

159. 简述高温缓蚀剂注入点的选择原则。

答：高温缓蚀剂注入点的选择原则为：

① 高温缓蚀剂主要用于抑制炼油厂的高温环烷酸腐蚀；

② 高温缓蚀剂主要用于碳钢和低合金钢管道的防腐；

③ 加工高酸原油的减压塔侧线如减二线、减三线和减四线可考虑加注使用高温缓蚀剂。

160. 常、减压装置加工高硫低酸原油、低硫高酸、高硫高酸原油时高温部位以哪种腐蚀为主？严重腐蚀部位有哪些?

答：加工高硫低酸原油高温部位(温度大于 220℃)处于高温硫腐蚀环境，腐蚀严重的部位包括常压转油线、减压转油线、常压塔塔下部塔盘及抽出侧线的管道、换热器、机泵等、减压塔塔下部填料及抽出侧线的管道、换热器、机泵等、常压炉辐射室炉管、减压炉辐射室炉管等。

加工低硫高酸和高硫高酸原油时，常、减压装置高温部位（温度大于220℃）以高温环烷酸腐蚀为主。腐蚀严重的部位主要集中在减压系统，特别是减压塔减二线、减三线、减四线填料及其抽出侧线的管道、换热器、机泵等，同时常压转油线、减压转油线由于流速高，腐蚀严重。

161. 简述"三顶"冷凝冷却系统选材的主要原则。

答："三顶"冷凝冷却系统的选材以碳钢为主，主要靠完善工艺防腐措施来抑制腐蚀，若设备腐蚀严重，可以考虑使用双相钢、钛材和Monel等高等级材料，但设备材质应整体升级，避免出现薄弱环节，同时应注意异种金属接触引起的电偶腐蚀。亦可在冷却器管束、空冷器管束刷涂非金属涂层进行防腐蚀。

162. 催化反应再生系统腐蚀表现形式有哪些?

答：反应－再生器是催化裂化的核心设备，本系统的腐蚀主要表现为高温气体腐蚀、催化剂引起的磨蚀和冲蚀，热应力引起的焊缝开裂、取热器奥氏体钢蒸发管的高温水应力腐蚀开裂（SCC）和热应力腐蚀疲劳等。

163. 分馏系统主要腐蚀及存在部位有哪些?

答：高温硫腐蚀：腐蚀部位主要集中于分馏塔240℃以上的高温部位，及高温侧线和分馏塔进料段、人字挡板、油浆抽出线等，腐蚀形貌表现为均匀腐蚀和坑蚀。

分馏塔顶腐蚀和结盐：容易产生疏松垢层，易脱落在塔内堆积。腐蚀形貌表现为均匀腐蚀和坑蚀。

油浆蒸汽发生器管板应力腐蚀开裂：油浆蒸汽发生器管板与换热管焊接处及管板常出现大面积开裂。

164. 再生器取热管腐蚀的防护措施主要有哪些?

答：（1）不用奥氏体不锈钢，采用20G材料。

（2）在结构设计上保证水流通畅，有足够的膨胀补偿。

（3）防止热冲击，开停工升降温时，采用适当的蒸汽保护措施，不得中途停止供水。

165. 分馏系统腐蚀监检测主要包括哪些?

答：应重点关注的监测部位包括分馏塔壁及塔顶出口管线，塔顶冷换设备，分馏塔底塔壁及高温管线，油浆换热器等，对这些部位应布置定点测厚。也可以在高温管线上安装在线探针，同时对塔顶铁离子含量、氯离子含量等进行化学分析。

166. 焦炭塔主要腐蚀失效模式有哪些?

答：焦炭塔在生焦期，塔壁受到高温硫腐蚀，在冷却、切焦和预热期，受到$H_2S+HCl+NH_3+H_2O$型腐蚀，但因塔壁，特别是泡沫层以下塔壁通常附有一层牢固而致密的焦炭形成保护层，隔开了腐蚀介质，因而一般腐蚀不明显。泡沫段的内壁腐蚀较重是由于介质波动造成冲刷，使得塔壁上附着的焦炭层被冲刷掉，从而造成较严重的腐蚀。在塔顶部位，如由于有焊接件而导致保温不好，传热较快，达不到结焦温度，内壁无结焦层附着于塔壁，致使塔壁裸露而被腐蚀。焦炭塔经过蒸汽预热、油气预热、换塔、进油生焦、吹蒸汽、水冷却、放水和除焦等阶段完成每一生产周期（24～48h，有的炼油厂为19～20h），要经受从80～500℃左右的反复热冲击，伴随着长期反复冷却和反复加热可导致塔体变形、鼓胀，特别是以前碳钢材质制造的焦炭塔，而目前的铬－钼钢制造的焦炭塔则较少出现。此外，焦炭塔发生裂纹最多的位置在裙座焊缝。在API调查的焦炭塔中，有约一半的塔在靠近塔裙－壳体连接处的塔裙发生开裂，开裂常常发生在塔裙－壳体连接结构附近。

167. 分馏塔顶及塔顶腐蚀形式有哪些？

答：焦化分馏塔高温重油部位的腐蚀，主要为高温硫腐蚀。炼制高硫、高酸原油时，其减压渣油含硫、含酸均较高。在分馏塔集油箱附近塔壁及塔盘板上也会出现沟槽状的环烷酸腐蚀；分馏塔顶主要的腐蚀介质有硫化氢、氯化氢和氨，在温度低于120℃的部位，一方面存在 $H_2S + HCl + NH_3 + H_2O$ 腐蚀；另一方面，因介质中有氨存在，起中和作用，但带来了点蚀、坑蚀等局部腐蚀倾向。在分馏塔顶塔盘以及冷凝冷换设备等处，根据介质流速的高低，存在由铵盐引起的冲蚀或垢下腐蚀。

168. 防止塔体变形和焊缝开裂措施有哪些？

答：①应缓慢、均匀地冷却焦炭和塔壁，避免塔壁上产生向外的压力，塔体变形和开裂与塔体金属多次频繁的加热冷却所形成的塑性疲劳有关；②裂纹产生的主要原因之一是在加热和冷却条件下变形的速度过快，因而通过控制升降温速度可以减缓变形，或者将生产周期缩短；③因为塔体焊缝加强高度在焦炭塔操作条件下是引起应力集中、产生疲劳裂纹的根源，同时也是筒体段鼓凸变形的一个因素，为此，焊缝内外侧应全部磨平，其加强高度应为零，不等厚壁板相焊时，应打磨成1∶10斜坡，这样能减少由热循环引起的峰值应力；④所有与筒体相焊的连接焊缝处打磨圆滑。

169. 重整装置对于HCl造成的腐蚀，通常采取哪些工艺防腐措施？

答：(1) 对重整原料进行调和，降低原料中的氯含量。

(2) 注水或注氨水。

(3) 严格控制水氯平衡。

(4) 脱氯剂的使用。

(5) 原料或产品脱水。

(6) 加注缓蚀剂和中和剂。

170. 重整装置对于溶剂降解产物造成酸性物质腐蚀，通常采取哪些工艺防腐措施？

答：(1) 加注缓蚀剂。

(2) 制溶剂pH不低于8.0。

(3) 控制塔的操作温度，将再生塔底的操作温度降低到160℃以下时，可以有效防止溶剂的降解。

(4) 定期排除再生塔塔底废溶剂，补充新鲜溶剂。

(5) 投用大气水封罐，加强系统机械设备的密封，避免氧的侵入，剂降解。

(6) 用阴离子交换树脂法可有效净化环丁砜。

171. 预加氢及重整单元针对氯腐蚀如何选材？

答：预加氢系统原料中带来的，主要是油田助剂含有机氯。塔体材质可使用碳钢或碳钢+0Cr13，塔内件选用碳钢或0Cr13，冷换设备和管线可以采用Ni－P镀、双相钢、涂料等方法防腐，慎用敏化型不锈钢材质。

重整部分因为反应催化剂需要通过有机氯活化，有机氯在反应器中会生成HCl。重整部分设备管线气体干燥可以使用碳钢或低合金钢，对于脱戊烷塔塔顶系统，采用碳钢基本满足要求，如腐蚀严重，可以采用注氨或碱洗的措施来控制，重整反应产物后冷却器如果腐蚀严重可采用316L或317L。

172. 加氢裂化装置的主要存在哪些腐蚀？

答：高温高压氢引起的损伤、高温硫化氢/氢腐蚀、低温湿硫化氢引起的损伤，铬－钼钢的回火脆化、不锈钢的氯化物应力腐蚀开裂和连多硫酸开裂、氯化铵腐蚀、酸性水腐蚀。

173. 加氢反应器的腐蚀检查重点包括哪些部位？

答：堆焊层裂纹和堆焊层剥离情况；催化剂支撑凸台裂纹情况；主焊缝和接管焊缝裂纹情况；法兰梯形密封槽底部拐角处裂纹检查。

174. 简述防止空冷器 NH_4Cl、NH_4HS 垢下腐蚀和冲刷腐蚀对策。

答：(1) 高压空冷器前连续、均匀、稳定地注除盐水进行洗涤。

(2) 碳钢管束内物流的流速最大峰值为 6m/s；合金管束内物流的流速最大峰值为 9m/s。

(3) 装置最低负荷不能低于 70%，防止高压空冷器因流速低而出现偏流和管子结垢的情况(尽量使物流速度不低于 3m/s)。

(4) 有条件的还可同时加注缓蚀、阻垢剂。

175. 制氢装置的主要腐蚀介质有哪些？

答：氢气、二氧化碳和苯菲尔溶液中的碳酸钾。

176. 加氢精制装置腐蚀检查的重点部位有哪些？

答：反应系统、汽提塔顶冷凝冷却系统和加热炉等部位的设备和管线。

177. 制氢装置防腐蚀对策从哪几方面考虑？

答：制氢装置防腐蚀对策主要从选材、工艺防腐、腐蚀检测、运行管理等方面采取措施，就可达到控制腐蚀的目的。

178. 加氢裂化装置常见的腐蚀类型有哪些？

答：①氢脆和氢致开裂；②堆焊层剥离；③铬－钼钢回火脆性；④氯化铵引起的腐蚀；⑤酸性水腐蚀。

179. 加氢精制腐蚀检查部位的重点设备有哪些？

答：加热炉、反应器、高压换热器、高低压分离器、高压空冷器、管线。

180. 加氢精制反应器的腐蚀形式有哪些？

答：氢损伤(主要为表面脱碳和氢腐蚀)；高温 $H_2 + H_2S$ 的腐蚀；钢热壁反应器铬－钼的回火脆性和不锈钢堆焊层的剥离；停工期间的连多硫酸应力腐蚀开裂。

181. 循环氢加热炉炉体、空气预热器选材和防护措施有哪些？

答：①保护炉体衬里的完好性；②提高进料温度；③使用耐硫酸露点腐蚀用钢。

182. 非金属材料腐蚀试验方法有哪些？

答：(1) 塑料腐蚀试验方法。

(2) 玻璃钢腐蚀试验方法。

(3) 橡胶腐蚀试验方法。

(4) 陶瓷类腐蚀试验方法。

(5) 涂料腐蚀试验方法。

(6) 胶泥腐蚀试验方法。

(7) 非金属耐腐蚀性评定方法。

183. 简述腐蚀损失的类型。

答：腐蚀经济损失可分为直接损失和间接损失。

直接损失包括：材料损失、设备维修更换。

间接损失包括：突然停车、物料损失、产品污染、效率降低、过剩设计。

184. 石油化工管道防腐蚀涂装的作用是什么？

答：石油化工管道防腐蚀涂装有三方面的重要作用，其一，防止管道腐蚀，其二，减阻、节能提高输送能力；其三，某些特殊作用。

185. 石油化工大气中发生腐蚀的原因有哪些？

答：石油化工大气防腐蚀涂料主要用于涂装各种石油化工设备外壁，使之免受石油化工大气的腐蚀，同时兼有一定的装饰作用。因此，要求所用涂料必须耐各种石油化工气体，如二氧化硫、氨、氯、氧化氧、二氧化氯等的腐蚀，同时能经受干湿交替、温度剧变、紫外线等引起的腐蚀作用。

186. 石油化工大气腐蚀涂料有何特点？

答：石油化工大气防腐蚀涂料应具有良好的耐腐蚀性能，耐酸性气体如硫化氢、氯化氢、水的腐蚀，防潮、防霉，附着力好，长期使用中不产生粉化、软化、渗透和龟裂现象。

（四）常用静设备部分

换热器

1. 说明换热器型号（AES－500－1.6－54－6/25－4Ⅰ）中字母及数字表示的意义。

答：A代表平盖管箱；E代表单程壳体；S代表钩圈式浮头；500代表公称直径为500mm；2.5/1.6代表管设计压力为2.5MPa、壳程设计压力为1.6MPa；54代表公称换热面积为54m^2；6代表换热管长6m；25代表换热管外径25mm；4代表4管程；Ⅰ代表Ⅰ级管束（采用较高级、高级冷拔换热管）。

2. 符合哪些情况的管壳式换热器对接接头必须进行全部射线或超声检测？

答：（1）GB 150及GB 151等标准中规定进行全部射线或超声检测的换热器筒体。

（2）Ⅲ类压力容器（管壳式换热器）筒体。

（3）Ⅱ类压力容器（管壳式换热器）中易燃介质的管壳式换热器筒体。

（4）设计压力大于5.0MPa换热器筒体。

（5）疲劳分析设计的换热器筒体。

（6）符合下列之一的铝、铜、镍、钛及其合金制换热器筒体：

① 介质为易燃或毒性程度为极度、高度、中度危害的；

② 必须采用气压试验的；

③ 设计压力大于1.6MPa的。

3. 管壳式换热器壳体热处理要求是什么？

答：分为不进行热处理、局部热处理和整体热处理。依据为筒体材质和压力容器等级，但对管箱有特别要求，即碳钢、低合金钢制的带有分程隔板的管箱和浮头盖，以及管箱的侧向开孔超过1/3的圆筒内径管箱，必须进行消除应力热处理。

4. 管壳式换热器换热管束拼接要求有哪些?

答:(1) 焊接工艺评定。

(2) 一根换热管对接焊缝,直管不得超过一条;U 形管不得超过两条;最短管长不应小于 300mm;U 形弯管段加 50mm 直管范围内不得有拼接焊缝。

(3) 对口错边≤15%壁厚,且≤0.5mm。

(4) 对接后,应进行通球试验,以钢球通过为合格。当管外径 $d \leqslant 25$mm,钢球直径 = $0.75d$;当管外径 $25\text{mm} < d \leqslant 40$mm,钢球直径 = $0.8d$。

(5) 对接接头 X 射线抽检量为接头数的 10%,且不少于一条;JB 4730 Ⅲ级合格。如有一条不合格,应加倍抽查,再有不合格时,100% 检查。

5. 管壳式换热器 U 形管弯制要求有哪些?

答:(1) U 形管弯管段的弯曲半径最小应不小于 2 倍的换热管外径。

(2) U 形管弯管段的圆度偏差应≤10% 换热管名义外径。弯管半径≤2.5 倍换热管名义外径时,圆度偏差应≤15% 换热管名义外径。

(3) U 形管不宜热弯。

(4) 有应力腐蚀要求时,碳钢、低合金钢冷弯的 U 形管段包括至少 150mm 的直管段应进行热处理。不锈钢按供需双方商定的方法进行热处理。

6. 简述换热器压力试验的顺序和目的。

答:(1) 固定管板式:

壳程试压:检查换热管与管板连接接头、壳体强度。

管程试压:检查管箱强度和管箱密封面。

(2) U 形管式、釜式重沸器(U 形管束)与填料函式:

加试验压环进行壳程试验:检查管板连接接头、壳体强度。

管程试压:检查管箱强度和管箱密封面。

(3) 浮头式、釜式重沸器(浮头式管束):

用试验压环和浮头专用试压工具进行管头试压。对釜式重沸器尚应配合管头试压专用壳体。检查管板连接接头、壳体强度。

管程试压:检验管箱强度,管箱密封面和浮头密封面。

壳程试压:检验凸形封头密封面。

7. 空冷器检修包括哪些主要内容?

答:(1) 清扫检查管箱及管束。

(2) 更换腐蚀严重的管箱丝堵、管箱法兰的联接螺栓、螺母及法兰垫片。

(3) 检查修复风筒、百叶窗及喷水设施。

(4) 处理泄漏的管子。

(5) 校验安全附件。

(6) 整体更换管束(如有必要)。

(7) 对管束进行试压。

(8) 检查修理轴流风机。

8. 空冷器管束使用注意哪些事项?

答:(1) 管内介质、温度、压力均应符合设计条件,严禁超压,超温操作。

(2) 管内升压、升温时,应缓慢逐级递升,以免因冲击骤热而损坏设备。

（3）空冷器正常操作时，应先开启风机，再向管束内通入介质。停止操作时，应先停止向管束内通入介质，后停风机。

（4）易凝介质于冬季操作时，其程序与（3）相反。

（5）负压操作的空冷器开机时，应先开启抽气器，管内达到规定的真空度时再启动风机，然后通入管内介质；停机时，按相反程序操作。冬季操作时，开启抽气器达到规定真空度后，先通入管内介质，再启动风机，以免管内冻结无法运行。

（6）停车时，应用低压蒸汽吹扫并排净凝液，以免冻结和腐蚀。

（7）开车前应将浮动管箱两端的紧定螺栓卸掉，保证浮动管箱在运行过程中可自由移动，以补偿翅片管热胀冷缩时的变形量。

检查翅片管内部腐蚀或结垢的方法：使用内窥镜、管壁测厚、翅片管剖开（破坏性检查）等。

9. 空冷器应如何维护？

答：（1）检查管束各密封面不得有泄漏现象。如有泄漏时，丝堵式管箱可将丝堵适当拧紧，仍无效果时，应停机更换垫圈或换丝堵（凡需更换垫片或螺接紧固件时，应先停机并将介质放空，然后进行）。

（2）翅片管端泄漏时，允许将管子重胀。重胀次数不得超过2次，并注意不要过胀。无法用胀接修复时应更换翅片管。作为临时措施，也允许用金属塞堵塞。

（3）如需到管束表面上检查时，应在翅片管上垫以木板或橡胶板，以免损坏翅片。

（4）铝翅片如被碰倒时，应用专用工具（扁口钳）扶直。

（5）定期清除翅片上的尘垢以减少空气阻力，保持冷却能力。清除方法用压力水或压缩蒸汽冲刷。

（6）检查管束热偿结构工作是否正常，浮动管箱移动必须灵活，不允许有滞卡现象。

（7）定期维护时，应用蒸汽及水冲刷管束内部，务必将污垢除净。并应检查腐蚀厚度，其值不应超过规定值（碳钢为3mm）。检查后重新安装时，应更换丝堵垫片及法兰。

（8）定期维护时，应在管束外表面（不包括翅片表面）涂一层银粉漆。

10. 简述U形管换热器试压。

答：U形管换热器试压分壳程试压、管程试压。

（1）壳程试压

目的：检查管板与管子连接口、管板与壳体法兰间密封、壳体压力容器强度试验。

回装密封圈和U形管束，管束管箱侧放试验压环，试验压力为$(1.1\sim1.25)P$。

（2）管程试压

管程试压目的：检查管箱与管板间密封，管箱压力容器强度试验。

回装垫圈、管箱，升压，试验压力为$1.25P$。

11. 换热器常见的腐蚀类型有哪些？

答：①电偶腐蚀；②孔蚀；③缝隙腐蚀；④晶间腐蚀；⑤应力腐蚀破裂；⑥氢损伤；⑦冲刷腐蚀；⑧硫化物腐蚀。

12. 简述换热设备的防腐主要采用哪些方法？

答：①合理选材；②缓蚀剂；③电化学保护；④涂料保护；⑤化学镀镍磷；⑥渗铝。

13. 管壳式换热器大修时的检修内容有哪些？

答：（1）宏观检查壳体、管束及构件腐蚀、裂纹、变形等必要时采用表面检测及涡流检测抽查。

（2）检查防腐层有无老化、脱落。

（3）检查衬里腐蚀、鼓包、皱褶和裂纹。

（4）检查密封面、密封垫。

（5）检查紧固件的损伤情况。对高压螺栓、螺母逐个清洗检查，必要时进行无损探伤。

（6）检查基础有无下沉、倾斜、破损、裂纹，及其他地脚螺栓、有无松动、损坏。

14. 浮头式换热器组装顺序是什么？

答：（1）在壳侧法兰密封面放密封垫圈，O形和八角形钢垫圈，可用润滑脂粘住，缠绕式和波齿垫一般用聚四氟塑料袋缚在法兰螺栓上。

（2）穿管束。

（3）装浮头专用试压工具，固定管板侧放试压环，为壳程试压做准备。

（4）壳程试压。

（5）拆浮头专用工具，装浮头盖，装管箱。

（6）管程试压。

（7）安装凸形封头。

（8）壳程试压。

15. 换热器日常检查内容有哪些？

答：换热器日常检查内容包括运行异声、压力、温度、流量、泄漏、介质、基础支架、保温层、振动、仪表灵敏度等。

（1）温度：是换热器运行中的主要操作指标，测定及检查换热器中个流体的进出口的温度计变化，可以分析判断介质流量的大小及换热器情况的好坏。要防止温度的急剧变化，因为温度剧变会造成管束管板膨胀收缩不一致，引起管束与管板脱离或局部变形及裂缝，还会加快腐蚀及产生热疲劳裂纹。

（2）压力：通过对流体压力及进出口压差的测定与检查，可判断换热器内部结垢，堵塞及流体流量大小或泄漏情况。

（3）泄漏：对低毒介质轻微的气体外漏，可以直接抹肥皂水或发泡剂检查，也可以借助试纸变色情况检查。定期对壳体各连接处周围空气取样分析，也能判断泄漏及泄漏量的大小。内部泄漏，可以从介质温度、压力、流量、异声、振动及其他异常情况来判断。

16. 管壳式换热器小修的主要内容有哪些？

答：（1）清扫管程内部及头盖积垢。

（2）通过试压找出泄漏的管子和管口。

（3）对泄漏的管口进行补胀、补焊，对泄漏的管子用锥形堵头堵死。

（4）对管束进行试压。

（5）对管箱、后盖、出入口接管法兰换垫片并试压。

（6）部分螺栓、螺帽更换及壳体保温修补。

17. 管壳式换热器大修的主要内容有哪些？

答：（1）抽芯，使用专用抽芯机将管束从壳体里抽出。

（2）管壳程清洗。

（3）管束回装，通过试压查漏、堵漏。

（4）当管束堵管数达到管程单程管子10%以上时，管束应进行更新。

（5）浮头式管束进行3程试压，U形管换热器进行2程试压。

（6）换热器壳体压力容器检验超标时，必须消除壳体焊缝缺陷或更新。

18. 板式换热器失效形式和主要因素是什么？

答：（1）密封失效。压力原因：可拆式板式换热器在额定工作压力之内使用时出现泄漏，除设备在制造装配方面的质量因素之外，主要与系统中出现的非正常冲击载荷有关（水锤、汽锤），使安装在板式换热器中的橡胶密封垫片移位，导致密封失效。温度原因：温度的急剧变化也能造成密封失效。

（2）设备堵塞与结垢。堵塞：板式换热器流道间隙较小（1.5～6mm）直径大于1.5～3mm的颗粒杂物易阻塞板片通道，使设备的压力降急剧增加，导致设备因堵塞而失效。结垢：介质中的钙镁离子在适宜的温度析出后很容易在积瘤（肋槽）上附着长大，形成蜂窝状的垢样。

（3）腐蚀。奥氏体不锈钢板式换热器表现出的腐蚀现象大多是应力腐蚀，常发生在板片密封槽底部，以及有污垢形成后的垢底部位，板片组成后形成了多缝隙结构。缝隙容易造成氯离子富集，有可能发生应力腐蚀开裂。

（4）其他原因。对于特殊材料如不锈钢材质在清洗时使用不当的清洗剂如盐酸或盐酸类，可导致板面损坏。

19. 浮头式换热器全过程试压分为哪几程？说明每一程的具体要求。

答：浮头式换热器全过程试压分为3程。第1程：试验管束固定管板，浮动管板与管子接口。①将管束与壳体间的垫圈放入法兰密封面处，一般是用润滑脂粘住，并用聚四氟密封带绑在法兰上；②用抽心机将管束顶入壳体；③斧头侧上试压胎具，固定管板侧上家法兰。

第2程：管箱及浮头试压。具体做法：①回装管箱和浮头封头；②从管箱法兰入水。

第3程：壳体和外头盖试压，目的是试验壳体压力容器、固定管板与壳体法兰密封面、外盖头法兰与壳体法兰密封面。具体做法：①回装外头盖；②壳体法兰入水。

20. 简述螺纹锁紧环换热器的优缺点。

答：优点：

① 密封性能可靠，压紧螺栓直径较小；

② 泄漏面少；

③ 检修方便；

④ 金属用量少；

⑤ 结构紧凑。

缺点：

① 制造难度大，技术要求高；

② 结构复杂，内件多，装配要求高。

21. 简述检修过程中内、外压螺栓拧不出或拧断的原因及处理方法。

答：原因分析：

（1）管箱内件和管箱、壳体材质搭配不当。

（2）螺纹摩擦副丝扣较长，加上所配丝扣都是细牙螺纹，只要某一处出现变形或者错位，或者在上紧不畅的情况下，若此时加大扭矩，都会使丝扣出现乱扣现象。

处理方法：

（1）如果部分压紧螺栓在拧松的情况下拧断，这并不影响锁紧环和头盖的拆卸，可在头盖拆下后用机加工处理。

（2）如果在螺栓断的时候螺栓还未拧松，只能现场用枪钻和磁座钻把断螺栓取出。但在施工时不能破坏螺栓孔，且在安装前，所有螺孔都要重新攻丝。

22. 简述检修过程中锁紧环螺纹拧不开或半路咬死的原因及处理方法。

答：原因分析：

（1）部分外圈压紧螺栓无法拆卸，只是螺纹锁紧环不能自由旋出。

（2）螺纹丝扣较长，如某一部分有杂物或者出现变形，就会出现卡涩现象。

（3）螺纹锁紧环直径达，偏重，专用拆卸工具现场操作较难，加上人为调节、测量误差，致使螺纹锁紧环与壳体在拆卸过程中不能一直保持较好的同心度和垂直度。

处理方法：

（1）可在管箱壳体外包上电加热器加热使壳体膨胀，或在专用松紧杆上用千斤顶助力。

（2）半路螺纹咬死：当螺纹锁紧环旋出和旋进过程中发现有意外卡涩现象时，要及时查找原因，调整同心，可进行几次正反旋动，并加润滑油，以消除毛刺；如果卡涩越来越严重，在适当提高螺纹锁紧环外圈上的力还不能松动时，要重新加热壳体并在允许范围内适当提高加热温度，使壳体膨胀，再旋出；如果仍然不能旋出，可将锁紧环外圈上的力增加，直至旋出。

23. 简述内法兰螺栓拧不出或拧断的原因及处理方法。

答：如果内法兰压紧螺栓拧不出或拧断，将会使三合环和内法兰取不出来，所以必须在现场进行处理。

原因分析：

（1）螺栓设计不合理。即螺栓头部没有顶住，内法兰螺栓在各种轴向力的作用下，头部容易墩粗或弯曲。

（2）内法兰螺栓与内法兰、三合环材质搭配不好，在高温作用下变形咬死。

处理方法：

由于螺栓是通过三合环上的螺栓再拧在内法兰上的，所以必须要把埋在三合环孔内的螺栓头处理掉，可根据实际情况采取不同方法。

（1）把三合环孔内的断螺栓用钻机打掉，但由于内部空间较小，工作难度较大，故应根据现场实际情况采用合理的作业方法及保护措施，并且要根据丝扣的损害情况，进行堆焊或者重新攻丝。

（2）经有关部门同意后用气割或等离子切割破坏三合环，从内缘把三合环割穿，再把螺栓割平，就可取出三合环和内法兰，但要更换三合环。

（3）将所有内法兰螺栓头部丝扣车小为缩径光杆，避免螺栓头部墩粗或弯曲。

24. 换热器主要防振措施有哪些？

答：降低流体在壳程的流速，提高管子的固有频率，改变折流板的形式，以改变换热管的支撑状况。

25. 螺纹锁紧环换热器分程箱中的密封带起到何用？

答：用于封闭管程介质入口，防止介质从入口端流出分程箱。

26. 从螺纹环换热器管箱底部观察孔发现泄漏介质，应如何处理？

答：按照螺栓规格计算扭矩值，利用扭矩扳手适当增大扭矩将承压环上紧外圈螺栓。

27. 螺纹环换热器检修时，螺纹承压环拆卸启动困难的原因有哪些？

答：抗高温咬死剂经超温失效，螺纹之间无润滑油膜；螺纹经高温后产生微量变形，有咬死现象；专用拆装工具操作不当，与设备轴心偏离，用力不均等。

28. 螺纹环换热器检修时，解决螺纹承压环拆卸启动困难的办法有哪些？

答：带压力向注油孔注入检动剂浸透一段时间；负载时敲击震动壳体使咬死处脱开，加快润滑油膜的形成；借助增力机构加大扭矩值。

29. 换热器腐蚀的控制原则是什么？

答：腐蚀控制可通过两种主要途径：①腐蚀的预防；②腐蚀的防护。腐蚀预防基于使设备不会发生腐蚀的设计思路，而腐蚀防护的目的在于使腐蚀侵蚀最小化。材料发生腐蚀是由于材料与环境的电化学反应，在大多数的情况下，这种侵蚀是不可预防的，仅可以控制它使设备获得有效的寿命。各种腐蚀控制技术如下：

① 合适的设计；

② 改变腐蚀性环境的性质；

③ 使用耐腐蚀材料；

④ 采用复合层和双金属管等双金属结构；

⑤ 应用隔离覆盖层和表面处理；

⑥ 提供阴极或阳极电化学保护；

⑦ 钝化。

每一种方法都有其优缺点和最经济的使用场合。没有哪一种方法对所有的腐蚀问题是通用的解决方法。实施腐蚀控制以前，每个问题都应单独加以研究。由设备的使用者进行成本效益分析以决定最适于解决这些问题的解决方案。

管式加热炉

30. 炼油化工企业管式加热炉有哪些节能改造措施？

答：(1) 增设空气预热器，回收烟气余热。

(2) 充分利用对流室，增加对流室传热面积。

(3) 冷进料、热油预热空气。

(4) 加强隔热保温，减少散热损失。

(5) 严密封堵漏风，合理控制过剩空气系数。

(6) 设置有效监控系统，保证优化运行。

(7) 研制高效新型火嘴，合理配置选用燃烧器。

31. 炉管焊缝表面质量要求有哪些？

答：(1) 焊缝外形尺寸应符合设计要求，焊缝与母材应圆滑过渡。

(2) 焊缝预热影响区表面不应有裂纹、气孔、弧坑和肉眼可见的夹渣等缺陷。高合金钢、不锈钢管及合金钢管焊缝表面应进行100%的着色渗透探伤检查。

(3) 焊缝全高不宜大于1.5mm。

(4) 焊缝咬边深度不得超过0.5mm其连续长度两侧累计不得超过焊缝全场的10%，且不应大于100mm。个别咬边深度大于0.5mm时，可进行修磨或焊补，焊补后应磨光，经修部位的厚度不应小于设计要求的厚度。辐射段炉管的焊缝不得有咬边现象。

（5）焊缝外表面局部凹陷不得低于母材，内表面局部凹陷不得大于0.5mm。

（6）内表面焊瘤最大突出高度不应大于1mm。

（7）焊缝宽度应均匀一致，其偏差不得超过2mm。

32. 影响炉管胀接质量的因素有哪些?

答：①胀管率；②管子与管孔间隙；③管子与管孔接触状况；④管端伸出长度和翻边；⑤孔壁厚度的影响；⑥管材塑性的影响；⑦管孔节距和位置的影响；⑧胀接速度的影响；⑨胀管器的选择和检查。

33. 单纯用于加热的一般管式加热炉炉管的报废标准是什么?

答：对在运行炉管可进行外观检查、测厚和金相检查等，如发现以下情况之一者应更换。

① 鼓包、严重裂纹和网状裂纹；

② 卧置炉管相邻两支架间的弯曲度大于炉管外径的2倍(经金相检查及测厚，不影响安全生产，认为可以使用的，可延期更换)；

③ 炉管由于严重腐蚀、爆皮，管壁厚度小于厚度允许值；

④ 外径增大5%；

⑤ 胀口在使用中胀接次数超过3次，胀值总和超过0.8mm；

⑥ 胀口腐蚀、脱落，胀口露头少于3mm；

⑦ 金相组织有晶界氧化，严重球化及晶界裂纹等缺陷。

34. 什么是软炉墙?

答：所谓“软炉墙”是指由硅酸铝耐火纤维毡和岩棉板或酚醛树脂矿棉板复合组成的炉墙。

35. 高强燃烧器的主要优缺点是什么?

答：优点：①可以在极低的过剩空气量下达到完全燃烧，提高管式炉的热效率，节省燃料。②可以提高炉管平均热强度。对新建管式炉，可减少投资，对已建管式炉，可提高处理能力。③由于高强燃烧器能在低过剩空气下燃烧，可减少大气污染，减轻炉管积灰和减轻低温和高强腐蚀。

缺点：①预热筒壁结焦和耐火材料寿命短；②如果高强燃烧器和炉膛配合不当，还可能产生共振和极大的噪声，提高炉管表面平均热强度的优点也将表现不出来；③如果没有良好的燃料－空气自动比例调节系统，高强燃烧器要经常处在极低的过剩空气下正常运行也是不可能的，这将直接影响它的节能效果。所有这些缺点和存在的问题，使它还迟迟不能在管式炉上广泛得到应用。

36. 强制送风气器与自然通风燃烧器相比有何优点?

答：(1) 空气进入燃烧器的流速高，与燃料混合良好，过剩空气系数低。强制送风火道喉口处的风速大，为30～60m/s，而自然通风火道喉口处的风速只有10～15m/s。

（2）燃烧器数量少，便于采用火焰调节及安全保护系统。

（3）易于控制火焰形状、改善传热。

（4）有风罩，可以减少噪声，自然通风燃烧器的噪声为100～110dB，而强制送风为85dB以下。

37. 炉管安装要求有哪些?

答：(1) 炉管安装前应详细检查管板、管架和定位管的安装位置是否符合设计要求，并清除定位管内的赃物。

（2）单根炉管在安装或组焊前，应将管内、外壁清扫干净。反待组焊的暴露管口，应临时采取保护措施。

（3）炉管在运输和吊装过程中，必须有防止变形的加固措施。

（4）立管吊装时应平稳，不得撞击炉墙和衬里。水平管穿管时，不得撞击管板、管架和折流砖。

（5）立管上端采用炉外支承时，每根吊管的两个支耳应水平地支承在吊管梁上。如果支耳与吊管梁之间间隙较大或炉管垂直度偏差较大，可在支耳下增加垫铁找正。垫铁与支耳找正后应点焊牢固。若立管采用炉内下支承时，下弯头或弯管上的导向管，应插入炉底定位孔内，并不得强行对中。

（6）炉管安装时，必须保证导向管与定位管的安装尺寸，以满足炉管升温后能自由膨胀。乙烯裂解炉辐射段炉管的安装，可根据现场实际情况采用顶部吊入和侧面吊入的方法。

38. 裂解炉侧墙燃烧器安装如何规定？

答：（1）燃烧器的安装应在筑炉工作完成并检查合格后进行。

（2）经调整后燃烧器喷嘴的垂直度，其全长偏斜应小于5mm。

（3）燃烧器喷嘴头的环向间隙不应小于10mm，且最大值和最小值之差不应大于10mm，燃烧器喷头露出耐火衬里表面的尺寸允许偏差为±6mm。

39. 裂解炉底部燃烧器安装如何规定？

答：（1）燃烧器的安装应在筑炉，是配合安装。

（2）安装燃烧器时，应先安装燃烧器的异形砖，然后将燃烧器组合件插入预留孔内，用螺栓将其与炉底板固定。

（3）油枪导管应在燃烧器孔的中心，其允许偏差为3mm，油枪垂直度的允许偏差应小于6mm。

（4）燃油、雾化蒸汽和燃气入口的接管不得相互接错。

40. 简述烘炉的规范。

答：当气密试验和炉膛清扫结束后，可进行烘炉工作。烘炉时应遵循如下程序：

① 点燃所有火嘴；

② 缓慢升高炉膛温度至250℃，升温速度为15℃/h；

③ 在250℃时恒温24h；

④ 以15℃/h的速度从250℃升温至500℃；

⑤ 在500℃恒温36h；

⑥ 以50℃/h的速度升温至工作温度，整个烘炉时间为108h。

41. 辐射炉管的安装要求有哪些？

答：（1）离心铸造高温裂解炉管的运输、停放要特别小心，炉管的任何部位不允许受到冲击、敲击和擦伤，避免与诸如铝、黄铜、青铜、镀锌金属等接触，不允许与溶剂、油或脂类接触，唯一在焊前用于清洗管端和坡口的溶剂是丙酮。

（2）在将炉管吊入炉膛之前，必须在地面将炉管清理干净。用不锈钢刷去除制造厂的标记和炉管上的杂物。

（3）沿炉管长度方向，等距离用角钢做加强筋，并垫以黑胶皮，使炉管与炉管之间保持等距并保证其刚性。

(4) 在炉底垫以枕木来临时支撑炉管。只有当炉管由平衡配重系统悬吊时，加强筋和临时支撑才可移去。

42. 简述吹灰器的维护要求。

答：(1) 吹灰器一般8～24h使用一次，蒸汽管内会有冷凝水积存，为避免蒸汽管发生水击和水蒸气带入炉内，吹灰前必须先排出冷凝水。吹灰时关闭防水阀，打开总阀。吹灰完毕后，关闭总阀，打开放水阀，为放净管线内的冷凝水。各支管应保持水平或向排水方向略为倾斜。

(2) 对每台吹灰器应做定期检查，以保证处于良好状态。

(3) 检查吹灰器的驱动电机和传动机构是否按程序工作。

(4) 检查所装的防气候罩和气体管线及电气连线是否完好。

(5) 定期检查吹灰管是否弯曲，喷汽孔是否堵塞。

(6) 冬季须防止蒸汽管线冷凝水的冻结，经常检查防水是否有效。

43. 烟囱挡板如何维护？

答：烟囱挡板在使用工程中，长期处于加热炉出口烟气中，故易出现低温烟气露点腐蚀。检修中要检查腐蚀情况，视腐蚀程度进行检修及更换。在使用中，还容易出现弯曲变形、卡死等现象。要检查烟囱挡板轴承及执行机构杠杆系统的转动是否灵活。对轴承及杠杆铰接部位清洗加油，校对调节机构与挡板实际开度是否一致。

44. 列出炉子燃烧不好时的各种状况，并简述如何用"三门一板"进行调节。

答：火焰过长：开大雾化蒸汽，关小油门，加大通风量。

火焰过短：关小雾化蒸汽，开大油门，关小通风量。

火焰颜色发红：开大雾化蒸汽，加大通风量。

火焰颜色发白：关小雾化蒸汽，开大油门，关小风门。

火焰缩火，加温脱水，提高和稳定油压、汽压。

火焰回火，应当在点火前向炉膛内吹蒸汽，除净可燃气，调节烟囱挡板，直至烟囱冒蒸汽再慢慢打开油门。

炉膛发暗，是由于挡板开度小，炉膛负压小，供风不足，雾化不好造成的，进行相应调节即可。

烟囱冒黑烟，是由于进料量突然的变化，"三门一板"调节跟不上雾化蒸汽压力突然下降，供风不足使火嘴雾化不好，烟囱出现黑烟。此时应该开大雾化蒸汽，开大风门，保证火嘴燃烧良好，燃烧完全。

45. 简述在炉子操作中影响负荷上、下限的因素。

答：炉膛体积限制、烟气测阻力限制、管内流速限制、火墙温度限制影响着炉子负荷的上限；辐射管受热不均、局部过热这些都影响着炉子负荷的下限。

46. 炉子常用的检测仪器和仪表有哪些？

答：热效率仪、热流计与表面温度计、光学高温计、红外热像仪。

47. 简述炉子温度控制中，单回路温度控制系统和串级调节温度控制的基本原理，并说说串级控制的优势。

答：单回路温度控制系统：变送器用以测量各种参数，并将测量结果按比例转换成风压或者电流信号，送到仪表上显示，或送到调节器进行调节。调节器接收到信号后，将它与给定值比较，按照一定规律发出指令，指挥执行机构动作，使被调参数维持在给定值上。执行机构通常采用气动薄膜调节阀，它接受调节器来的指令，改变调节阀的开度，起到相当于人工开阀或关阀的作用。

串级控制：用主调节器控制油品出口温度，而用副调节器调节燃料流量。将主调节器的输出作为副调节器的"给定值"，这个给定值是变化的。这样，当燃料流量有变化的时候，因为炉子严重滞后，油品出炉温度不会马上变化，主调节器的输出，即副调节器的给定值暂时不变，在这段时间里，副调节器就可以迅速使燃料流量回到原来数值，温度也就不波动了。

对比：单回路温度调节控制，调节的过程较长，炉子对调节的反应速度慢而串级控制很好地克服了这些缺点。

48. 简述炉子的CO含量自控系统工作原理。

答：空气中CO含量极小，所以炉内CO含量主要取决于燃烧是否完全，因此CO含量要比测氧气含量更能反映燃烧状况。当CO含量在100～200ppm之间时，炉子效率一般为最高，这个区域称为灵敏区。

49. 加热炉的烟道挡板和风门开度大小对操作有何影响?

答：加热炉烟道挡板和风门开度大小影响炉膛内烟气的流量，影响炉内抽力大小。开度大，抽力大，热量带走多，损失大，效率低，同时过剩空气量大，过多的空气进入炉膛，造成炉管氧化剥皮现象，缩短炉管使用寿命；挡板开度太小，燃烧不完全，炉膛内出现烟雾，甚至造成正压回火。风门开得过小，使入炉空气量减少，火焰软而散，燃烧不充分，烟气含一氧化碳多，燃料消耗大，炉子热效率低。因而，在实际操作中，加热炉的风门和烟道挡板要密切配合调节，保证一定的抽力，控制一定过剩空气系数，提高热效率，延长加热炉管的使用寿命。

50. 简述回火的含义及处理措施。

答：气体燃料和预混空气的混合物流出火孔的速度小于火焰传播速度，火焰回到燃烧器内部燃烧的现象叫回火。

处理措施：

① 提高瓦斯压力；

② 对含氢量高的气体燃料只推荐采用外混式气体燃烧器。

51. 简述脱火的含义及处理措施。

答：脱火的含义：气体燃料和预混空气的混合物的流出火孔的速度大于脱火极限，使燃料气离开喷头一段距离以后才着火。脱火和回火是两种相反的燃烧状态。

处理措施：

① 改进燃烧器结构，加设稳焰器；

② 降低瓦斯压力等。

52. 加热炉炉膛出现正压故障的原因及处理措施是什么?

答：原因：

① 炉膛充满油气，点火发生爆燃时，炉膛回火并出现正压；

② 炉膛燃烧不好、烟气不能及时排出时，炉膛会出现正压；

③ 加热炉超负荷；

④ 燃料气带油或燃料气入炉量突然增大；

⑤ 烟道挡板开得过小；

⑥ 烟气系统发生故障。

处理措施：

① 避免出现回火现象，加强瓦斯切液，适当开大烟道挡板或引风机入口蝶阀；

② 如风机跳闸迅速打开烟道挡板，联系有关单位人员迅速排除电气、设备故障；

③ 降低处理量，严禁加热炉超负荷运行。

53. 加热炉系统烟气露点腐蚀的防止措施有哪些？

答：①提高空气预热器入口的空气温度；②低温段采用卧管式空气预热器；③控制合理的空气过剩量；④采用耐腐蚀材料；⑤使用低硫燃料；⑥添加中和剂。

54、简述烟气露点腐蚀机理。

答：燃料油或燃料气中含有少量硫，燃烧后形成 SO_2，然后进一步氧化成 SO_3，在高温下 SO_3 不腐蚀金属，但在400℃以下，SO_3 与水蒸气生成稀硫酸，凝结到炉管尾部受热面上时就会发生低温硫酸腐蚀。同时还会粘附烟气中的灰尘形成不易清除的积垢，使烟气通道不畅甚至堵塞。

55. 对炉子的常规检查有哪几种方法？

答：外观检查、锤击检查、灯光检查、拉线检查和直尺检查、样板检查、超声测厚、高温测厚、钻孔检查、侧漏检查、污染与噪声检查。

56. 炉管内部腐蚀损伤有哪些？

答：①高温结焦、碳化腐蚀；②氢损伤；③应力腐蚀；④硫及硫化物的腐蚀；⑤环烷酸及连多硫酸的腐蚀；⑥废热锅炉水侧腐蚀。

57. 什么是高温氧化腐蚀？

答：高温氧化是管式加热炉运行时，受热元件在运行中的主要外部腐蚀形式。高温氧化是金属材料与氧化性介质进行的化学反映，是金属材料化学腐蚀的一种特殊形式，它发生在各种干燥的气体(如空气、燃烧产物、过热蒸汽)中，也叫做气体腐蚀。

58. 炉管受燃气腐蚀有哪几种？

答：管式加热炉受热金属面与高温烟气长期接触过程中，金属表面不断受到侵蚀，有时还会侵蚀到金属内部，这种现象叫做燃气腐蚀。

燃气腐蚀有两种，一种是在高温情况下与干燥气体产生的高温氧化腐蚀。另一种是由硫、钒、氧、氢等在一定条件下引起的金属壁损伤，表现为斑点状、局部凹坑，穿孔或晶间腐蚀。

59. 简述高温结焦、碳化腐蚀严重产生的原因及避免措施。

答：管式加热炉一般都有高温结焦，一般来讲产生结焦的原因有介质组分重、温度高、流速慢、停留时间过长。一般情况下没1mm厚的焦可使壁温提高30～50℃，而壁温上升又使结焦进一步加重。

避免措施：在物料中加入蒸汽，降低烃分压。在保证符合工艺要求的基础上增加物料流速，降低温度。条件允许情况下尽量多采用较轻的物料。

60. 管式炉使用中易出现的事故和故障有哪些？

答：炉管烧弯、穿孔及炉膛着火、炉衬烧损、塌落、堵塞火嘴、火焰偏斜、舔管、二次尾烧和熄火、爆燃等。

61. 裂解炉辐射段炉管更换依据的标准是什么？

答：(1) 裂纹深度超过壁厚1/2。

（2）渗碳深度大于管壁厚的60%。

（3）炉管膨胀量超过外径的5%或周长增加3%以上，凸起部位的顶部出现线状“回缩”凹坑。

（4）炉管严重弯曲，致使导向管失去导向作用。

62. 注入式带压补漏使用的夹具可以扩大密封剂使用范围的原理是什么？

答：（1）由于夹具承受了泄漏介质的压力，更能适用于高压情况下的补漏。

（2）密封剂处于泄漏设备和夹具之间的空腔中，仅接触所堵的介质，基本不与空气接触，避开了能使高分子材料迅速老化的氧和紫外线，大大提高了剂料的使用寿命和耐湿极限。

63. 发生二次尾烧的原因有哪些？

答：二次尾烧是指在加热炉烟道内的燃烧。发生的原因主要是在烟道内积存有可燃物质。当炉膛内未充分燃烧的高温烟气在高氧含量情况下，流经烟道时，易发生二次尾烧，二次尾烧具有很大的隐蔽性，一旦发现较晚，则会造成很大损失。

64. 二次尾烧的主要特征是什么？

答：①烟道的烟气温度急剧升高；②烟道及炉膛负压剧烈波动；③烟囱冒黑烟；④烟道人孔门及引风机轴封处向外冒烟或产生火星。

65. 加热炉熄火的主要原因及处理措施有哪些？

答：（1）加热炉在低负压运行时，漏风过多、送风量过大，使冷空气进入炉膛带走大量热量造成炉膛温度过低而熄火。

（2）燃油火嘴油路阻塞或火嘴阻塞。

（3）炉衬脱落压灭火嘴。

处理措施：发现加热炉熄火后，应立即停止向燃烧器供给燃料，同时加大燃烧器风门和烟道挡板开度，增大空气流量，疏散炉膛可燃气体。经检测确认炉膛内已无燃气积存，才可以重新点火。

66. 裂解炉炉管断裂的原因及处理方法有哪些？

答：渗碳、热冲击、蠕变、超温、水锤。

处理措施：①定期检测渗碳和更换炉管；②修补断裂部位；③定期检测裂纹和更换炉管；④定期检查、测温、调整炉管温度分布；⑤改善操作，降低升、降温度速度。

67. 裂解炉急冷锅炉内管泄漏的原因与处理方法有哪些？

答：腐蚀、机械损伤、焊接缺陷、应力过高。处理措施：

① 加强锅炉水质管理；

② 加强运行管理避免运行时间过长、文明清焦；

③ 更换内管；

④ 定期检测内管腐蚀情况。

68. 减小过剩空气系数 α 应该注意什么问题？

答：减小过剩空气系数虽然有许多好处，但前提是：必须保证燃料完全燃烧，否则会加大化学不完全燃烧和机械不完全燃烧的损失，在表面上看来减少了 α，提高了热效率，实际上加大了不完全燃烧热损失，炉子最终热效率并未得到提高，很可能燃料烧得更多了。

69. 简述燃烧器火焰颜色及形状的要求。

答：在过去，要求加热炉燃烧器燃烧的火焰刚直有力、白炽耀眼、呈天蓝色，这样做，则需要消耗更多的燃料，对节能极其不利。现在，从节能的角度出发，要求火焰成形、稳定、呈桔黄色就可以了。

70. 什么叫一次空气和二次空气？

答：一次空气是指在总燃烧空气中，首先与燃料混合的那部分空气。二次空气是指为了补充一次空气的不足，向燃料供给的辅助空气。

71. 加热炉的过剩空气系数过大的危害是什么？减小过剩空气系数应该注意什么问题？

答：过剩空气系数过大除了降低热效率外，还有其他危害：①使燃烧温度下降；②使露点温度升高；③加剧炉管和炉内构件的氧化；④促使氮化物 NO_x 增加，从而产生极不利的影响。

减小过剩空气系数虽然有许多好处，但前提是：必须保证燃料完全燃烧，否则会加大化学不完全燃烧和机械不完全燃烧的损失。

72. 管式加热炉的四点主要特征是什么？

答：（1）被加热物质在管内流动，故仅限于加热气体和液体。而且，这些气体或液体通常都是易燃易爆的烃类物质，同锅炉加热水和蒸汽相比，危险性大，操作条件要苛刻得多。

（2）加热方式为直接受火式，加热温度高，传热能力大。

（3）只烧气体或液体燃料、混烧。

（4）长周期连续运转，不间断操作，便于管理。

73. 炉膛热强度有什么意义？

答：在管式炉内，炉膛不仅作为燃烧室，还要在炉膛内排管子，满足一定的工艺传热要求。因为炉膛热强度受炉管表面热强度所限，故加热炉的炉膛热强度为 60～120kW/m^3，比锅炉（1000～1400kW/m^2）小得多，所以根本不存在炉膛热强度太高而燃烧不完全的问题。但炉膛热强度太低，说明炉膛体积大，温度低，对燃烧及传热都是不利的。

74. 加热炉的污染有哪几方面？

答：加热炉的污染包括噪音污染和燃烧产物的污染两个方面。

75. 烟气取样点的安装需要注意哪些问题？

答：（1）在取样点的位置及附近不能漏风。

（2）取样点最好伸至烟气流通截面的中部，有困难时，伸入长度至少在 500mm 以上。

（3）控制燃烧供风的取样点必须放在进对流室前。

（4）测定热效率的取样点应放在烟囱的非涡流区。

76. 在工艺计算中采用燃料的高热值还是低热值？为什么？

答：在工艺计算中，一般采用燃料的低热值，因为高热值比低热值多了氢燃烧生成的水从蒸汽状态冷凝为水时所放出的热量。在工业应用中，由于燃烧生成的水均在蒸汽状态由烟囱排出，故水蒸气冷凝的热量未能加以利用，因而一般采用低热值而不采用高热值。

77. 哪些条件下不准使用陶瓷纤维结构？采用陶瓷纤维结构时，在哪些条件下要采取何种相应的防护措施？

答：（1）燃料中重金属含量超过 100mg/kg 时和设有吹灰器、蒸汽喷枪或水洗设施的对流段。（2）用于含硫量大于 10mg/kg 的燃料时，对壳体的内表面应涂一层买方规定或认可的防护涂料以避免腐蚀，防护涂料的工作温度应达到 180℃；燃料中含硫量超过 500mg/kg 时，应设置奥氏体不锈钢箔作为阻气层，阻气层的位置应使得在所有操作工况下，阻气层处的温度至少高出计算酸露点 55℃。阻气层边沿应至少重叠 175mm，边沿和开孔处应密封。经买方同意，也可采取其他隔离措施。

78. 影响炉出口温度波动的主要原因有哪些?

答：①入炉原料油的温度、流量、性质变化；②料油压力或性质的变化或燃料气带油；③仪表自动控制失灵；④外界气候变化；⑤炉膛温度变化。

79. 如何防止瓦斯燃烧器的脱火?

答：要防止瓦斯燃烧器脱火，就必须避免气体混合物的出口流速过大，当发现脱火时，应减少瓦斯和空气送入量。

80. 如何防止余热回收系统产生露点温度?

答：排烟温度低于露点温度时，余热回收系统换热元件及尾端烟道会出现露点腐蚀。对此应采取相应的措施予以规避，以保证设备、装置的安全运行。根本的措施是从源头上消除燃料气中的硫、氯，但工业实际往往难以彻底根除，为此应从工程层面设法予以规避。

(1) 通过空气旁路，提高烟气的排烟温度，或设置前置空气加热器，提高进入空气预热器的空气温度，使低温端金属壁温高于露点温度。

(2) 采用耐腐蚀的材料，如：Ti、2205、铸铁等。

(3) 结构设计应便于排凝，传热元件壁面应立置，低点设排凝线。

另外，开停车应平稳，严禁急剧升降温，以避免对设备造成热冲击。沿海地区要防止空气造成的露点腐蚀，装置停车时严禁强制鼓风冷却。

81. 导致管式加热炉使用过程中炉管易发生烧弯、穿孔及引起炉膛着火的原因有哪些?

答：(1) 局部过热：

① 燃油、瓦斯带油喷射到炉管上燃烧，造成炉管局部过热；

② 火嘴偏斜、火焰过长扑舔炉管造成局部过热；

③ 原料流速过低，炉出口潮湿，管内结焦而过热。

(2) 高温氧化剥皮严重，管壁减薄。

(3) 炉管材质不好(有砂眼或裂口)或受管内物料的冲蚀和腐蚀作用。

82. 在用炉管和急弯弯管经外观检查、测厚或金相检查后，有哪些情况应更换?

答：(1) 鼓包、严重裂纹或网状裂纹。

(2) 卧置炉管相邻两支架间的弯曲度大于炉管外径的2倍。

(3) 炉管由于严重腐蚀、爆皮，管壁厚度小于计算允许值。

(4) 外径增大5%。

(5) 胀口在使用中胀接次数超过2次，胀大值总和超过0.8mm。

(6) 胀口腐蚀、脱落，胀口露头低于3mm。

(7) 金相组织有晶界氧化、严重球化、脱碳及晶界裂纹等缺陷。

83. 在用回弯头经检查有哪些情况时应更换?

答：(1) 由于严重腐蚀、爆皮，回弯头壁厚小于计算允许值得。

(2) 支耳开裂，无法承载的。

(3) 回弯头、堵头密封圆锥面有腐蚀深坑，直径大于2mm，深度大于0.4mm的。

84. 烘炉过程中，炉管出口的蒸汽温度有何要求?

答：碳钢炉管不得超过350℃，铬-钼钢炉管不得超过450℃。

塔、容器

85. 简述立式储罐底板装焊顺序。

答：为防止罐底产生波浪形变形，罐底板装焊顺序为：先装焊中部板，再装配焊接边板与罐壁连接处250mm长的边板对接缝。立罐壁后，先焊它与边板间的角焊缝，再焊边板间余下的搭接缝。最后焊边板与中部板间的焊缝，此缝称为封闭缝。

86. 塔（塔身、塔板、降液板）的基本安装质量要求有哪些？

答：（1）塔身垂直。倾斜度不得超过1/1000。

（2）塔板水平。水平度不能超过±2mm。对于舌形塔板、浮动喷射塔板、斜孔塔板等还需注意塔板的安装位置，保持开口方向与该层塔板上的液体流动方向一致。

（3）溢流口与下层塔板的距离应根据生产能力和下层塔板溢流堰的高度而定。但必须满足溢流堰板能插入下层受液盘的液体之中，以保持上层液相下流时有足够的通道和封住下层上升的蒸汽必需的液封，避免气相走短路。

87. F1型浮阀现在国内已标准化，其型号有什么意义？

答：F1型浮阀现在国内已标准化，一般从其型号上可以看出其特性。其型号如下所示，例中表示为F1型重型浮阀，材质为Q235AF，适用于3mm厚的塔板。其中重型F1型浮阀重约32～34g，用$\delta=2$mm薄钢板冲成。轻型F1型浮阀重约25～26g，用$\delta=1.5$mm薄钢板冲成。

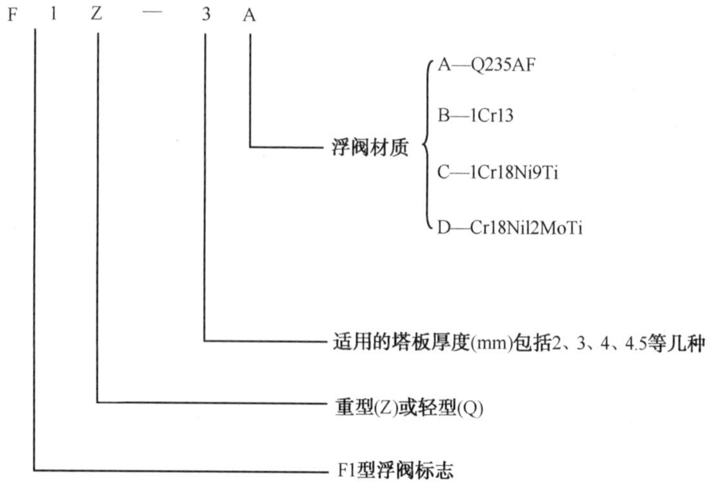

88. 塔设备在停车时检查的重点项目是什么？

答：（1）检查塔盘水平度及支撑件、连接件的腐蚀、松动等情况，必要时取出塔外清洗或更换。

（2）检查塔体腐蚀、变形及各部位焊缝的情况，对塔壁、封头、进料口处筒体、出入口接管、压力表引出口线、液位计引出线等处进行测厚，判断其受蚀情况。

（3）全面检查设备的附件、安全阀、压力表、温度计、液面计等接管有无堵塞，是否在规定的压力下动作，有无对其安全阀、压力表等进行校验等等。

（4）如在运行中发现异常振动现象，停车检查时一定要查明原因，妥善处理，如焦化接触冷却塔曾出现裙座螺栓松动特殊情况。

（5）对于介质较脏的塔，如焦化分馏塔还需检查塔盘浮阀是否灵活，集油箱及塔底抽出线结焦情况等等。

（6）对于焦碳塔除检查塔设备变形、裙座裂纹扩展情况，除塔壁受腐蚀外，还需检查塔内壁挂焦情况，挂壁严重的话，需要将挂焦铲干净。

89. 常压塔检修内容包括哪些？

答：（1）开塔器人孔。

（2）开塔内通道板。

（3）设备检查鉴定：

① 清扫塔内壁和塔盘内件；

② 检查塔体内部的腐蚀、变形和各部焊缝，塔体怀疑减薄部位和易腐蚀部位测厚；

③ 检查塔盘支撑件、紧固件、塔盘构件，检查堵塞、腐蚀、变形、结焦、紧固情况；

④ 检查进料分配器、侧线抽出斗、回流分配器的完好情况；

⑤ 安全阀、液位计、压力表、温度计校验打压；

⑥ 检查塔基础有无裂纹、破损、倾斜和下沉；

⑦ 检查塔体外部防腐和保温是否完好；

⑧ 塔体及接管测厚。

（4）处理设备鉴定检查发现的问题。

（5）处理问题检验验收合格后封通道板，封人孔，气密试验。

90. 初馏塔开工气密试压注意事项有哪些？

答：初馏塔设计压力较低，气密试验一般用蒸汽或压缩风作为介质，开工前的气密试验压力源较高，试压过程中应投用安全阀，要严格控制气密压力，不可使塔器超压。

注意吹扫蒸汽负荷不可过大，否则易吹翻塔内件和吹散填料，不能将塔盘吹变形或吹翻，浮阀在超出负荷时易变形卡死，影响装置开工后的正常生产。

91. 减压塔的运行及检修要求有哪些？

答：按照压力容器运行管理要求，设备运行不超温、不超压、不超设计负荷运行，塔底液位控制在规定范围内，定期对塔的运行情况及现场静密封点进行巡检；严格监视减压塔压力波动，发生压力波动一定要查明原因，否则空气漏入塔内易形成爆炸混合气体，极其危险，每年进行一次压力容器外部检验，根据塔的安全级别定期对塔进行全面检验。

开、停工期间，注意吹扫蒸汽负荷不可过大，否则易吹翻塔内件和吹散填料；由于有些减压塔没有安全阀，塔压按照0.1MPa设计，开工前的气密试验压力源较高，要严格控制气密压力，不可使塔器超压。

92. 塔类设备检修的内容有哪些？

答：（1）清扫内壁和塔盘等内件。

（2）检查修理塔体和内衬的腐蚀、变形和各部焊缝。

（3）检查修理塔体或更换塔盘板和鼓包元件。

（4）检查修理或更换塔内构件。

（5）检查修理分配器、集油箱、喷淋装置和除沫器等部件。

（6）检查校验安全附件。

（7）检查修理塔基础裂纹、破损。

（8）检查修理塔体油漆和保温。

93. 如何做泡罩塔盘的充水试验？

答：试验前应将所有的泪孔堵死，加水至泡罩最高液面，充水后10min，水面下降高度不大于5mm为合格，试验后应试所有的泪孔畅通。

94. 如何做泡罩塔盘的鼓泡试验？

答：将水不断地注入受液盘内，在塔盘下部通入0.001MPa以下的压缩风，要求所有齿缝都均匀鼓泡，且泡罩无振动现象为合格。

95. 塔类设备检修完成应提交哪些技术资料？

答：（1）设计变更及材料代用通知单，材质、零部件合格证。

（2）隐蔽工程记录和封闭记录。

（3）检修记录。

（4）焊缝质量检验报告。

（5）试验报告。

96. 容器受压元件之间的焊接接头分为哪几类？用字母标明图中数字1～8各表示的焊接接头类型。

答：见图3－4－1。

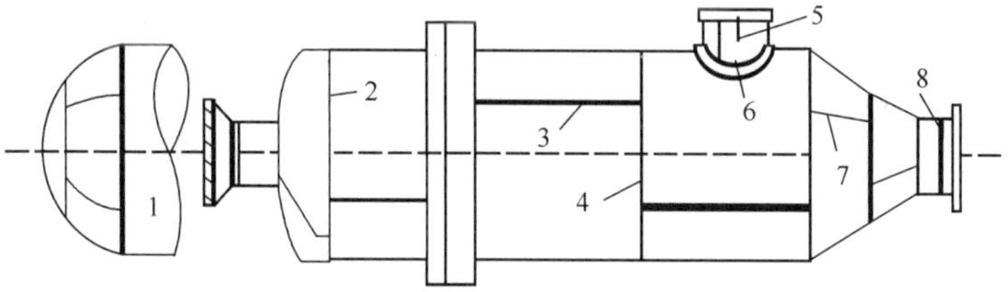

图3－4－1 焊接接头分类

容器受压元件之间的焊接接头分为：A、B、C、D四类。

1—A类；2—B类；3—A类；4—B类；5—C类；6—D类；7—A类；8—B类。

储罐

97. 需进罐检查或在罐体上动火的项目，在检修前应做好哪些准备工作，达到安全作业条件？

答：（1）将罐内油品抽至最底位（必要时接临时泵），加堵盲板，使罐体与系统管线隔离。（2）打开人孔和透光孔。（3）清出底油。轻质油品罐用水冲洗，通入蒸汽蒸罐24h以上（应防止温度变化造成罐内负压），重质油罐通风24h以上。（4）排出冷凝液，清扫罐底。

98. 储罐在操作过程中应注意的事项有哪些？

答：（1）储罐透光孔在生产过程中应关闭严密。（2）在检尺取样后应将量油孔盖盖严。（3）浮顶罐浮顶上的雨雪应及时排除。油蜡、氧化铁等脏物应定期清扫。（4）必须在浮顶罐、内浮顶罐的油位升高至4m以上后方可开动搅拌器或调合器。（5）浮顶罐和内浮顶罐内正常操作时，其最低液面不应该低于浮顶、内浮顶（或内浮盘）的支撑高度。（6）轻质油的检尺、测温、采样应遵照SH 3097—2000《石油化工静电接地设计规范》第4.2.2和

4.2.5 条执行。

99. 浮顶油罐安装二次密封有何作用？

答：降低油气挥发，减少油品储存损耗，提高经济效益；有利于环境保护，提高社会效益；提高油罐在雷雨季节运行的安全性。

100. 巡检中呼吸阀检查的内容主要有哪些？

答：阀盘与阀座是否完好；检查阀的操作情况和阀外防护网的完整情况，及时清理油污、垃圾等堵塞物；冬季加强阀盘擦拭，防止冷凝水汽冻结失灵。

101. 干式气柜按照密封结构划分为哪些类型？

答：稀油密封型、干油密封型、卷帘密封型。

102. 油罐呼吸损耗大小有关的因素有哪些？

答：罐收油量大小；罐气体空间大小；气温高低 ；昼夜温差大小。

103. 什么叫突沸？

答：油罐中的油品加热到一定温度时(100℃以上)，油品悬浮水滴和油罐底部积水就会气化并形成气泡，由于水气化时体积迅速增加到原有体积的1700倍，水面上的气体分压也随之急剧增加，一旦超过油品的静压力，水蒸气就会急剧形成气泡上升，并形成强烈的搅拌。同时，在气泡外面形成油品薄膜，从而将油品携出罐外，这种现象就叫做突沸。

104. 简述常压立式圆筒形钢制焊接储罐包边角钢的焊接顺序。

答：角钢与罐壁对接时，先焊角钢间对接焊缝，再焊内部搭接断续角焊缝，最后焊接外部搭接连续焊接。

105. 简述常压立式圆筒形钢制焊接储罐安装顶板焊接顺序。

答：先焊内侧断续焊缝，后焊外部的连续焊缝。连续焊缝应先焊环向短焊缝，再焊径向长焊缝，长缝的施焊由中心向外分段退焊。焊接顶板和包边角钢间的环向焊缝时，焊工应均匀对称施焊，沿同一方向分段退焊。顶板成型不应有明显的凹凸。

106. 简述常压立式圆筒形钢制焊接储罐内浮顶罐浮盘沉没的处理方法。

答：(1) 将罐内介质倒至最低液位。

(2) 清罐。

(3) 拆除密封带，取出软泡沫塑料，将泡沫块置于罐外阴凉处晾晒干。

(4) 清扫浮盘、浮舱及罐底。

(5) 全面检查，对损坏部分进行修复。

(6) 按原设计要求安装软密封装置。

(7) 充水进行浮盘升降试验。

107. 简述常压立式圆筒形钢制焊接储罐倾斜的处理方法。

答：(1) 储罐的倾斜多由于基础不均匀沉降造成。当倾斜值超过0.008，危及储罐安全生产和正常操作时应处理。处理前储罐必须处理干净，与罐体连接的管线及静电接地线要拆开，有保温层的亦应将保温层全部拆除，便于施工。

(2) 测量储罐倾斜方向和倾斜值。

(3) 打掉储罐散水坡。若是环梁式和护圈式基础，首先检查环梁或护圈有无倾斜，然后用千斤顶顶起储罐倾斜基础较低的一面，向罐底吹砂或填砂。利用原来的环梁或护圈做挡砂圈，直至达到要求的高度。对于环台式和护坡式基础，打掉散水坡后，沿罐壁外围挖深500mm，做钢筋混凝土挡砂圈，然后顶起储罐倾斜的一面，吹砂至要求高度。回填用砂必须是炒干的细砂。吹砂时注意不能将砂吹到罐底板上，以免将罐底吹漏。

（4）恢复储罐静电接地及散水坡，并连接进出口管线，罐内充水，观察底板及T形角焊缝有无渗漏。

（5）有保温层的储罐恢复保温层。在场地允许的情况下，小型储罐可以将罐整体移位，修补基础。

108. 常压立式圆筒形钢制焊接储罐罐壁抽瘪应如何修复？

答：（1）排出罐内油品，向罐内充水（水温不得低于5℃）至设计最高操作液面。充水时应时刻注意，一旦罐壁恢复正常，即可停止冲水。

（2）当罐内充水至设计最高操作液面，仍无法使变形罐壁恢复原状时，清罐达到进人作业条件，借助外力整形恢复。

（3）用外力整形仍无法是变形部位恢复时，可将凹陷处割除，局部更换。

109. 储罐呼吸阀的设置要求是什么？

答：新建的储罐，呼吸阀的设置应符合下列要求。对已投用的储罐，若不符合下列要求时，也应按此规定完善。

（1）罐内介质的闪点（闭口）低于或等于60℃时，宜选用呼吸阀，呼吸阀必须配有阻火器及呼吸阀挡板。当建罐地区历年最冷月平均温度的平均值低于或等于0℃时，呼吸阀及阻火器必须有防冻措施。

（2）呼吸阀的通气量，不得小于下列各项的呼出量之和及吸入量之和。①油品出罐时的最大出油量所造成的空气吸入量，应按油品做大出油量考虑；②油品进罐时的最大进油量所造成的罐内油气呼出量，当油品闪点高于45℃时，应按最大进油量的1.07倍考虑，当油品闪点低于或等于45℃时，应按最大进油量的2.14倍考虑。③因大气最大温降导致罐内油气收缩所造成储罐吸入的空气量和大气最大温升导致罐内油气膨胀而呼出的油气应根据相关规定确定。

110. 球罐需热处理的壁厚、热处理制度及有关事项有哪些？

答：（1）需热处理壁厚。

① 碳素钢，$\delta>34$mm，如焊前预热100℃以上，则$\delta>38$mm；

② 16MnR，$\delta>30$mm，如焊前预热100℃以上，则$\delta>34$mm；

③ 15MnVR，$\delta>28$mm，如焊前预热100℃以上，则$\delta>32$mm；

（2）上述材料的焊后热处理规范为：热处理温度为600～650℃，升温速度为200℃/h×25/δ，且最大为200℃/h，最小为50℃/h；保温时间按最厚球壳每25mm壁厚为1h；升温过程中，被加热件各部分之间的温度差在4500mm范围内不得超过100℃。

（3）普遍采用的方法是现场整体热处理。球罐整体热处理时，在保温层敷设完后用特种闪光焊将热电偶固定在球壳上，每隔4500mm布置一个热电偶测温点。

（4）球罐整体热处理时，球壳随着温度的上升下降而膨胀收缩。为了能让球壳自由膨胀收缩，梯子、拉杆、排水管等妨碍膨胀的附件应全部拆除。支柱可采用滚子－滑动导板结构使它能作径向移动。

常用炼油设备

111. 火炬头常用的结构形式有哪些？

答：(1) 中心喷嘴式用于排放气小的场合。

(2) 外喷嘴式用于排放量中等的场合。

(3) 梅花喷嘴式用于排放量大的场合，结构复杂。

(4) 夹套多喷孔式蒸汽量小，所需蒸汽压力低，噪声小。

112. 简述电脱盐装置的作用及指标。

答：电脱盐装置是原油进入炼油厂的第一道预处理工序，原油中所含的盐、水、金属得以脱除。脱盐、脱水及脱金属是炼油厂降低能耗，减少设备腐蚀结垢，防止下游装置催化剂中毒，减少催化剂消耗的必须过程，有二次加工装置如催化、加氢装置，要求脱后原油中含盐量不大于 3mg/L，含水量不大于 150mg/L。电脱盐罐操作温度较低，一般为 110～150℃，在此温度范围内，设备腐蚀比较轻微。

113. 电脱盐系统的运行操作注意事项有哪些？

答：① 电脱盐罐不能超温超压超负荷运行；

② 保持正常的破乳剂注入，注入量要达到工艺要求的调节和控制，流量指示准确；

③ 正常的水洗水注入，注入比例能够达到工艺要求的调节和控制；

④ 为注入破乳剂和洗水配套的机泵、控制阀、流量测量系统要保持完好；

⑤ 原油和水的混合阀要完好调节灵活；

⑥ 介位指示要准确，控制系统灵活好用；

⑦ 定期冲洗罐底沉积油泥；

⑧ 定期巡检检查电极棒密封完好，变压器油无变色；

⑨ 定期检查乳化层稳定，极板电压、电流稳定；

⑩ 脱后原油含盐、含水量符合要求，含盐污水油含量符合工艺要求和环保指标要求；

⑪ 当原油性质发生变化时，及时调整各个操作参数，保持电脱盐系统脱后原油含盐含水及脱后外排污水含油符合工艺及环保要求。

114. 电脱盐罐的检修检查内容有哪些？

答：电脱盐罐的检修的停工检修前应注意加强反冲洗操作，避免停工后罐底沉积过多的油泥，蒸汽蒸罐时注意控制蒸汽温度不超过极板吊挂和极棒允许温度；进入容器内部应重点检查电脱盐罐内部罐体腐蚀情况，特别是界位经常波动区的腐蚀情况，电极板吊挂有无变色、划痕、裂纹等，电极板有无腐蚀变形，极板定位松动，电极棒密封完好，进料喷头及分配器，反冲洗喷头正常完好。封罐前，电气设备进行空负荷试验正常，封罐后进行气密试验，特别要检查高压电引入电极棒和罐体之间的密封及电极棒本身的密封性是否完好。

115. 催化装置反再系统设备故障主要特点是什么？如何处理？

答：(1) 烟气酸露点应力腐蚀开裂。

反再系统工作温度高，为隔热和防止磨损在壳体内壁敷设隔热耐磨衬里。

龟甲网衬里隔热耐磨性能都很好，但其结构相对复杂，施工难度较大，龟甲网材料的高温热膨胀量较大。衬里在生产过程中因高温烟气及催化剂的冲刷，常产生磨蚀、裂缝、脱落，使用一段时间后，龟甲网出现翘曲、鼓胀、崩开等现象。

浇注料衬里整体成型性好，施工简便，隔热耐磨性能也很好，但浇注料基本上都有一定的线收缩率，因此浇注料成型后经干燥或经高温运行后，往往出现很多裂缝，严重时有些裂缝深达至器壁。

由于原料性质劣化，原料中 N、S 等杂质升高，造成再生烟气露点温度升高，当器壁温度低于烟气露点温度时，在器壁内侧隔热耐磨衬里和金属器壁之间形成酸液，如果设备组装焊接时留有较大应力没有释放，就会形成应力腐蚀开裂。

处理措施：改善原料性质，降低烟气中过剩氧含量，器壁外加涂层提高器壁温度，裂纹打磨修补或挖补后，进行热处理消除应力，重新设计衬里厚度和形式使器壁温度高于烟气露点温度。

（2）三旋系统吊桶承重焊缝开裂。

焊缝结构形式差，三旋工作环境处于高温粉尘环境，比较恶劣，此处容易出现焊缝开裂。

处理措施：操作中不超温，加强焊缝检测，保证焊缝质量。

（3）三旋系统单管料腿结垢堵塞，烟机叶片磨损。

处理措施：降低三旋烟气粉尘含量，改善烟气质量，减少烟气中熔盐的含量。

（4）再生器旋风器料腿断裂，催化剂大量跑损。

处理措施：停工更换料腿，控制再生器操作温度在指标范围内，完善料腿支撑和限位，减少料腿震动。

(5)沉降器旋分料腿堵塞，催化剂大量跑损进入分馏塔，结焦焦块脱落堵塞。

处理措施：操作时减少沉降器积碳，减少装置操作波动，以防焦块脱落堵塞料腿。

116. 简述旋风分离器的工作原理。

答：旋风分离器工作时，含催化剂颗粒的气体以 15 ~25m/s 的入口线速由切线方向进入筒体，在升气管与筒体之间形成高速旋转的外涡流，由上而下流过锥体底部。在离心力的作用下，悬浮在气流中的颗粒被甩向器壁，并随气流旋转至下方后落入灰斗内，经料腿、翼阀返回反应器、沉降器或再生器的密相床层。由于离心力的作用，在外涡流的中心形成低压区，净化后的气体受中心低压区的吸引，形成向上旋转的内涡流，最后通过升气管排出，达到气固分离的目的。

117. 简述加氢反应器 2. 25Cr –1Mo 的优缺点。

答：优点：

① 有较好的高温抗氢腐蚀能力；

② 在较高温度下具有良好的机械性能和抗蠕变性；

③ 淬透性良好，有利于厚壁容器的调质，获得较高的强度和韧性；

④ 在加氢反应器的最低使用温度以下 10℃时，具有良好的韧性；

⑤ 有较好的焊接性能，150℃预热后焊接，一般不会出现裂纹。

缺点：

① 抗硫化氢腐蚀和抗连多硫酸腐蚀性能差；

② 具有显著地回火脆性敏感性。

118. 加氢反应器主体材质为 1. 25Cr –0. 5Mo –Si 或 2. 25Cr –1Mo 钢的第一次开停工时有何要求？

答：第一次开工时，在任何阶段，如气密、干燥、硫化以及正常运转等的升压过程中，器壁最低温度(由表面热电偶测出)在达到50℃以前，操作压力不得超过设计压力的1/4。50℃以后，才允许逐渐升高到正常操作压力，升压速率不宜大于2.8MPa/h；

第一次停工时，器壁最低温度在达到50℃以前，操作压力必须降至设计压力的1/4以下。

119. 加氢反应器主体材质为1.25Cr-0.5Mo-Si或2.25Cr-1Mo钢操作一个周期后开停工时有何要求？

答：升压过程中，器壁最低温度在达到93℃以前，操作压力不得超过设计压力的1/4，器壁最低温度在达到93℃以后，才允许逐渐升高到正常操作压力，升压速率不宜大于2.8MPa/h。

一个周期后再停工，器壁最低温度在达到93℃以前，操作压力必须降至设计压力的1/4以下。

120. 为防止奥氏体不锈钢产生连多硫酸引起的应力腐蚀开裂，停工检修期间对反应器采取哪些保护措施？

答：(1) 打开顶部人孔时，一定要设置合适的防护措施，防止雨水进入器内。

(2) 使用干燥氮气吹扫，去除空气和水；或向系统提供一定热量，去除空气和防止水析出。

(3) 使用露点温度低于-15℃的干燥空气吹扫，除去水。

(4) 对反应器内部进行表面碱洗，中和可能生成的连多硫酸。中和碱洗可用有0.5% $NaNO_3$ 的2%浓度的碳酸钠溶液，浸泡或强制循环不少于2h。水中氯离子含量小于20ppm。

(5) 碱液温度49℃左右。

(6) 中和碱洗后，不能再用水冲洗。

121. 在役加氢反应器的使用与维护要求有哪些？

答：加氢反应器主体材质为1.25Cr-0.5Mo-Si或2.25Cr-1Mo钢，高温高压(操作温度350~450℃，操作压力15~27MPa)，烃+H_2S+H_2环境。为避免氢腐蚀、氢脆、奥氏体不锈钢堆焊层的氢致剥离、硫化氢及连多硫酸诱发不锈钢焊接金属材料应力腐蚀开裂、2.25Cr-1Mo钢的回火脆性、高温蠕变脆性。应在使用和维护方面作以下限制：

① 停工时，先降压，后降温，将氢气赶出，防止氢脆。

② 开工时，先升温，后升压，防止常温时回火脆性。

(1) 反应器第一次开、停工升降压。

第一次开工时，在任何阶段，如气密、干燥、硫化以及正常运转等的升压过程中，器壁最低温度(由表面热电偶测出)在达到50℃以前，操作压力不得超过设计压力的1/4。50℃以后，才允许逐渐升高到正常操作压力。升压速率不宜大于2.8MPa/h；第一次停工时，器壁最低温度在达到50℃以前，操作压力必须降至设计压力的1/4以下。

(2) 操作一个周期后再次开、停工升降压。

升压过程中，器壁最低温度在达到93℃以前，操作压力不得超过设计压力的1/4，器壁最低温度在达到93℃以后，才允许逐渐升高到正常操作压力，升压速率不宜大于2.8MPa/h。一个周期后再停工，器壁最低温度在达到93℃以前，操作压力必须降至设计压力的1/4以下。

(3) 反应器升温限制。

为避免高的温差应力，控制任何两个热电偶之间的温差。如两表面热电偶间距小于2.5

$(RT)^{1/2}$（R—反应器半径，T—反应器壁厚），最大温差不宜大于28℃。器壁最低温度在达到50℃以前，进料升温速率小于32℃/h；器壁最低温度在达到50℃以后，进料升温速率小于56℃/h；进料温度或床层温度小于相临近的表面热电偶温度+167℃且小于反应器出口温度+111℃。

（4）反应器降温限制。

进料降温速率同升温速率，进料温度或床层温度小于相临近的表面热电偶温度-111℃且小于反应器出口温度-111℃。

（5）其他要求。

在停工过程中，在300~350℃应保持一段时间，进行脱氢处理，最大限度减少器壁中的残留氢。停工降温过程中，当反应器冷却到205℃以下，应确保循环气中CO不超过30ppm，避免产生有毒的碳酸镍。反应器正常或紧急停工后，降温时应保证器内正压，防止空气进入。

反应器停工后，以0.1~0.2MPa氮气充压密封。内部为不锈钢堆焊层或复合层的，水压时，水中氯离子含量应小于20ppm，试验合格后，立即用干燥空气吹干，然后充氮气。

122. 焦炭塔运行中主要的缺陷及处理有哪些?

答：将加热到一定温度的渣油裂解、缩合，生成汽油、柴油、蜡油、循环油和焦炭。焦炭塔工作环境的特点是操作温度高，最高可达到500℃，操作温度变化频繁，每一个操作周期都要经过由常温到最高温度变化，以致塔体腐蚀、变形和鼓包，甚至焊缝开裂、塔体倾斜等情况。

（1）塔壁鼓胀变形

焦炭塔操作时，塔壁温度变化复杂，纵向温差和壁厚温差产生的综合应力超过了材料在该温度下的屈服强度时，会引起塔壁的局部塑性变形，反复循环，将出现热应力棘轮现象，在寿命周期，变形仅局限于底部发生，随着时间的推移，上部产生的鼓胀更加明显。由于环缝具有较高的屈服强度，焊缝又比母材稍厚些，因而显示出较少的鼓胀，焦炭塔就产生一个糖葫芦状的鼓凸。

处理方法：

① 提高材料级别，选用Cr-Mo钢制造的焦炭塔；

② 塔壁内外的焊缝应全部磨平，焊缝余高应为零，不等厚壁板相焊时，应打磨成1:10斜坡，减少由热循环引起的峰值应力，从而减少鼓胀变形发生的几率；

③ 对已经发生变形的只能对某局部段更换。

（2）裙座裂纹

焦炭塔发生裂纹最多的位置是裙座裂缝，由于承受热和机械循环，对裙座和塔体间的焊接结构产生较高的应力，裙座焊缝频繁开裂。

处理方法：改进裙座设计，如，裙座和塔体连接采用对接结构，降低温度梯度；裙座顶部增加空气囊，减少温度梯度；采用薄壁裙座，增加裙座挠度；裙座和塔体连接的过渡段由原来的焊接结构更换成锻造结构；裙座上不要开膨胀缝，防应力集中开裂；严格控制焦炭塔操作条件，按照操作规程进行操作，尽量减少温度梯度对塔的冲击。

（3）塔体、塔顶部位减薄

高温硫腐蚀，上部腐蚀减薄较剧烈。塔顶部位保温不善造成塔壁、接管发生低温腐蚀减薄。

处理方法：测厚，完善保温结构，采用“大型铬钼钢塔器背带式保温结构”技术。

为减缓和防止冷凝液直接冲蚀焦炭塔顶头盖，塔顶安全阀和油气线接管应伸进焦炭塔一段。减轻焦炭塔到分馏塔油气线结焦和磨蚀，在焦炭塔内注消泡剂，控制泡沫层高度，减少焦粉夹带。

塔顶气相腐蚀，塔上部采用410S(0Cr13)复合板设计，提高焦炭塔寿命。

（4）急冷油口、安全阀口、开工线口焊口开裂

处理方法：增加应力补偿措施，缓解管嘴承受的应力。

（5）顶盖、底盖泄漏

焦炭塔顶盖、底盖法兰变形、螺栓拉伸、密封法兰面变形，导致法兰泄漏。

处理方法：更换法兰、垫片，现场车床找平，螺栓增加蝶簧等。

123. 冷壁反应器内衬里局部更换的条件是什么？

答：（1）局部衬里脱落。

（2）衬里内部出现掏空或孔洞，外壁相同部位出现超温或示温漆变化。

（3）局部穿透裂纹，裂纹间隙超过5mm。

（4）内衬里鼓包直径大于100mm。

124. 冷壁反应器内衬里局部修补的要求是什么？

答：（1）纵向裂纹宽度在5mm以下，裂纹周围没有疏松现象可不修理，填入高硅铝纤维棉捣实即可。

（2）局部修补时，必须将修补部位的衬里凿到坚实面或金属表面，并至少露出两个以上锚固钉，结合处应外小内大，并清理干净，用水充分湿润。

（3）修补后的内衬里表面不得有蜂窝、麻面现象，厚度误差为±5mm。

（4）推荐用气硬性衬里材料，修补后不用烘干。

（5）内衬里更新施工按原设计规定或不低于原设计的规定进行。

125. 反应器法兰螺栓应采取三步法上紧，三步法指什么？

答：（1）如图3-4-2(a)所示，用规定的力矩值的50%力矩扳手依次紧固1~8的螺栓，然后，再同样按照规定力矩值的50%依次紧固其余螺栓。

（2）如图3-4-2(b)所示，采用间隔法，按100%的力矩值扳手隔个螺栓进行紧固。

（3）如图3-4-2(c)所示，采用顺序法，按100%的力矩值扳手逐个螺栓进行紧固。

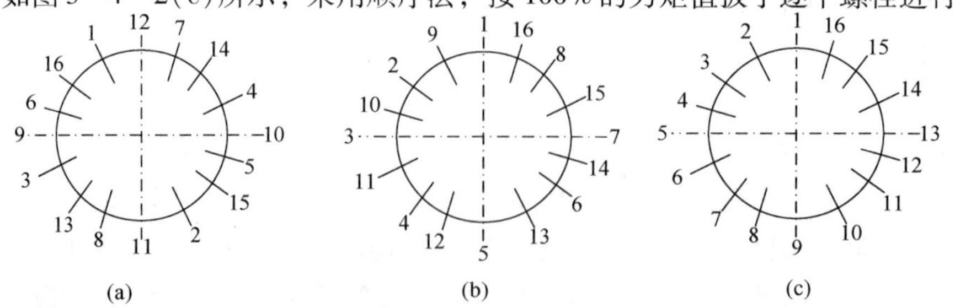

图3-4-2 三步法

工业管道

126. 对垫片材料性能有哪些要求？

答：(1) 具有较好的物理机械性能。

(2) 不污染被密封介质，不腐蚀密封表面，耐工作介质腐蚀。

(3)具有良好的压缩、回弹性能。

(4) 具有较小的应力松弛率。

(5) 泄漏率低。

127. 哪些情况的管道需进行压力试验？

答：(1) 经重大修理改造的。

(2) 使用条件变更的。

(3) 停用2年以上重新投用的。

对因使用条件变更而进行压力试验的管道，在压力试前应经强度校核合格。

128. 现场条件不允许压力试验时，用哪些方法代替？

答：(1) 所有焊接接头和角焊缝(包括附件上的焊接接头和角焊缝)，用液体渗透法或磁粉法进行表面无损检测。

(2) 焊接接头用100%射线或超声检测。

(3) 泄漏性试验。

129. 在用管道带压堵漏注意事项有哪些？

答：(1) 带压密封堵漏是指采用堵漏密封胶粘补或注入预制的夹具盒内对管道的法兰、焊缝和管子等部位泄漏进行堵漏的一种新型密封技术。

(2) 剧毒介质管道、均匀腐蚀的管道不宜采用带压堵漏。

(3) 带压密封堵漏施工前应办理许可证，并经有关部门审批。

(4) 带压密封堵漏应由专业人员执行。

(5) 密封胶应根据泄漏介质、温度和压力等特性选择。

(6) 密封夹具应根据泄漏部位具体形状设计加工，并进行强度计算和校核。

(7) 带压密封堵漏前应制定安全防范措施。

(8) 带压堵漏设施是临时处理措施，系统停车时应拆除，并修复泄漏部位。

130. 阀门密封面的要求是什么？

答：(1) 密封面用显示剂检查接触面印痕。①闸阀、截止阀和止回阀的印痕线应连接，宽度不小于1mm，印痕均匀，闸阀阀板在密封面上印痕线的极限位置距外圆不小于3mm(含印痕线宽度)；②球阀的印痕面应连续，其宽度不小于阀体密封环外径，印痕均匀；③钢圈垫与密封槽接触面应作印痕检查，印痕线应连续。

(2) 安全阀密封面修研后的累积减薄量不大于2mm。

(3) 氨阀密封面的堆焊层厚度不小于2mm。

(4) 修研后密封面的粗糙度不低于 $Ra1.6$，安全阀不低于 $Ra0.4$。

131. 阀门检修更换填料密封的要求是什么？

答：(1) 填料对口要切成30°斜角，相邻两圈填料的对口错开120°，并应逐道压紧。

(2) 填料压好后，填料压盖压入填料箱不小于2mm，外漏部分不小于填料压盖可压入高度的2/3。

（3）填料装好后，阀杆的转动和升降应灵活、无卡阻、无泄漏。

132. 设备及管道保温在何种工况下必须进行检修？

答：（1）设备、管道的保温外表面季节运行工况允许最大散热损失超过常年运行工况允许最大散热损失的1.2倍。

（2）设备、管道及其附件的保温外表面局部温度超过设计温度30℃。

（3）保护层破损或者出现漏雨、渗水现象。

（4）金属保护层的表面防腐涂层或者玻璃布保护层上的漆膜明显脱落。

（5）设备及管道保冷，其保冷层表面出现结霜或结露现象。

（6）绝热系统中的支吊架等部件破损或严重错位。

133. 什么叫热态紧固？

答：防止管道在工作温度下，因受热膨胀导致可拆连接处泄漏而进行的紧固操作，称为热态紧固。

134. 影响静密封性能的因素有哪些？

答：（1）介质的操作压力：压力升高，法兰的压紧力减小；当垫片材料有渗透性时，压力越大，沿垫片内部毛细管渗透量越大；操作压力可使垫片沿法兰密封面移动。

（2）介质的操作温度：温度对法兰、螺栓材质的机械性能影响；温度差的影响；温度对垫片的影响。

（3）介质的性质：不同介质有不同的渗透性，黏度小的渗透性大；介质对垫片和法兰的溶解、腐蚀作用。

135. 保证垫片安装质量的要点有哪些？

答：用得对、查得细、清得净、装得正、上得匀。

（五）特种设备及附件

1. 简述我国特种设备法律法规规划结构，并举例。

答：分为五层次，即“法律－法规－规章－规范－标准”。

第一层次：法律——《特种设备安全法》。

第二层次：法规——《特种设备安全监察条例》、《江苏省特种设备安全监察条例》。

第三层次：行政规章——“事故处理规定”等总局令。

第四层次：安全技术规范——各项技术规程、规则。TSG R0004—2009《固定式压力容器安全技术监察规程》、TSG D0001—2009《压力管道安全安全技术监察规程——工业管道》、TSG G0001—2012《锅炉安全技术监察规程》。

第五层次：引用标准——技术法规引用的标准。

2.《特种设备安全监察条例》规定特种设备使用单位应当建立特种设备安全技术档案。安全技术档案应当包括哪些内容？

答：《特种设备安全监察条例》第二十六条规定，安全技术档案应当包括以下内容：

① 特种设备的设计文件、制造单位、产品质量合格证明、使用维护说明等文件以及安装技术文件和资料；

② 特种设备的定期检验和定期自行检查的记录；

③ 特种设备的日常使用状况记录；

④ 特种设备及其安全附件、安全保护装置、测量调控装置及有关附属仪器仪表的日常维护保养记录；

⑤ 特种设备运行故障和事故记录；

⑥ 高耗能特种设备的能效测试报告、能耗状况记录以及节能改造技术资料。

3. 压力容器的设计单位应当具备的条件有哪些？

答：①有与压力容器设计相适应的设计人员、设计审核人员；②有与压力容器设计相适应的场所和设备；③有与压力容器设计相适应的健全的管理制度和责任制度。

4.《特种设备安全监察条例》规定，特种设备的制造、安装、改造单位应当具备哪些条件？

答：①有与特种设备制造、安装、改造相适应的专业技术人员和技术工人；②有与特种设备制造、安装、改造相适应的生产条件和检测手段；③有健全的质量管理制度和责任制度。

5. 比较技术规范与标准的相同点和不同点。

答：相同点：它们规定的内容都可以包括产品特性、相应的加工或生产方法、相应的术语、符号、包装、标志或标签要求。

不同点：

① 技术规范是强制执行的，标准是自愿采用的；

② 技术规范由具有立法权的机关制定，标准由公认的机构，包括民间机构批准发布；

③ 技术规范中包含行政管理性规定，标准主要是技术内容；

④ 技术规范体现安全监察的全过程，标准不能涵盖安全监察的全过程；

⑤ 技术规范反映安全的最低要求，一般只做出原则性的规定，而标准包括了全面的安全质量、经济性、通用性互换性要求；

⑥ 技术规范不要求国际互认，通过技术规范建立本国的技术堡垒，而标准追求国际互认和统一。

6. 安全技术规范与标准有何关系？

答：(1) 标准从本质上属于技术规范范畴。标准同其他规范一样，是社会和社会群体共同意识，即社会意识的表现。它不仅要被社会所认同，而且须经过公认的权威机构批准。

(2) 安全技术规范由政府颁布，具有强制性。标准却不具备这种强制性，即使所谓的强制标准，其强制性质也是法律授予的，如果没有法律支持，它是无法强制执行的。但标准如被法规或安全技术规范引用后，就具有了强制性。如果在规范中引用了某项内容或者条款，这些内容或条款也就具有了强制性。

(3) 安全技术规范是政府在安全监察中一个最低的安全要求。法规和安全技术规范中所规定的，都是最低的、最基本的安全要求。而标准则不一样，一般情况下，标准都是针对某一个产品的一种具体的要求，它是法规的技术支撑。标准要清晰地表述如何实现和满足法规和安全技术规范的基本安全要求，其侧重于环节控制和质量要求。

7. 安全技术规范及标准对设备安全的控制方式有哪些？

答：(1) WTO 准则：5 个方面可以制定技术法规，即涉及国家安全，防止欺诈行为，保护人身健康与安全，保护动物、植物的生命与健康，保护环境等基本要求的所有产品。

(2) 安全技术规范是技术法规，目前强制性标准也是技术法规的一部分。安全技术规范大量引用了有关的国家标准，国家标准是安全技术规范的重要基础和补充。

8. 什么是法律责任?

答：法律责任是指公民、法人或其他组织实施违法行为而受到的相应法律制裁。法律责任是由国家强制力来保障实施的，对于维护法律尊严，教育违法者和广大公民自觉守法具有重要意义。法律责任从性质上说可分为3种：行政责任(包括行政处分和行政处罚)、民事责任和刑事责任。

9. 压力容器定期检验后，其下次检验周期由检验机构根据压力容器的安全状况等级，按照什么要求确定?

答：①安全状况等级为1级、2级的，一般每6年一次；②安全状况等级为3级的，一般3~6年一次；③安全状况等级为4级的，应当监控使用，其检验周期由检验机构确定，累计监控使用时间不得超过3年；④安全状况等级为5级的，应当对缺陷进行处理，否则不得继续使用。⑤压力容器安全状况等级的评定按照《压力容器定期检验规则》进行，符合其规定条件的，可以适当缩短或者延长检验周期；⑥应用基于风险的检验(RBI)技术的压力容器，按照《压力容器定期检验规则》7.8.3的要求确定检验周期。

10. 根据TSG R0004—2009《固定式压力容器安全技术监察规程》，压力容器本体中的主要受压元件包括哪些?

答：包括壳体、封头(端盖)、膨胀节、设备法兰、球罐的球壳板、换热器的管板和换热管、M36以上(含M36)的设备主螺柱以及公称直径大于或者等于250mm的接管和管法兰。

11. TSG R0004—2009《固定式压力容器安全技术监察规程》对因情况特殊不能按期进行定期检验的压力容器是如何规定的?

答：因情况特殊不能按期进行定期检验的压力容器，由使用单位提出申请并且经过使用单位主要负责人批准，征得原检验机构同意，向使用登记机关备案后，可延期检验，或者由使用单位提出申请，按照本规程规定的“基于风险的检验”进行。

12. TSG R0004—2009《固定式压力容器安全技术监察规程》对超设计使用年限使用的压力容器是如何规定的?

答：对于已经达到设计使用年限的压力容器，或者未规定设计使用年限，但是使用超过20年的压力容器，如果要继续使用，使用单位应当委托有资格的特种设备检验机构对其进行检验(必要时按照本规程7.7的要求进行合于使用评价)，经过使用单位主要负责人批准后，方可继续使用。

13.《特种设备安全监察条例》中压力容器的含义是什么?

答：是指盛装气体或者液体，承载一定压力的密闭设备，其范围规定为最高工作压力大于或者等于0.1MPa(表)，且压力与容积的乘积大于或者等于2.5MPa·L的气体、液化气体和最高工作温度高于或者等于标准沸点的液体的固定式容器和移动式容器。盛装公称压力大于或者等于0.2MPa(表)，且压力与容积的乘积大于或者等于1.0MPa·L的气体、液化气体和标准沸点等于或者低于60℃液体的气瓶、氧舱等。包括其所用的材料、附属的安全附件、安全保护装置和与安全保护装置相关的设施。

14. 压力容器有哪几种主要失效形式?

答：压力容器主要失效形式有：强度失效、刚度失效、失稳失效、泄漏失效。

15. 按《固定式压力容器安全技术监察规程》规定，压力容器的设计委托方向设计单位提出的压力容器设计条件至少应包括哪些内容？

答：(1) 操作介质(包括工作压力、工作温度范围、液位高度、接管载荷等)。

(2) 压力容器使用地及其自然条件(包括环境温度、抗震设防烈度、风和雪载荷等)。

(3) 介质组分与特性。

(4) 预期使用年限。

(5) 几何参数和管口方位。

(6) 设计需要的其他必要条件。

16. 压力容器设计主要包括哪几个方面？

答：压力容器的设计主要包括：结构设计、强度设计、刚度设计 、密封设计。

17. 常见的压力容器封头有哪几种常见形式。

答：常见的压力容器封头型式有：半球形、椭圆形、碟形、球冠形、锥形、平盖形。

18. 常用的压力容器法兰及其法兰垫片有哪几种形式？

答：常用的压力容器法兰有甲型平焊法兰、乙型平焊法兰、长颈对焊法兰；其法兰垫片有非金属软垫片、缠绕垫片、金属包垫片。

19.《固定式压力容器安全技术监察规程》定义的压力容器安全附件都包括哪些？

答：压力容器安全附件包括：直接连接在压力容器上的安全阀、爆破片装置、紧急切断装置、安全联锁装置、压力表、液位计、测温仪表等。

20. 按照压力容器在生产工艺过程中的作用原理，将压力容器划分为哪几个品种？

答：划分为反应压力容器、换热压力容器、分离压力容器、储存压力容器。

21. 选择压力容器用钢材时应考虑哪些主要因素？

答：选择压力容器用钢材应考虑如下因素：

① 容器的设计压力、设计温度、介质的特性和操作特点等；

② 材料的力学性能、化学性能和物理性能；

③ 钢材的焊接性能；

④ 容器的制造工艺；

⑤ 热处理性能；

⑥ 经济合理性(材料的价格、制造费用)；

⑦ 容器的设计使用寿命；

⑧ 容器的检、维修周期。

22. 由两个或两个以上压力室组成的容器，如夹套容器，设计压力如何确定？

答：应分别确定各压力室的设计压力；确定公用元件的计算压力时，应考虑相邻室之间的最大压力差。

23. 压力容器耐压试验的种类有几种？耐压试验的主要作用是什么？

答：压力容器耐压试验的种类分为液压试验、气压试验、气液组合试验。

耐压试验的主要作用是最终验证容器的整体强度和可靠性，综合考查容器的制造质量。

24.《特种设备安全法》规定的锅炉使用单位应当建立特种设备安全技术档案的要求有哪些？

答：(1) 特种设备的设计文件、产品质量合格证明、安装及使用维护保养说明、监督检验证明等相关技术资料和文件。

（2）特种设备的定期检验和定期自行检查记录。

（3）特种设备的日常使用状况记录。

（4）特种设备及其附属仪器仪表的维护保养记录。

（5）特种设备的运行故障和事故记录。

25. 按照《锅炉安全技术监察规程》的要求，锅炉使用单位应当建立哪些管理制度和现场规程？

答：（1）岗位责任制，按照锅炉房人员配备，分别规定班组长、锅炉运行操作人员、维修人员、水处理操作人员等职责范围内的任务和要求。

（2）巡回检查制度，明确定时检查的内容、路线和记录的项目。

（3）交接班制度，明确交接班要求，检查内容和交接班手续。

（4）锅炉及辅助设备的操作规程，包括设备投运前的检查及准备工作，启动和正常运行的操作方法，正常停运和紧急停运的操作方法。

（5）设备维修保养制度，规定锅炉停（备）用防锈蚀内容和要求以及锅炉本体、安全附件、安全保护装置、自动仪表及燃烧和辅助设备的维护保养周期、内容和要求。

（6）汽水品质管理制度，明确汽水品质定时检测的项目和合格标准。

（7）安全管理制度，明确防火、防爆和防止非作业人员随意进入锅炉房、保证通道畅通的措施以及事故应急预案和事故处理办法等。

（8）节能管理制度，符合锅炉节能管理有关安全技术规范的规定。

26. 电站锅炉使用管理中应保有哪些记录？

答：（1）锅炉及燃烧和辅助设备运行记录。

（2）水处理设备运行及汽水品质化验记录。

（3）交接班记录。

（4）锅炉及燃烧和辅助设备维修保养记录。

（5）锅炉及燃烧和辅助设备检查记录。

（6）锅炉运行故障及事故记录。

（7）锅炉停炉保养记录。

27. 请简述电站锅炉水质发生异常时的处理要求。

答：锅炉水汽质量异常时，应当按照GB/T 12145《火力发电机组及蒸汽动力设备水汽质量》或者DL/T 912《超临界火力发电机组水汽质量标准》中规定的水汽异常三级处理原则处理，做好异常情况记录，并且尽快查明原因，消除缺陷，恢复正常。如果不能恢复并且威胁设备安全时，应当立即采取措施，直至停止运行。

三级处理的涵义为：一级处理——有造成腐蚀、结垢、积盐的可能性，应在72h内恢复至正常值。二级处理——肯定会造成腐蚀、结垢、积盐，应在24h内恢复至正常值。三级处理——正在进行快速腐蚀、结垢、积盐，应在4h内恢复至正常值，否则停炉。

28. 请简述锅炉内部检验的内容。

答：（1）审查上次检验发现问题的整改情况。

（2）抽查受压元件及其内部装置。

（3）抽查燃烧室、燃烧设备、吹灰器、烟道等附属设备。

（4）抽查主要承载、支吊、固定件。

（5）抽查膨胀情况。

（6）抽查密封、绝热情况。

29. 压力容器的操作人员应当按照规定持有相应的特种设备作业人员证，其主要职责有哪些？

答：（1）严格执行压力容器有关安全管理制度并且按照操作规程进行操作。

（2）按照规定填写运行、交接班等记录。

（3）参加安全教育和技术培训。

（4）进行日常维护保养，对发现的异常情况及时处理并且记录。

（5）在操作过程中发现事故隐患或者其他不安全因素，应当立即采取紧急措施，并且按照规定的程序，及时向单位有关部门报告。

（6）参加应急演练，掌握相应的基本救援技能，参加压力容器事故救援。

30. 对于已经达到设计使用年限的压力容器，或者未规定设计使用年限，但是使用超过20年的压力容器，如果要继续使用，怎么办？

答：（1）使用单位应当委托有资格的特种设备检验检测机构对其进行检验，必要时进行合于使用评价。

（2）经过检验（或者定期检验）可以继续使用的压力容器，由使用单位主要负责人批准，并且办理变更登记手续后，方可继续使用。

31. 压力容器拟停用1年以上的，使用单位应该做哪些工作及相关手续？

答：（1）应当封存压力容器，在封存后30日内向登记机关办理报停手续，并且将《使用登记证》交回登记机关。

（2）重新启用时，应当参照定期检验的有关要求进行检验。检验结论为符合要求或基本符合要求的，使用单位到登记机关办理启用手续，领取新的《使用登记证》。

32. 压力容器年度检查工作完成后，检查人员根据实际检查情况出具检查报告，年度检查报告的结论有几种，具体是如何规定的？

答：（1）符合要求。指未发现或者只有轻度不影响安全使用的缺陷，可以在允许的参数范围内继续使用。

（2）基本符合要求（可以有条件的监控使用）。指发现一般缺陷，经过使用单位采取措施后能保证安全运行，可以有条件的监控使用，结论中应当注明监控运行需要解决的问题及其完成期限。

（3）不符合要求。指发现严重缺陷，不能保证压力容器安全运行的情况，不允许继续使用，应当停止运行或者由检验机构进行进一步检验。

33. 压力容器一般于投用后3年内进行首次定期检验。以后的检验周期由检验机构根据压力容器的安全状况等级进行确定，具体规定的原则是什么？

答：（1）安全状况等级为1级、2级的，一般每6年检验一次。

（2）安全状况等级为3级的，一般每3～6年检验一次。

（3）安全状况等级为4级的，监控使用，其检验周期由检验机构确定，累计监控使用时间不得超过3年，在监控使用期间，使用单位应当采取有效的监控措施。

（4）安全状况等级为5级的，应当对缺陷进行处理，否则不得继续使用。

34.《固定式压力容器安全技术监察规程》适用于同时具备哪些条件的压力容器？

答：（1）工作压力大于等于0.1MPa。

（2）工作压力与容积的乘积大于等于2.5MPa·L。

(3) 盛装介质为气体、液化气体以及介质最高工作温度高于等于标准沸点的液体。

35.《特种设备安全监察条例》中所称的起重机械是什么?

答:起重机械,是指用于垂直升降或者垂直升降并水平移动重物的机电设备,其范围规定为额定起重量大于或者等于0.5t的升降机;额定起重量大于或者等于1t,且提升高度大于或者等于2m的起重机和承重形式固定的电动葫芦等。

36. 无损探伤检查有哪几种?并分别简述其针对哪种缺陷。

答:渗透探伤:针对表面缺陷或者内部缺陷已经发展到外露状态。

磁粉探伤:针对能磁化材料的表面微小裂纹或者表面不很深的各种缺陷检查。

射线探伤:能够检查出焊缝裂纹、未焊透、未熔合、气孔、夹渣等缺陷。

超声波探伤:分为纵波和横波,纵波适用于厚钢板、轴类等集合形状简单的工件、它能发现与探测表面平行的缺陷,横波适用于板材、管材和焊缝内部缺陷。

37. 压力容器定期检验的定义是什么?

答:压力容器定期检验,是指特种设备检验机构按照一定的时间周期,在压力容器停机时,根据《压力容器定期检验规则》的规定对在用压力容器的安全状况所进行的符合性验证活动。

38. 哪些情况安全阀可延长校验周期?

答:安全阀一般每年至少校验一次。

(1) 对于弹簧直接载荷式安全阀,满足以下全部条件的弹簧直接载荷式安全阀,其校验周期最长可以延长至3年:

① 安全阀制造企业已取得国家质检部门颁发的制造许可证;

② 安全阀制造企业能提供证明,证明其所用弹簧按GB/T 12243—2005《弹簧直接载荷式安全阀》标准进行了强压处理或者加温强压处理,并且同一热处理炉同规格的弹簧取10%(但不得少于2个)测定规定负荷下的变形量或者刚度,其变形量或者刚度的偏差不大于15%;

③ 安全阀内件的材料耐介质腐蚀;

④ 安全阀在使用过程中未发生过开启;

⑤ 压力容器及安全阀阀体在使用时无明显锈蚀;

⑥ 压力容器内盛装非黏性及毒性程度中度及中度以下的介质;

⑦ 使用单位建立、实施了健全的设备使用、管理于维修保养制度,并且有可靠的压力控制与调节装置或者超压报警装置;

⑧ 使用单位建立了符合GB/T 12243—2005要求的安全阀校验站,自行进行安全阀校验。

(2) 满足上款①、③、④、⑤、⑦、⑧要求的弹簧直接载荷式安全阀,同时满足以下条件,可延长至5年:

① 安全阀制造企业能提供证明,证明其所用弹簧按GB/T 12243—2005《弹簧直接载荷式安全阀》标准进行了强压处理或者加温强压处理,并且同一热处理炉同规格的弹簧取20%(但不得少于4个)测定规定负荷下的变形量或者刚度,其变形量或者刚度的偏差不大于10%;

② 压力容器内盛装毒性程度低度以及低度以下的气体介质,工作温度不大于200℃。

39. 哪些情况应进行强度校核?

答:(1)腐蚀深度超过腐蚀裕量。

(2)设计参数与实际情况不符。

(3)名义厚度不明。

(4)结构不合理,并且已发现严重缺陷。

(5)检验人员对强度有怀疑的。

40. 强度校核的原则是什么?

答:(1)原设计已明确所用强度设计标准的可以按改标准进行强度校核。

(2)原设计没有注明所依据的强度设计标准或者无强度计算的,原则上可以根据用途(如石油、化工、冶金、轻工等)或者结构型式(如球罐、废热锅炉、换热器等),按当时的有关标准进行校核。

(3)国外进口的或者按国外规范设计的,原则上仍按原设计规范进行强度校核,如果设计规范不明,可以参照我国相应的规范。

(4)焊接接头系数根据焊接接头的实际结构型式和检验结果,参照原设计规范选取。

(5)剩余壁厚按实测最小值减去至下次检验期的腐蚀量,作为强度校核的壁厚。

(6)校核用压力,应当不小于压力容器实际最高工作压力,装有安全泄放装置的,校核用压力不得小于安全阀的开启压力或爆破片标定的爆破压力(低温真空绝热容器反之)。

(7)强度校核时的壁温,取实测最高壁温;低温压力容器,取常温。

(8)壳体直径按实测最大值选取。

(9)塔、大型球罐等设备进行强度校核时,还应考虑风载荷、地震载荷等附加载荷。

(10)强度校核由检验机构或者有资格的压力容器设计单位进行。

对不能以常规方法进行强度校核的,可以采用有限元方法、应力分析设计或者实验应力分析等方法校核。

41. 压力容器定期检验工作的一般程序包括哪些内容?

答:包括检验方案制定、检验前的准备、检验实施、缺陷及问题的处理、检验结果汇总、出具检验报告等。

42. 有哪些情况的压力容器,定期检验周期可以适当缩短?

答:(1)介质对压力容器材料的腐蚀情况不明或者腐蚀情况异常的。

(2)具有环境开裂倾向或者产生机械损伤现象,并且已经发现开裂的(环境开裂主要包括应力腐蚀开裂、氢致开裂、晶间腐蚀开裂等;机械损伤主要包括各种疲劳、高温蠕变等)。

(3)改变使用介质并且可能造成腐蚀现象恶化的。

(4)材质劣化现象比较明显的。

(5)使用单位没有按照规定进行年度检查的。

(6)检验中对其他影响安全的因素有怀疑的。

采用"亚铵法"造纸工艺,并且无有效防腐措施的蒸球,每年至少进行一次定期检验。

使用标准抗拉强度下限值大于或者等于540MPa低合金钢制造的球形储罐,投用1年后应当开罐检验。

43. 安全状况等级为1级、2级的压力容器,符合哪些条件之一的,定期检验周期可以适当延长?

答:(1)介质腐蚀速率每年低于0.1mm、有可靠的耐腐蚀金属衬里或者热喷涂金属涂层的压力容器，通过1～2次定期检验，确认腐蚀轻微或者衬里完好的，其检验周 期最长可以延长至12年。

（2）装有催化剂的反应容器以及装有充填物的压力容器，其检验周期根据设计图样和实际使用情况，由使用单位和检验机构协商确定（必要时征求设计单位的意见），报办理《特种设备使用登记证》的质量技术监督部门备案。

44. 检验前，检验人员一般需要审查哪些资料？

答：（1）设计资料，包括设计单位资质证明，设计、安装、使用说明书，设计图样，强度计算书等。

（2）制造（含现场组焊）资料，包括制造单位资质证明，产品合格证，质量证明书（对真空绝热压力容器，还包括封口真空度、真空夹层泄漏率检测结果、静态蒸发率 指标等），竣工图等，以及制造监督检验证书、进口压力容器安全性能监督检验报告。

（3）压力容器安装竣工资料。

（4）改造或者重大维修资料，包括施工方案和竣工资料，以及改造、重大维修监 督检验证书。

（5）使用管理资料，包括《使用登记证》和《特种设备使用登记表》，以及运行记录、开停车记录、运行条件变化情况以及运行中出现异常情况的记录等。

（6）检验、检查资料，包括定期检验周期内的年度检查报告和上次的定期检验报。

45. 压力容器定期检验项目包括哪些？

答：以宏观检验、壁厚测定、表面缺陷检测、安全附件检验为主，必要时增加埋藏缺陷检测、材料分析、密封紧固件检验、强度校核、耐压试验、泄漏试验等项目。设计文件对压力容器定期检验项目、方法和要求有专门规定的，还应当从其规定。

46. 壁厚测定一般采用超声测厚方法，厚度测点一般选择哪些位置？

答：（1）液位经常波动的部位。

（2）物料进口、流动转向、截面突变等易受腐蚀、冲蚀的部位。

（3）制造成型时壁厚减薄部位和使用中易产生变形及磨损的部位。

（4）接管部位。

（5）宏观检验时发现的可疑部位。

47. 简述爆破片的特点。

答：①密封性能好；②泄压反应迅速；③对黏稠性或粉末状污物不敏感；④爆破元件动作后不能复位；⑤动作压力不太稳定；⑥爆破片的使用寿命较短。

48. 安全阀的调整压力试验应包括哪些项目？

答：（1）开启压力。

（2）回座压力。

（3）阀门动作的重复性。

（4）用目力或听觉检查阀门回座情况，有无频跳、颤振、卡阻或其他有害的振动。

（六）管理部分

1. 简述设备管理原则。

答：（1）坚持对设备从规划、设计、选型、购置、制造、安装、使用、维护、修理、改造、更新直至报废全过程管理的原则。

（2）坚持安全第一、预防为主，确保设备安全可靠运行。

（3）坚持设计、制造与使用相结合，维护与检修相结合，修理、改造与更新相结合，专业管理与群众管理相结合，技术管理与经济管理相结合。

（4）坚持可持续发展、保护环境和节能降耗。

（5）坚持依靠技术进步、科技创新，树立现代设备管理理念，推广应用科学技术成果，实现设备管理科学、规范、高效、经济。

2. 设备更新与改造的含义是什么？

答：设备更新是指采用新设备替代技术性能落后及安全、环保状况和经济效益差的原有设备。

设备改造是指运用新技术对原有设备进行技术改造，以改善或提高设备性能和效率，减少消耗及污染。

3. 设备更新改造的原则是什么？

答：（1）设备更新改造应当紧密围绕企业生产经营、产品开发和技术发展规划，有计划、有重点地进行。

（2）设备更新应着重采用技术更新的方式，改善和提高企业技术装备水平，达到优质高产、高效低耗、安全环保的综合效果。

（3）设备更新改造应进行技术经济论证，科学决策，选择最优方案，确保获得良好的投资效益。

（4）设备更新改造应充分考虑生产经营的必要性；技术的先进性和可行性；经济的合理性。

4. 检修项目承包商应满足哪些条件？

答：（1）管理有序、装备先进、服务诚信、检修质量可靠。

（2）经工商行政部门注册登记并具有独立法人和已获得正式营业执照（经年审）的检修、专业制造、技术服务代理企业。

（3）具有国家政府部门颁发的与承包项目相一致的资质。技术服务代理企业必须具备相应专业制造企业有效授权委托的证明文件。

（4）企业资质证上的名称必须与工商营业执照、税务登记上的企业名称相一致。

（5）具备相应的检修业绩。

（6）无因违规受到集团公司和各单位禁入的限制。

5. 修理费如何定义？

答：修理费是指固定资产范围内的各类设备、建筑物、构筑物在使用一定时间后，为恢复或维持其原有性能所发生的修理、维护、检测、检查等费用。

6. 检修准备要落实哪些工作？

答：计划项目落实、图纸资料落实、施工方案落实、物资材料落实、施工力量和机具落实、施工质量措施落实、安全环保措施落实。

7. 设备防腐蚀管理主要包括哪几方面内容？

答：设备防腐蚀管理主要包括：防腐蚀设计、施工与质量验收、使用与维护、腐蚀检查与监测、工艺防腐蚀等。

8. 炼化企业为什么要追求长周期运行？

答：(1) 长周期运行是炼油保增长、保市场的前提。

(2) 长周期运行是炼油提升竞争力的基础。

(3) 长周期运行是企业综合管理水平的体现。

(4) 长周期运行是充分发挥一体化优势的需要。

(5) 长周期运行是炼油技术实现世界一流的迫切要求。

总之，实现炼油长周期运行是一举多得的好事，有利于增加有效加工能力、降低成本费用、及时捕捉商机、提高经济效益，也有利于开展优化工作，提升竞争能力。

9. 我国炼化企业长周期运行面临的挑战有哪些？

答：一是原油品质持续劣质化；二是生产装置运行长期高负荷；三是生产装置“三年一修”的基础还不牢靠；四是检维修管理存在薄弱环节。

10. 如何实现炼化企业长周期运行？

答：(1) 转变观念，抓好源头控制。要勇于破除旧观念、旧体制的束缚，从设计、采购、施工等环节的源头抓起，提前介入、深度介入，充分履行业主的职责。

(2) 把握重点，夯实平稳运行的基础。安全生产是企业生存之基，关乎企业形象，关系企业竞争力。没有良好的安全生产形势，长周期运行就缺乏保障，更谈不上提高企业发展的质量和效益，重点是抓好落实。

① 全面开展非计划停工综合治理；

② 注重开、停工环节的管理；

③ 确保制度执行到位；

④ 着力提高检维修质量。

(3) 专项推进，努力解决运行中的腐蚀、结焦、隐患、装置操作平稳率等难点问题。

(4) 精细管理，努力提升长周期运行水平。

① 完善长周期运行考核体系；

② 注重人才的培养；

③ 注重应用新技术；

④ 注重信息技术的应用。

11. 集团公司设备管理工作的总体要求和目标是什么？

答：集团公司设备管理工作的总体要求和目标是：以建设世界一流能源化工公司为目标，依靠技术进步，推进全员、全过程管理，坚持隐患必治和应修必修、修必修好的原则，提高设备本质安全水平，探索绿色设备管理模式，夯实生产经营基础。

12. 集团公司设备管理工作重点是什么？

答：(1) 进一步夯实管理基础，提升执行力

要结合体系整合，继续梳理设备管理制度和业务流程，确保每项业务都有章可循。在《油田设备维护检修规程》、《油田设备维护检修定额》、《油田企业设备维修费管理规定》、《加油机管理规定》、《加气机管理规定》等设备管理制度和标准的基础上，企业要结合自身情况进行修订和完善，形成原则问题有制度、复杂业务有流程、简单工作有程序、结果评价有标准的制度体系。同时要加强宣贯力度，将制度和要求贯彻落实到基层。

(2) 深化设备管理“比学赶帮超”活动

通过历年设备大检查，各企业对自身设备管理水平的现状应该有充分认识和定位。总部

号召设备管理工作要继续深化“比学赶帮超”活动。“比”是基础，一是企业要与世界一流设备管理比水平，对照先进找差距，结合问题查不足；二是设备战线同志们要比干劲、比技术、比作风、比贡献、比创新，在比中争先进、树典型，不断激发奋进动力。“学”是核心，要学习国内外先进的经验、技术和管理方法，达到学有所用、学以致用的目的。“帮”是方法，通过企业和企业“一帮一”方式，设备工作者从管理水平、操作技能、处理问题的实践经验等方面互帮互学，提升集团公司整体管理水平。“超”是目标，通过学习设备管理先进企业、先进基层单位和先进个人的典型事迹，使一部分相对落后的企业、基层单位和职工，采取实际行动“超”过追赶目标。通过这一活动，营造奋勇争先、争创一流的设备管理氛围。

（3）调动全体员工积极性，强化设备全寿命周期管理

企业要将设备前期管理职能纳入工程设计、项目建设和设备采购的内控程序，认真推行标准化设计、模块化建设、标准化采购工作。设计管理部门要坚持标准化设计原则，从源头把住设备选型关。工程建设部门要落实模块化建设工作，切实提高施工质量，合理控制工程进度。物资采购部门要结合标准化采购工作，推进总部集中储备和区域联合储备，对已具备标准化采购条件的物资推行集中储备，对通用物资实施区域联合储备，压缩企业重复储备规模。设备管理部门要提高物资需求计划的准确率，并要主动参加前期专业技术审查。

要加强设备运行管理，实现装置平稳操作。要严格现场管理，重视防腐工作、治理“低、老、坏”，改善现场设备面貌。要科学制定检修计划，确保“应修必修不失修、修必修好不过修”。

（4）抓好设备管理人才队伍建设

各企业要重视引进和培养素质高、业务精、能力强的设备专业管理人才，特别是与生产运行比较密切的机、电、仪专业，企业应配备掌握核心设备使用、维护保养和检修技术的人员，建立我们自己的核心设备维保技术管理力量。要加大内部机、电、仪专业培训机构建设工作力度，充实专业技术教员，完善培训设施，提升培训水平。各企业要借“三支队伍”建设的有利时机，用好现有政策，提供相应待遇，留住人才、用好人才，充分发挥其应有的作用。

（5）进一步强化维保队伍的管理

总部和各企业要认真总结、固化和推广近几年在加强改制维保队伍管理方面好的经验和做法。要把改制维保队伍的管理纳入企业日常管理，其负责人要参加企业 HSE 委员会扩大会、调度会、设备例会等相关会议，要吸纳改制维保单位参加企业各项主题活动，引导他们树立与我们“一条心、一股劲、一个目标、一家人”的理念，增强维保单位归属感。要按照石油化工检维修资质评审规则、程序和条件要求，有序开展检维修资质评审，严格执行资质审查和准入制度。要进一步加强承包商安全体系审核，规范检维修外协队伍管理，提高检维修安全和质量管控水平。

（6）加大设备隐患治理投入和新技术的推广应用

各企业要结合安全、环保、节能减排等任务，加大设备更新改造和隐患治理力度，淘汰低效落后设备，降低能源物料消耗。上游板块在具备条件区域继续推广网电钻机、网电作业机、不压井作业装置、液压蓄能作业机、对置式往复大流量柱塞泵和双燃料发动机的使用。炼化企业要继续通过优化控制、可变转速调节、先进保温技术、加热炉和锅炉整体节能技术、节水成套技术等推进设备节能，要结合高温油泵专项整改和示范泵区、示范润滑油站推广活动，打造高效安全泵区。在管理技术方面，要采用风险检验（RBI）、以可靠性为中心的

维修(RCM)、安全联锁系统评估(SIL)等方法，应用承压设备安全评价和失效分析技术、先进无损检测技术、大型储罐检验及完整性评价技术，逐步实现状态检修。要总结推广全员生产维修(TPM)活动好的经验和做法，进一步提升现场管理水平。

(7) 规范设备管理信息系统的应用

炼化企业要重点抓好设备管理信息系统的应用工作。总部要组织开展设备管理信息系统达标竞赛，按照达标检查细则，对企业应用情况进行月度检查考核，确保系统单轨运行，有效支撑设备管理业务。要总结和推广应用经验，提高全系统设备管理信息系统应用水平。要加快设备管理信息系统与合同管理系统、实验室管理系统、生产执行系统等平台的集成和互通，实现信息共享，提高工作效率。油品销售企业要在试点基础上，加快推广步伐。加快大机组状态检测、腐蚀监测等系统的远程诊断中心建设步伐，发挥集团公司整体优势，强化技术支持作用，提高全系统机组运行和腐蚀监测分析水平。

(8) 探索绿色设备管理模式

绿色设备管理就是要以最少的资源和能源消耗、合理的环境保护要求，来维持设备的最佳工作状态，实现设备管理功能、环境保护、资源利用和维修人员身心健康的统一。要研究探索绿色设备管理概念和体系、设备污染的环境成本、设备使用与维护的绿色化、绿色故障管理与分析技术、设备的维修性和有效性、绿色维修的关键技术、绿色润滑、备件绿色制造工艺技术、库存控制与管理技术、废弃设备的再生处理技术、绿色设备管理的人才理念、设备管理信息系统与环境标准。

13. 设备事故管理应遵循哪些规定?

答:(1) 设备事故管理按集团公司安全生产监督管理制度执行。发生设备事故须及时报上级设备主管部门。

(2) 设备事故调查和处理按照“四不放过”的原则，认真分析，查清原因，根据设备损坏程度、事故性质和经济损失等情况，对责任人员严肃处理，并将事故记录存入设备档案。

14. 设备检修的定义和目标是什么?

答:设备检修是指为保持和恢复设备规定的性能所采取的技术措施，包括修理、维护保养、清洗、检验检测等。

设备检修目标是以经济合理的费用，减少设备故障，消除设备缺陷，维持设备良好性能，确保生产装置安全、稳定、长周期运行。

15. 设备检修的基本要求是什么?

答:(1) 设备检修以设备状态监测为基础，采取状态维修、预防维修和事后维修等多种检修方式，积极推行以可靠性为中心的维修。

(2) 设备检修要做到检修技术和质量验收标准化、检修流程规范化、检修管理信息化。

(3) 加强设备检修全过程管理，使检修计划制定、备件材料采购、检修施工方案编制、组织施工、单机运行、试验、冷热态验收、联动试车以及竣工总结等每个环节均处于受控状态。

(4) 设备检修应积极采用新技术、新材料、新工艺、新设备和先进管理方法。

16. 设备检修遵循的原则是什么?

答:(1) 应修必修，修必修好。

(2) 恢复性检修与改善性检修相结合。

(3) 科学合理安排检修时间和降低检修费用保证设备检修质量。

（4）设备检修周期与生产装置长周期运行相适应。

（5）设备检修、检验周期符合国家法规的要求。

17. 检修实行文明施工的要求有哪些？

答：检修实行文明施工，杜绝野蛮拆装，采用先进专用工具，坚决执行“三不见天、三不落地”（润滑油脂不见天、不落地；清洗过的机件不见天、不落地；精密量具不见天、不落地）、“上要覆盖，下要衬垫”、“三条线”（工具摆放一条线、零件摆放一条线、器材摆放一条线）、现场摆放规范化、“五不乱用”（不乱用大锤扁铲，不乱用撬杠盘车，不乱用非专用工具，不乱用润滑油脂，不乱用配件材料）等相关规定。

18. 生产装置运行维护保养的定义是什么？管理上有哪些要求？

答：生产装置运行维护保养是指生产过程中承包商进行的日常巡检、状态检测、点检、设备清扫检查、故障处理、备用设备检修及填报填写相关记录等设备维护保养工作。

管理要求：（1）运保业务委托承包商时，应签订运保协议或合同，其内容应符合有关规定的要求，明确运保职责，合同期限一般为 1 年。

（2）各企业应对承担运保的承包商制定考核办法，对属运保范围内的检修内容，不得签订其他检修合同。

19. 炼化企业设备分级管理一般有哪些内容与方法？

答：以风险管理为基础，依据设备类别特性、对生产的影响程度以及风险度，将设备按关键设备、主要设备、一般设备进行分级，依次划分为三类，即 A 类、B 类、C 类。

（1）A 类、B 类、C 类设备比例：其中各单位 A 类设备一般占设备总数的 5% ~10%（不超过 10%），A 类与 B 类设备之和一般应占设备总数的 10% ~20%（不超过 20%）。

（2）A、B 类设备是指：该类设备发生故障将导致装置停工，或引发重大安全生产事故，一般应包括球罐（容积 $50m^3$ 以上）、关键机组、锅炉及有机热载体加热炉、裂解炉及工业加热炉、余热锅炉等，高温热油泵、GC1/2 级工业管道、$5000m^3$ 及以上轻油（烃）储罐等。

（3）C 类设备是指：除 A、B 类设备以外的其他所有设备。

20. 设备技术档案管理要求有哪些？

答：（1）设备检修后，必须有完整的交工资料，由检修单位交设备管理部门及设备所在单位，一并存入设备技术档案。

（2）基建、技措、安措、零购及更新等项目的设备投产后，安装试车记录、说明书、检验证、隐蔽工程、试验记录等技术文件由信息管理部门、设备管理部门或设备所在车间保管。

（3）各单位对主要设备零部件（润滑油脂）进行改替代和技术改造等，应按照有关程序进行审批，并及时修订设备技术档案。

（4）设备迁移、调拨时，其档案随设备调出，主要设备报废后，档案由设备管理部门封存。

（5）技术档案应责成专人统一管理，建立清册。技术档案必须齐全、整洁、规格化，及时整理填写。人员变更时，主管领导必须认真组织按项交接。

21. 设备缺陷的定义及分类是什么？

答：定义：设备缺陷是指由于各种原因造成其零部件损伤或超过质量指标范围，引起设备性能下降的状况。

设备缺陷分类：

（1）一般缺陷：不影响产品质量、不危及安全生产，能及时消除或设备仍可正常运行但不会造成装置波动和引发各类事故，不需采取特殊监护措施的设备缺陷。

（2）重大缺陷：影响产品质量、危及安全生产，但因生产需要而必须带病运行，有可能造成装置停工或引发各类事故，必须采取特殊监护措施的设备缺陷。

22. 设备缺陷管理的一般规定有哪些？

答：（1）设备缺陷实施分级、动态和闭环管理，各车间应建立所属设备一般缺陷台账，各单位设备管理部门要建立重大设备缺陷台账，及时更新，每月报公司设备管理部备案。

（2）发现一般设备缺陷后，操作人员应逐级汇报班长、车间设备管理人员，由车间组织消缺，完工后及时填写消缺记录。对暂不能消缺的应上报本单位设备管理部门，并填写设备一般缺陷台账，制定整改计划和措施。

（3）发现重大设备缺陷后，操作人员应及时汇报车间和本单位生产、设备管理部门，同时上报公司设备管理部。由设备管理部门组织对重大缺陷进行分析，制定缺陷监护方案、消缺计划和措施，落实责任人。

（4）各单位设备管理部门要加强设备缺陷的管理，要监督一般缺陷的整改情况，避免一般缺陷因整改不及时造成缺陷的扩大。对于重大缺陷，要严格落实整改计划，并做好重大缺陷的特殊监护措施。

23. 设备故障的定义及计算方法是什么？

答：设备故障是指由于设计、制造、安装、施工、使用、检维修、管理等原因造成机械、动力、电讯、仪器(表)、容器、运输设备、管道等设备及建(构)筑物等损坏造成损失或影响生产的事件。

设备故障损失的计算以直接经济损失为准。其中，设备故障造成的固定资产损失价值按下列情况计算：

① 报废的固定资产，按固定资产净值减去残值计算；

② 损坏后能修复使用的固定资产，按实际损坏的修复费用计算。

参考文献

1. 文联奎. 石油化工厂设备检修手册. 基础数据(第二版). 北京: 中国石化出版社, 2007
2. 凌星中. 石油化工厂设备检修手册. 焊接(第二版). 北京: 中国石化出版社, 2011
3. 王福利. 石油化工厂设备检修手册. 容器. 北京: 中国石化出版社, 2011
4. 徐钢. 石油化工厂设备检修手册. 换热器. 北京: 中国石化出版社, 2005
5. 代有凡. 石油化工厂设备检修手册. 加热炉. 北京: 中国石化出版社, 2013
6. 王怀义. 石油化工厂设备检修手册. 工艺管道. 北京: 中国石化出版社, 2013
7. 秦国治, 袁士霄. 石油化工厂设备检修手册. 防腐蚀工程. 北京: 中国石化出版社, 2013
8. 曹湘洪. 石油化工设备维护检修规程. 第一册. 通用设备. 北京: 中国石化出版社, 2011
9. 曹湘洪. 石油化工设备维护检修规程. 第二册. 炼油设备. 北京: 中国石化出版社, 2014
10. 曹湘洪. 石油化工设备维护检修规程. 第三册. 化工设备. 北京: 中国石化出版社, 2014
11. 曹湘洪. 石油化工设备维护检修规程. 第八册. 电站锅炉. 北京: 中国石化出版社, 2014
12. 中国石化股份公司炼油事业部, 中国石化青岛安全工程研究院编. 炼油装置防腐蚀策略. 北京: 中国石化出版社, 2013
13. 赵晓光, 刘兆彬, 陈刚. 新特种设备安全监察条例释义. 北京: 中国法制出版社, 2010
14. SH/T 3096—2012《高硫原油加工装置设备和管道设计选材导则》
15. SH/T 3129—2012《高酸原油加工装置设备和管道设计选材导则》
16. GB 150—2011《压力容器》
17. GB 151—1999《管壳式换热器》
18. TSG R0004—2009《固定式压力容器安全技术监察规程》
19. TSG D0001—2009《压力管道安全技术监察规程—工业管道》
20. TSG G0001—2012《锅炉安全技术监察规程》
21. TSG R7001—2013《压力容器定期检验规则》
22. TSG R5002—2013《压力容器使用管理规则》

石油化工设备技术问答丛书

书名	定价/元	书名	定价/元
管式加热炉技术问答(第二版)	12	石化工艺管道安装设计实用技术问答(第二版)	30
带压堵漏技术问答	10	石化工艺及系统设计实用技术问答(第二版)	30
塔设备技术问答	8	炼油厂电工技术问答	14
油罐技术问答	9	设备状态监测技术问答	12
球形储罐技术问答	9	实用机械密封技术问答(第三版)	28
转鼓过滤机技术问答	8	泵操作与维修技术问答(第二版)	15
焦化装置焦炭塔技术问答	8	离心式压缩机技术问答(第二版)	15
连续重整反应再生设备技术问答	8	往复式压缩机技术问答(第二版)	10
电站锅炉技术问答	15	汽轮机技术问答(第三版)	18
空冷器技术问答	10	催化烟机主风机技术问答	8
换热器技术问答	12	电站汽轮发电机技术问答	18
金属焊接技术问答	48	电站汽轮机技术问答	18
压力容器技术问答	12	设备润滑技术问答	12
压力容器制造技术问答	8	炼化动设备基础知识与技术问答	39
无损检测技术问答	28	炼化静设备基础知识与技术问答	38
设备腐蚀与防护技术问答	30		